IC 工程师精英课堂

# FPGA 经典设计实战指南：
# 架构、实现和优化

［美］史蒂夫·基尔茨（Steve Kilts） 著

尹焙洲 李川 刘明 肖刚 孙健 译

机械工业出版社

本书探讨了 FPGA 设计实践过程中最可能遇到的深层次问题，并提供了经验指导。作者把多年推广到诸多公司和工程师团队的经验以及由专门的开发标准和应用要点汇集的许多知识进行浓缩，用来完善工程师的专业知识，帮助他们成为高级 FPGA 设计者。同时，本书能够帮助读者弥补工程实践经验的不足，免去读者学习的困难。

本书涵盖了 FPGA 设计的多个层面，包括架构设计、具体实现方法以及性能优化策略，之后讲解了跨时钟设计、仿真进阶以及综合布局时序的一些处理，同时通过设计实例进行深入分析，旨在为读者提供全面而深入的 FPGA 设计知识。读者不仅能掌握 FPGA 设计的基本原理和技术细节，还能学会如何应对实际工程挑战，提升设计效率和性能。

本书适合希望在 FPGA 领域有所作为的专业人士阅读和参考。

Copyright © 2007 by John Wiley & Sons, Inc.

All Rights Reserved. This translation published under license. Authorized translation from the English language edition, entitled Advanced FPGA Design Architecture, Implementation, and Optimization, ISBN 978-0-470-05437-6, by Steve Kilts, Published by John Wiley & Sons. No part of this book may be reproduced in any form without the written permission of the original copyrights holder. Copies of this book sold without a Wiley sticker on the cover are unauthorized and illegal.

本书中文简体字版由 Wiley 授权机械工业出版社出版，未经出版者书面允许，本书的任何部分不得以任何方式复制或抄袭。
此版本经授权在全球范围内销售。
版权所有，翻印必究。
北京市版权局著作权合同登记　图字：01-2024-5596 号。

**图书在版编目（CIP）数据**

FPGA 经典设计实战指南：架构、实现和优化/（美）史蒂夫·基尔茨（Steve Kilts）著；尹培洲等译. -- 北京：机械工业出版社，2025. 6. -- （IC 工程师精英课堂）. -- ISBN 978-7-111-78452-4

Ⅰ. TP331.2-62

中国国家版本馆 CIP 数据核字第 2025RH4737 号

机械工业出版社（北京市百万庄大街22号　邮政编码100037）
策划编辑：林　桢　　　　　责任编辑：林　桢　闾洪庆
责任校对：梁　园　刘雅娜　　封面设计：马精明
责任印制：单爱军
保定市中画美凯印刷有限公司印刷
2025 年 8 月第 1 版第 1 次印刷
184mm×240mm・16.75 印张・391 千字
标准书号：ISBN 978-7-111-78452-4
定价：99.00 元

电话服务　　　　　　　　　　网络服务
客服电话：010-88361066　　　机　工　官　网：www.cmpbook.com
　　　　　010-88379833　　　机　工　官　博：weibo.com/cmp1952
　　　　　010-68326294　　　金　书　网：www.golden-book.com
封底无防伪标均为盗版　　　　机工教育服务网：www.cmpedu.com

# 译者序

近些年，随着数字电路的不断发展，在很多数字系统领域（例如，通信领域、数字信号处理领域、视频图像处理领域、高速接口设计领域、芯片验证领域以及人工智能领域等）中，FPGA 技术得到了广泛的应用，并且越来越受到市场的认可。FPGA 具有强大的可编程能力，使设计人员可以借助 EDA 工具完成数字电路产品的设计验证，从而可以有效地降低产品缺陷率，缩短产品的上市时间，而且还能够方便快捷地实现设计的更新升级，有效地降低产品的研制成本。也正是因为这些特点，设计人员需要不断提升自身的 FPGA 设计能力，积累丰富的系统设计经验。

为此，在机械工业出版社林桢编辑的推荐下，我们仔细阅读了这本关于 FPGA 设计、实现和优化的著作，作者没有赘述繁杂的理论，而是按照工程师的思维方式，一切从提出问题、解决问题出发，给出了设计的源代码实现、仿真波形和综合后的电路结构图，同时本书给出的一些示例也可以直接应用到具体的设计中，对于读者的具体实践也很有帮助。

本书的作者 Steve Kilts 是 Spectrum Design Solutions 公司的创始人之一和首席设计工程师，拥有丰富和广泛的 FPGA 设计经验，领域包括 DSP、高速计算和总线体系结构、集成电路测试系统、工业自动化和控制、音频、视频、嵌入式微处理器、PCI、医疗系统、商业航空和 ASIC 原型设计验证等，并且为很多公司成功完成了众多的项目，在高性能、小面积和低功耗 FPGA 设计方面具有丰富的设计经验。

本书主要讲解 FPGA 的设计和实现，主要内容涉及 FPGA 设计和实现过程中的一些高级话题，例如高速设计、低功耗设计、电路优化、布局和布线以及静态时序分析等，绝大部分内容都是工程师进行设计时经常会遇到的问题。本书没有晦涩难懂的理论，而是通过大量源代码示例、仿真波形和电路图，帮助从事相关工作的工程技术人员和 FPGA 爱好者更好地理解掌握 FPGA 设计过程中的一些设计技巧和方法，从而可以积累一定的设计经验。另外，在一些章的结尾还对该章的主要内容进行了概括总结，可以更好地帮助读者进行重点知识内容汇总。

本书第 1~4 章由刘明负责翻译，第 5~9 章由肖刚负责翻译，第 10~13 章由李川负责翻译，第 14~17 章由尹埇洲负责翻译，第 18、19 章由孙健负责翻译。在本书的翻译过程中，得到了西安微电子技术研究所科学技术委员会给予的大量支持和帮助，同时杨靓、黄媛媛、张辉、王宇飞、谢琰瑾、邢程、贾茂欣等提出了很多具有指导性的意见，并且为本书的翻译工作提供了很多支持和帮助，在此一并表示衷心的感谢。

衷心感谢机械工业出版社的支持，特别感谢机械工业出版社的林桢老师和其他各位编辑的帮助、鼓励和督促，有了他们勤勤恳恳的工作，才使得本书的中文译本可以与广大读者见面，在此再次深表谢意。

由于译者经验和水平有限，翻译过程中，虽然经过多次仔细斟酌和核对，但仍难免存在不足与疏漏之处，恳请各位读者朋友在阅读本书时不吝赐教，批评指正，以便进行更正。

译　者

# 原书前言

在设计咨询行业中,我接触过无数的 FPGA(现场可编程门阵列)设计、方法论和设计技术。无论我的客户是《财富》100 强企业还是初创公司,他们都不可避免地会做一些正确的事情,也会犯许多错误。在接触了各个行业的多种设计之后,我开始从这些经验中总结出自己的技术库和方法库。在指导新的 FPGA 设计工程师时,我会基于这些经验给他们提出建议和推荐。到目前为止,在讨论 FPGA 设计具体实践方面,我总结的这些建议中的许多内容都已经被相关的白皮书和应用手册(appnotes)所引用。本书的目的是将多年在不同公司和工程师团队中积累的经验,以及从特定技术的白皮书和应用手册中收集的大量智慧,浓缩成一本书,用于完善 FPGA 设计工程师的知识水平,并帮助他们成为高级 FPGA 设计工程师。

市面上关于 FPGA 设计的书籍有很多,但真正能解决问题的却寥寥无几。本书详细探讨了高级的应用主题,同时试图剔除不必要的理论、对未来技术的推测以及过时的技术细节。本书以简洁明了的格式编写,直接讨论了各个主题,不浪费读者的时间。书中许多章节都假定读者已掌握某些基础知识,为了简洁起见,对于涵盖背景信息和理论框架方面的内容,不进行详细的讨论。相反,本书深入探讨了在设计中遇到的相关问题。在某种程度上,本书可以弥补有限的行业经验和缺少经验丰富的导师指导的不足,并且希望能让读者少走一些弯路。正是这种高级且实用的方法使本书独具特色。

关于本书有一点需要注意,本书不会像小说那样从头到尾有连贯情节。对于一组彼此之间没有内在联系的高级主题,若要实现这种连贯性,就不得不加入大量冗余无关的内容。因此,为了组织本书,我按照典型的设计流程来安排各章节的顺序。本书的前几章讨论了架构、仿真、综合、布图规划等内容。这在本书开头提供的内容导图中有所体现。为了便于日后参考查阅,章节排列在导图中相关模块的旁边。

本书其余章节中包含大量示例。为简洁起见,选用 Verilog 作为默认的硬件描述语言(HDL)进行描述,Xilinx 作为默认的 FPGA 供应商,Synplicity 作为默认的综合和布图规划工具。本书涵盖的大多数主题都能轻松映射到对应的 VHDL 上,并在 Altera、Mentor Graphics 等公司的工具上运行,但为了完整性而涵盖所有这些内容只会使重点变得模糊。即使本书的读者使用的是其他技术,本书仍能发挥其价值。

Steve Kilts
美国明尼苏达州明尼阿波利斯市

# 原书致谢

在我的职业生涯中，有幸与许多优秀的数字设计工程师共事。与这些才华横溢的工程师的接触始于 Medtronic，并在随后的岁月里通过为 Honeywell、Guidant、Teradyne、Telex、Unisys、AMD、ADC 等公司以及许多从事各种 FPGA 应用的小型/初创公司提供咨询服务的过程中得以延续。我还要感谢各大 FPGA 供应商发布的应用手册和白皮书，这些资源包含了标准工程课程中所没有涵盖的宝贵实践经验。

就本书而言，我要特别感谢 Xilinx 和 Synplicity，它们为本书提供了所使用的 FPGA 设计工具，还有多位关键审稿人。他们是 Synplicity 的 Peter Calabrese、Sunburst Design 的 Cliff Cummins、Synplicity 的 Pete Danile、Axcon 的 Anders Enggaard、Spectrum Design Solutions 的 Mike Fette、Fliptronics 的 Philip Freidin、NuHorizons 的 Paul Fuchs、Xilinx 的 Don Hodapp、Synplicity 的 Ashok Kulkarni、Spectrum Design Solutions 的 Rod Landers、Logic 的 Ryan Link、Verein 的 Dave Matthews、Roman-Jones 的 Lance Roman、Polybus 的 B. Joshua Rosen、iSine 的 Gary Stevens 和 Jim Torgerson 以及 Xilinx 的 Larry Weegman 等。

**Steve Kilts**

# 本书内容导图

第 1 章：速度架构设计
第 2 章：面积架构设计
第 3 章：功耗架构设计
第 4 章：设计示例：高级加密标准
第 5 章：高级设计
第 6 章：时钟域
第 7 章：设计示例：I2S 和 SPDIF
第 8 章：实现数学函数
第 9 章：设计示例：浮点单元
第 10 章：复位电路
第 11 章：高级仿真
第 12 章：面向综合的编码
第 13 章：设计示例：安全哈希算法
第 14 章：综合优化
第 15 章：布图规划
第 16 章：布局和布线优化
第 17 章：设计示例：微处理器
第 18 章：静态时序分析
第 19 章：PCB 问题

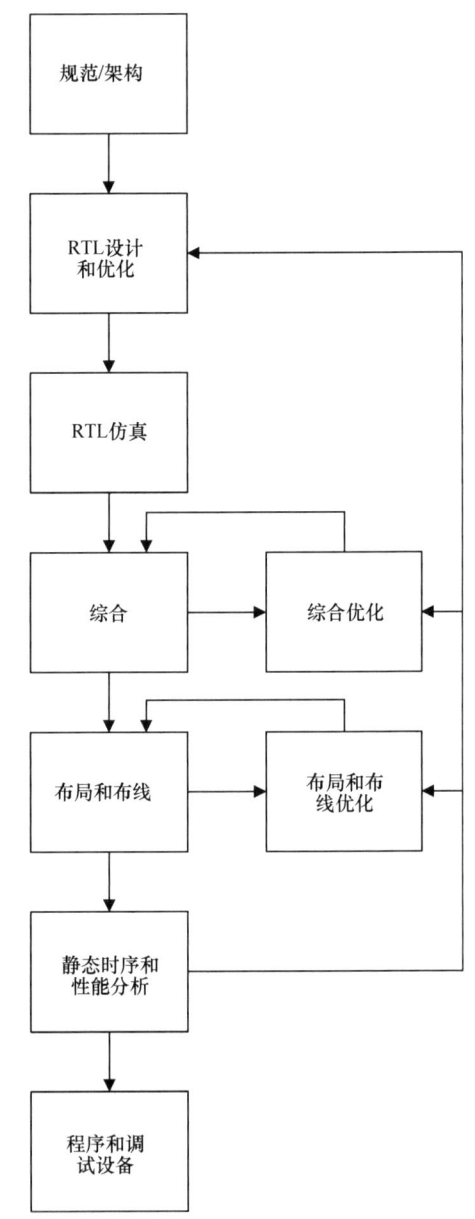

# 目 录

译者序
原书前言
原书致谢
本书内容导图

## 第1章 速度架构设计 ... 1
### 1.1 高吞吐量 ... 1
### 1.2 低延迟 ... 4
### 1.3 时序 ... 5
#### 1.3.1 添加寄存器层 ... 5
#### 1.3.2 并行结构 ... 6
#### 1.3.3 逻辑结构扁平化 ... 8
#### 1.3.4 寄存器平衡 ... 9
#### 1.3.5 路径重新排序 ... 11
### 1.4 要点总结 ... 13

## 第2章 面积架构设计 ... 14
### 2.1 流水线折叠 ... 14
### 2.2 基于控制的逻辑重用 ... 16
### 2.3 资源共享 ... 19
### 2.4 复位对面积的影响 ... 20
#### 2.4.1 没有复位的资源 ... 21
#### 2.4.2 没有置位的资源 ... 22
#### 2.4.3 没有异步复位的资源 ... 22
#### 2.4.4 复位RAM ... 24
#### 2.4.5 使用触发器置位/复位引脚 ... 25
### 2.5 要点总结 ... 28

## 第3章 功耗架构设计 ... 29
### 3.1 时钟控制 ... 29
#### 3.1.1 时钟偏移 ... 31
#### 3.1.2 管理偏移 ... 31
### 3.2 输入控制 ... 33
### 3.3 降低供电电压 ... 34
### 3.4 双沿触发器 ... 34
### 3.5 修改端接配置 ... 35

3.6 要点总结 ································································································ 36

## 第 4 章　设计示例：高级加密标准 ······································································ 37
4.1 AES 架构 ···························································································· 37
 4.1.1 字节替换模块的一级流水线 ································································ 40
 4.1.2 行移位模块的零级流水线 ···································································· 40
 4.1.3 列混淆模块的两级流水线 ···································································· 41
 4.1.4 加轮密钥模块的一级流水线 ································································ 42
 4.1.5 紧凑型架构 ·························································································· 43
 4.1.6 部分流水线架构 ·················································································· 45
 4.1.7 全流水线架构 ······················································································ 48
4.2 性能与面积 ························································································· 54
4.3 其他优化 ···························································································· 55

## 第 5 章　高级设计 ··························································································· 56
5.1 抽象设计技术 ······················································································ 56
5.2 图形状态机 ························································································· 56
5.3 DSP 设计 ···························································································· 61
5.4 软/硬件协同设计 ················································································· 65
5.5 要点总结 ···························································································· 66

## 第 6 章　时钟域 ······························································································ 67
6.1 跨时钟域 ···························································································· 68
 6.1.1 亚稳态 ································································································ 70
 6.1.2 解决方案 1：相位控制 ········································································ 71
 6.1.3 解决方案 2：两级触发器同步 ······························································ 72
 6.1.4 解决方案 3：FIFO 结构 ······································································ 74
 6.1.5 分离同步模块 ······················································································ 77
6.2 ASIC 原型中的门控时钟 ······································································ 78
 6.2.1 时钟模块 ···························································································· 78
 6.2.2 移除门控 ···························································································· 78
6.3 要点总结 ···························································································· 80

## 第 7 章　设计示例：I2S 和 SPDIF ·································································· 81
7.1 I2S ······································································································ 81
 7.1.1 协议 ···································································································· 81
 7.1.2 硬件架构 ···························································································· 82
 7.1.3 分析 ···································································································· 85
7.2 SPDIF ································································································· 86
 7.2.1 协议 ···································································································· 86
 7.2.2 硬件架构 ···························································································· 87
 7.2.3 分析 ···································································································· 93

## 第 8 章　实现数学函数 ···················································································· 94
8.1 硬件除法 ···························································································· 94

|     |       |                          |     |
| --- | ----- | ------------------------ | --- |
|     | 8.1.1 | 乘移法                    | 94  |
|     | 8.1.2 | 迭代除法                  | 95  |
|     | 8.1.3 | Goldschmidt 方法          | 96  |
| 8.2 | Taylor 和 Maclaurin 级数展开 |                     | 98  |
| 8.3 | CORDIC 算法 |                      | 99  |
| 8.4 | 要点总结 |                          | 100 |

## 第 9 章 设计示例：浮点单元 ... 101
- 9.1 浮点格式 ... 101
- 9.2 流水线架构 ... 101
  - 9.2.1 Verilog 实现 ... 104
  - 9.2.2 资源和性能 ... 110

## 第 10 章 复位电路 ... 111
- 10.1 异步复位与同步复位 ... 111
  - 10.1.1 完全异步复位的问题 ... 111
  - 10.1.2 完全同步复位 ... 113
  - 10.1.3 异步置位，同步撤销 ... 115
- 10.2 混合复位类型 ... 116
  - 10.2.1 不可复位的触发器 ... 116
  - 10.2.2 内部生成的复位 ... 117
- 10.3 多时钟域 ... 118
- 10.4 要点总结 ... 119

## 第 11 章 高级仿真 ... 120
- 11.1 测试平台架构 ... 120
  - 11.1.1 测试平台组件 ... 121
  - 11.1.2 测试平台流程 ... 121
- 11.2 系统激励 ... 125
  - 11.2.1 MATLAB ... 125
  - 11.2.2 总线功能模型 ... 125
- 11.3 代码覆盖率 ... 126
- 11.4 门级仿真 ... 127
- 11.5 翻转覆盖率 ... 129
- 11.6 运行时陷阱 ... 131
  - 11.6.1 时间精度 ... 131
  - 11.6.2 毛刺抑制 ... 131
  - 11.6.3 组合延迟建模 ... 132
- 11.7 要点总结 ... 135

## 第 12 章 面向综合的编码 ... 136
- 12.1 决策树 ... 136
  - 12.1.1 优先级与并行性 ... 137
  - 12.1.2 完整条件 ... 139

| | |
|---|---|
| 12.1.3 多个控制分支 | 142 |
| 12.2 陷阱 | 143 |
| 12.2.1 阻塞与非阻塞 | 143 |
| 12.2.2 for 循环 | 146 |
| 12.2.3 组合逻辑环 | 147 |
| 12.2.4 推断锁存器 | 148 |
| 12.3 设计组织 | 149 |
| 12.3.1 分区 | 149 |
| 12.3.2 参数化 | 151 |
| 12.4 要点总结 | 154 |

## 第 13 章 设计示例：安全哈希算法 — 155

| | |
|---|---|
| 13.1 SHA-1 架构 | 155 |
| 13.2 实现结果 | 161 |

## 第 14 章 综合优化 — 162

| | |
|---|---|
| 14.1 速度与面积的权衡 | 162 |
| 14.2 资源共享 | 164 |
| 14.3 流水线操作、重定时和寄存器平衡 | 166 |
| 14.3.1 复位对寄存器平衡的影响 | 170 |
| 14.3.2 重新同步寄存器 | 170 |
| 14.4 FSM 编译 | 171 |
| 14.4.1 移除不可达状态 | 173 |
| 14.5 黑盒 | 174 |
| 14.6 物理综合 | 176 |
| 14.6.1 前向注释与后向注释 | 177 |
| 14.6.2 基于图的物理综合 | 177 |
| 14.7 要点总结 | 179 |

## 第 15 章 布图规划 — 180

| | |
|---|---|
| 15.1 设计分区 | 180 |
| 15.2 关键路径布图规划 | 182 |
| 15.3 布图规划风险 | 184 |
| 15.4 最佳布图规划 | 184 |
| 15.4.1 数据路径 | 184 |
| 15.4.2 高扇出 | 184 |
| 15.4.3 器件结构 | 186 |
| 15.4.4 可重用性 | 187 |
| 15.5 降低功耗 | 188 |
| 15.6 要点总结 | 189 |

## 第 16 章 布局和布线优化 — 190

| | |
|---|---|
| 16.1 最优约束 | 190 |
| 16.2 布局和布线之间的关系 | 192 |

16.3　逻辑复制 ································································· 193
16.4　跨层次优化 ····························································· 194
16.5　I/O 寄存器 ······························································ 195
16.6　打包因子 ································································· 197
16.7　映射逻辑到 RAM ···················································· 198
16.8　寄存器排序 ····························································· 198
16.9　布局种子 ································································· 199
16.10　引导式布局和布线 ················································ 200
16.11　要点总结 ······························································· 201

## 第 17 章　设计示例：微处理器 ········································ 202
17.1　SRC 架构 ································································· 202
17.2　综合优化 ································································· 204
　17.2.1　速度与面积 ······················································ 204
　17.2.2　流水线 ······························································ 205
　17.2.3　物理综合 ·························································· 206
17.3　布图规划优化 ·························································· 206
　17.3.1　分区式布图规划 ·············································· 207
　17.3.2　关键路径布图规划：示例 1 ···························· 208
　17.3.3　关键路径布图规划：示例 2 ···························· 209

## 第 18 章　静态时序分析 ···················································· 211
18.1　标准分析 ································································· 211
18.2　锁存器 ····································································· 214
18.3　异步电路 ································································· 217
　18.3.1　组合逻辑反馈 ·················································· 217
18.4　要点总结 ································································· 218

## 第 19 章　PCB 问题 ···························································· 220
19.1　电源 ········································································· 220
　19.1.1　电源要求 ·························································· 220
　19.1.2　稳压器 ······························································ 223
19.2　去耦电容 ································································· 223
　19.2.1　概念 ·································································· 224
　19.2.2　数值计算 ·························································· 225
　19.2.3　电容布局 ·························································· 226
19.3　要点总结 ································································· 227

## 附录 ······················································································ 228
附录 A　AES 加密的流水线级 ············································· 228
附录 B　SRC 微处理器的顶层模块 ····································· 241

## 参考文献 ·············································································· 256

# 第 1 章 速度架构设计

如果设计使用随意的编码风格,复杂的优化工具往往不能满足其约束。本章讨论了数字设计的三个主要物理特性之一:速度。本章还讨论了在 FPGA 中进行结构优化的一些方法。

根据速度问题的背景,定义了三个主要概念:吞吐量、延迟和时序。在 FPGA 处理数据的环境中,吞吐量是指每个时钟周期能够处理的数据量。吞吐量的通用度量标准是每秒比特数。延迟是指从数据输入到数据处理后输出之间的时间。延迟的通用度量标准是时间或时钟周期。时序是指时序元件之间的逻辑延迟。当我们说设计不"满足时序"时,意思是关键路径的延迟,即触发器之间的最大延迟(由组合延迟、输入输出延迟、布线延迟、建立时间、时钟偏移等组成)大于目标时钟周期。时序的通用度量标准是时钟周期和频率。

在本章中,我们将详细讨论以下主题:
- 高吞吐量架构,最大化设计每秒可以处理的比特数。
- 低延迟架构,最小化模块的输入到输出的延迟。
- 时序优化,减少关键路径的组合延迟。
  - ➢ 添加寄存器层来划分组合逻辑结构。
  - ➢ 将顺序执行的操作分离为并行操作的并行结构。
  - ➢ 针对优先级编码信号的逻辑结构扁平化。
  - ➢ 寄存器平衡,围绕流水线寄存器重新分配组合逻辑。
  - ➢ 重新排序路径,将关键路径中的操作转移到非关键路径。

## 1.1 高吞吐量

高吞吐量设计关注稳态数据速率,不太关心任何特定的数据片段在设计中传播的时间(延迟)。高吞吐量设计的思路与福特提出的大量生产汽车的思路相同:一条装配线。在处理数据的数字设计世界中,我们用一个更抽象的术语来表示:流水线。

流水线设计在概念上非常类似于装配线,即原材料或数据输入前端,通过操作和处理的各个阶段,然后成为成品或数据输出。流水线设计的美妙之处在于,在之前的数据处理完成之前就可以开始新的数据处理,类似汽车在装配线上的处理方式。流水线几乎用于所有高性能的器件，而且特定架构的种类是无限的，包括 CPU 指令集、网络协议堆栈、加密引擎等例子。

从算法的角度来看，流水线设计中的一个重要概念是"展开循环"。以下代码作为一个例子，可以用于 $X^3$ 的软件实现。注意，这里的术语"软件"是指在微处理器上执行的一组过程指令的代码。

```
XPower = 1;
for (i=0;i < 3; i++)
  XPower = X * XPower;
```

注意，以上代码是一种迭代算法。相同的变量和地址被存取直至计算完成。没有使用并行处理，因为微处理器一次只执行一条指令（出于讨论目的，只考虑单核处理器），可以在硬件中创建类似的实现。考虑以下 Verilog 代码实现相同的算法（输出范围未考虑）：

```verilog
module power3(
  output [7:0] XPower,
  output       finished,
  input  [7:0] X,
  input        clk, start); // 启动的持续时间为一个时钟周期

  reg    [7:0] ncount;
  reg    [7:0] XPower;

  assign finished = (ncount == 0);
  always@(posedge clk)
    if(start) begin
      XPower <= X;
      ncount <= 2;
    end
    else if(!finished) begin
      ncount <= ncount - 1;
      XPower <= XPower * X;
    end
endmodule
```

在上面的示例中，相同的寄存器和计算资源重复使用直至计算完成，如图 1.1 所示。使用这种类型的迭代方案，在上一次计算完成前，不能开始新的计算。这种迭代方案与软件实现非常相似。同时需要注意，需要某些握手信号来指示计算的开始和完成。外部模块也必须使用握手信号将新数据传递给模块并接收已完成的计算结果。这种方式实现的性能是

吞吐量 = 8/3，或 2.7 位/时钟

延迟 = 3 个时钟

时序 = 关键路径中的一个乘法器延迟

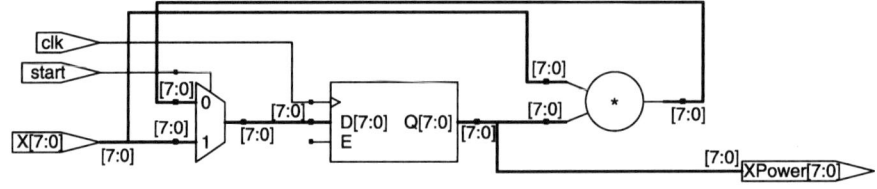

图 1.1　迭代实现

并与相同算法的流水线版本进行对比：

```
module power3(
  output reg [7:0] XPower,
  input            clk,
  input      [7:0] X
  );
  reg        [7:0] XPower1, XPower2;
  reg        [7:0] X1, X2;
  always @(posedge clk) begin
    // 流水线级1
    X1       <= X;
    XPower1 <= X;

    // 流水线级2
    X2       <= X1;
    XPower2 <= XPower1 * X1;

    // 流水线级3
    XPower <= XPower2 * X2;
  end
endmodule
```

在上面的实现中，X 的值被同时传递给两级流水线，分别使用独立的资源来计算相应的乘法操作。注意，在第二级流水线使用 X 计算 3 次幂时，X 的下一个值可以发送到第一级流水线，如图 1.2 所示。

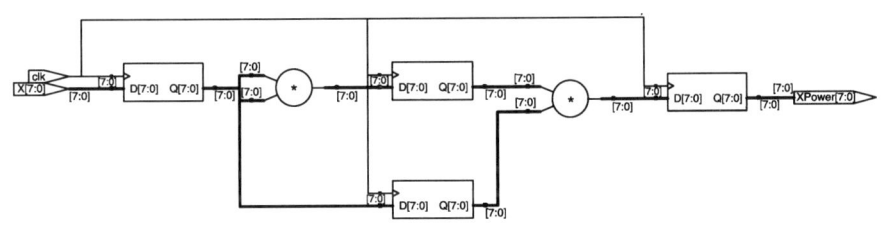

图 1.2　流水线实现

$X^3$（XPower3 资源）的最终计算和 $X^2$（XPower2 资源）的第一次计算同时进行。这个设计的性能是

吞吐量 = 8/1，或 8 位/时钟

延迟 = 3 个时钟

时序 = 关键路径中的一个乘法器延迟

吞吐量相比迭代实现提高了 3 倍。一般来说，如果一个迭代循环的算法需要 $n$ 次被"展开"，那么流水线实现将提高 $n$ 倍的吞吐量性能。在延迟方面没有任何增加，因为流水线实现仍然需要 3 个时钟来传播最终的计算结果。同样地，也没有时序错误，因为关键路径仍然只包含一个乘法器。

展开一个迭代循环会增加吞吐量。

展开循环所付出的代价是面积增加。迭代实现需要一个单一的寄存器和乘法器（以及一些图中没有显示的控制逻辑），而流水线实现需要 X 和 XPower 都有一个独立的寄存器，每级流水线都需要一个单独的乘法器。面积的优化将在第 2 章进行讨论。

展开迭代循环的代价是面积的成比例增加。

## 1.2 低延迟

低延迟设计是一种通过最小化中间处理延迟，尽快将数据从输入传递到输出的设计。通常，低延迟的设计需要并行性、移除流水线和逻辑优化，这可能会降低设计中的吞吐量或最大时钟速度。

回到 $X^3$ 的例子，对迭代实现没有进行明显的延迟优化，因为每个连续的乘法操作都必须记录下来以方便下一次操作。然而，流水线实现有一个明确的路径来减少延迟。注意，在每个流水线级，每个乘法的乘积必须等到下一个时钟沿到来，才传播到下一级。通过移除流水线寄存器，我们可以将输入到输出的时间最小化：

```
module power3(
   output [7:0] XPower,
   input  [7:0] X
   );
   reg    [7:0] XPower1, XPower2;
   reg    [7:0] X1, X2;

   assign XPower = XPower2 * X2;
   always @* begin
     X1      = X;
     XPower1 = X;
   end
   always @* begin
     X2      = X1;
     XPower2 = XPower1*X1;
   end
endmodule
```

在上述示例中，将寄存器从流水线中移除。每一级都是前一级的组合逻辑表达，如图 1.3 所示。这时设计的性能是

吞吐量 = 8 位/时钟

延迟 = 在 1~2 个乘法器延迟之间，0 个时钟

时序 = 关键路径中的两个乘法器延迟

通过移除流水线寄存器，我们将这种设计的延迟减少到单个时钟周期以下。

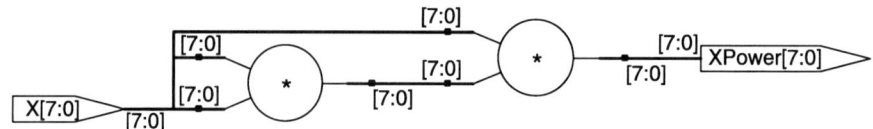

图 1.3　低延迟实现

通过移除流水线寄存器可以减少延迟。

这种处理方式在时序方面的损失是显而易见的。前面的实现方式理论上可以运行在接近单个乘法器延迟的系统时钟周期，但是在低延迟实现中，时钟周期必须至少是两个乘法器延迟（取决于实现），再加上关键路径中的任何额外逻辑。

移除流水线寄存器的代价是增加了寄存器之间的组合延迟。

## 1.3 时序

时序是指设计的时钟速度。设计中任意两个时序元件之间的最大延迟将决定最大时钟速度。与本章其他地方讨论的速度/面积权衡相比，时钟速度的概念存在于较低的抽象级别上，因为时钟速度通常与这些拓扑没有直接关系，尽管这些架构中的权衡肯定会对时序产生影响。例如，在实现细节不清楚的情况下，我们不知道流水线拓扑是否会比迭代运行得更快。最大速度或最大频率可根据简单且众所周知的最大频率方程（忽略时钟到时钟的抖动）来定义：

$$F_{\max} = \frac{1}{T_{\text{clk-q}} + T_{\text{logic}} + T_{\text{routing}} + T_{\text{setup}} - T_{\text{skew}}} \quad (1.1)$$

式中，$F_{\max}$ 为时钟的最大允许频率；$T_{\text{clk-q}}$ 为从时钟输入到数据输出 Q 的时间；$T_{\text{logic}}$ 为通过触发器之间的逻辑传播延迟；$T_{\text{routing}}$ 为触发器之间的布线延迟；$T_{\text{setup}}$ 为在触发器的时钟信号上升沿到达之前，数据输入信号必须到达 D 端的最小时间；$T_{\text{skew}}$ 为发射触发器和捕获触发器之间时钟的传播延迟。下面将介绍提高时序性能所需的各种方法和权衡方法。

### 1.3.1 添加寄存器层

时序结构改进的第一种策略是向关键路径添加中间寄存器层。这种技术用于高度流水线的设计，其中额外的时钟周期延迟不会违反设计规范，并且整体功能不受进一步添加寄存器的影响。

例如，假设以下 FIR（有限脉冲响应）实现的体系结构不满足时序要求：

```
module fir(
  output [7:0] Y,
  input  [7:0] A, B, C, X,
  input        clk,
  input        validsample);
  reg    [7:0] X1, X2, Y;

  always @(posedge clk)
    if(validsample) begin
      X1 <= X;
      X2 <= X1;
      Y <= A* X+B* X1+C* X2;
    end
endmodule
```

从结构上来说，所有乘/加操作都在 1 个时钟周期内，如图 1.4 所示。

换句话说，一个乘法器和一个加法器的关键路径大于最小时钟周期要求。假设延迟需求不是固定的 1 个时钟周期，我们可以通过向乘法器中间添加额外的寄存器来进行流水线的进一步设计。第一层很简单：只需在乘法器和加法器之间添加一级流水线：

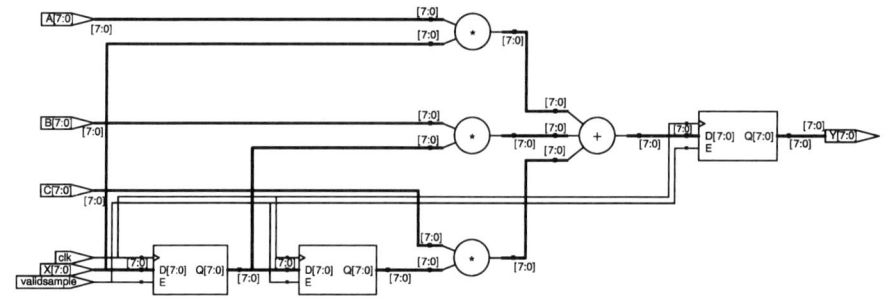

图 1.4　长路径的 MAC

在上面的例子中，将加法器与具有流水线的乘法器分离，如图 1.5 所示。

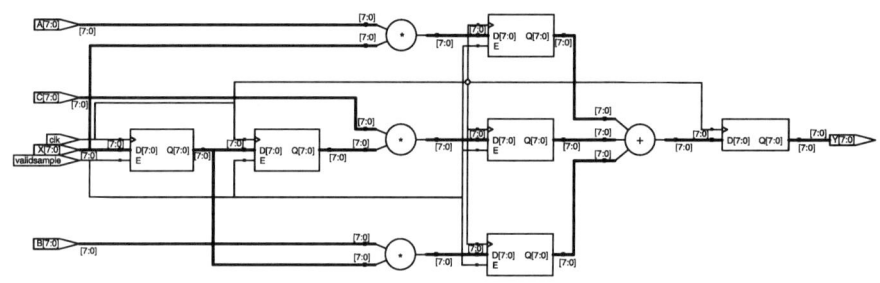

图 1.5　增加流水线寄存器

对于流水线来说，乘法器是最好选择，因为计算可以很容易地分解成不同阶段。通过将乘法器和加法器分解为可以单独寄存的级，可以实现额外的流水线传输。

添加寄存器层通过将关键路径划分为两条延迟较小的路径来改善时序。

其他章将介绍这些功能的各种实现，但是一旦体系结构分解为级，额外的流水线就像上面的示例一样简单。

## 1.3.2　并行结构

时序结构改进的第二种策略是通过重新梳理关键路径，来实现逻辑结构的并行化。当前通过串行逻辑字符串进行计算的函数，如果可以被分解成能够并行处理的单元，则应采用该并行计算技术。例如，假设前面几节中讨论的标准流水线 $X^3$ 的设计不满足时序。为了创建并行结构，我们可以将乘法器分解成独立的操作，然后重新组合它们。例如，一个 8 位的二进制乘法器可以用字段（4bit）A 和 B 来表示：

$$X = \{A, B\}$$

式中，A 为高有效位字段，B 为低有效位字段。

因为在 $X^3$ 的例子中，被乘数等于乘数，所以乘法运算可以重新组织如下：

$$X \cdot X = \{A, B\} \cdot \{A, B\} = \{(A \cdot A), (2 \cdot A \cdot B), (B \cdot B)\}$$

这样问题简化为一系列的 4 位乘法器,然后重新组合乘积。可以通过以下模块来实现:

```verilog
module power3(
  output [7:0] XPower,
  input  [7:0] X,
  input        clk);
  reg    [7:0] XPower1;
  // 部分乘积寄存器
  reg    [3:0] XPower2_ppAA, XPower2_ppAB, XPower2_ppBB;
  reg    [3:0] XPower3_ppAA, XPower3_ppAB, XPower3_ppBB;
  reg    [7:0] X1, X2;
  wire   [7:0] XPower2;

  // 部分乘积字段(A是高字段,B是低字段)
  wire   [3:0] XPower1_A = XPower1[7:4];
  wire   [3:0] XPower1_B = XPower1[3:0];
  wire   [3:0] X1_A      = X1[7:4];
  wire   [3:0] X1_B      = X1[3:0];
  wire   [3:0] XPower2_A = XPower2[7:4];
  wire   [3:0] XPower2_B = XPower2[3:0];
  wire   [3:0] X2_A      = X2[7:4];
  wire   [3:0] X2_B      = X2[3:0];

  // 组装部分乘积
  assign XPower2       = (XPower2_ppAA << 8)+
                         (2*XPower2_ppAB << 4)+
                          XPower2_ppBB;
  assign XPower        = (XPower3_ppAA << 8)+
                         (2*XPower3_ppAB << 4)+
                          XPower3_ppBB;

  always @(posedge clk) begin
    // 流水线级1
    X1            <= X;
    XPower1       <= X;
    // 流水线级2
    X2            <= X1;
    // 创建部分乘积
    XPower2_ppAA <= XPower1_A * X1_A;
    XPower2_ppAB <= XPower1_A * X1_B;
    XPower2_ppBB <= XPower1_B * X1_B;
    // 流水线级3
    // create partial products
    XPower3_ppAA <= XPower2_A * X2_A;
    XPower3_ppAB <= XPower2_A * X2_B;
    XPower3_ppBB <= XPower2_B * X2_B;
  end
endmodule
```

这样设计并没有考虑到任何溢出问题,但它可以用来说明以下要点,乘法器可以被分解为能够独立操作的更小功能,如图 1.6 所示。

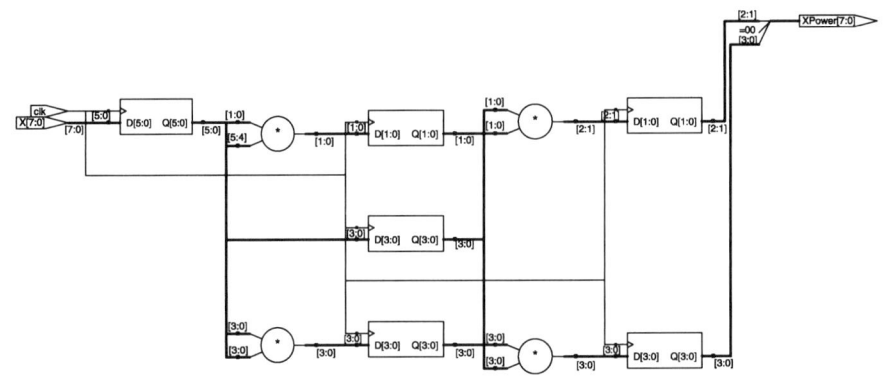

图 1.6　分级乘法器

通过将乘法操作分解为可以并行执行的更小操作，最大延迟将减少为任意子结构的最长延迟。

将一个逻辑功能分解成一些可以并行计算的较小的功能，路径延迟减少为任何子结构的最长延迟。

### 1.3.3　逻辑结构扁平化

时序结构改进的第三种策略是简化逻辑结构。这与上一节中定义的并行结构的概念密切相关，但特别适用于由于优先级编码形成的链式逻辑结构。通常，综合和版图工具比较聪明，可以复制逻辑以减少扇出，但它们还不够聪明，不能分解以串行方式编码的逻辑结构，也没有足够的关于设计的优先级要求的信息。例如，考虑以下来自一个用于写入四个寄存器的地址解码的控制信号：

```verilog
module regwrite(
  output reg [3:0] rout,
  input            clk, in,
  input      [3:0] ctrl);

  always @(posedge clk)
    if(ctrl[0])      rout[0] <= in;
    else if(ctrl[1]) rout[1] <= in;
    else if(ctrl[2]) rout[2] <= in;
    else if(ctrl[3]) rout[3] <= in;
endmodule
```

在上述示例中，每个控制信号相对于其他控制信号使用优先级进行编码。这种类型的优先级编码实现如图 1.7 所示。

如果控制线是来自另一个模块的地址译码器，则每个选通与其他选通相互排斥，因为它们都代表一个唯一地址。然而，这里我们按照优先级编码，由于控制信号的性质，上述代码将完全按照并行方式编码运行，但综合工具不可能足够聪明地认识到这一点，特别是如果地址译码发生在另一层寄存器之后。

通过删除优先级，从而使逻辑变平，我们可以对这个模块进行编码，如下所示：

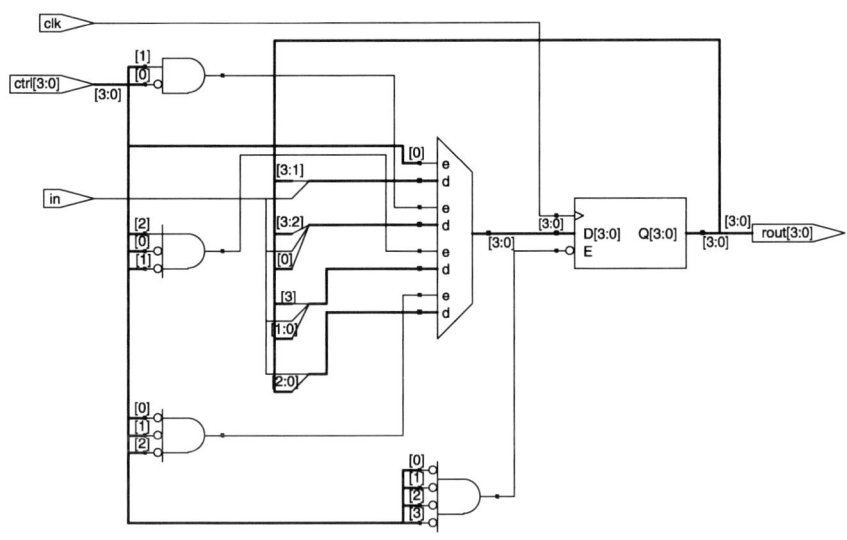

图 1.7　优先级编码实现

```
module regwrite(
  output reg [3:0] rout,
  input            clk, in,
  input      [3:0] ctrl);
  always @(posedge clk) begin
    if(ctrl[0]) rout[0] <= in;
    if(ctrl[1]) rout[1] <= in;
    if(ctrl[2]) rout[2] <= in;
    if(ctrl[3]) rout[3] <= in;
  end
endmodule
```

在门级实现中可以看出，没有使用如图 1.8 所示的优先级逻辑。每个控制信号独立作用，并独立控制其相应的 rout 位。

通过移除不需要的优先级编码，逻辑结构变平，路径延迟减少。

### 1.3.4　寄存器平衡

时序结构改进的第四种策略称为寄存器平衡。从概念上讲是在寄存器之间均匀地重新分配逻辑，以使任何两个寄存器之间的最差延迟最小化。当关键路径和相邻路径之间的逻辑非常不平衡时，建议使用这种技术。因为时钟速度只受最差路径的限制，所以只需要一个小的改变就可以重新成功平衡关键逻辑。

许多综合工具也有称为寄存器平衡的优化。该特性将从本质上识别特定的结构，并以预定的方式围绕逻辑重新定位寄存器。这对于公共结构，如大乘数乘法器可能有用，但作用也很有限，不会改变逻辑，也不会识别自定义功能。根据技术的不同，它可能需要更昂贵的综合工具来实现。因此，理解这个概念并能够在自定义逻辑结构中重新分配逻辑是非常重要的。

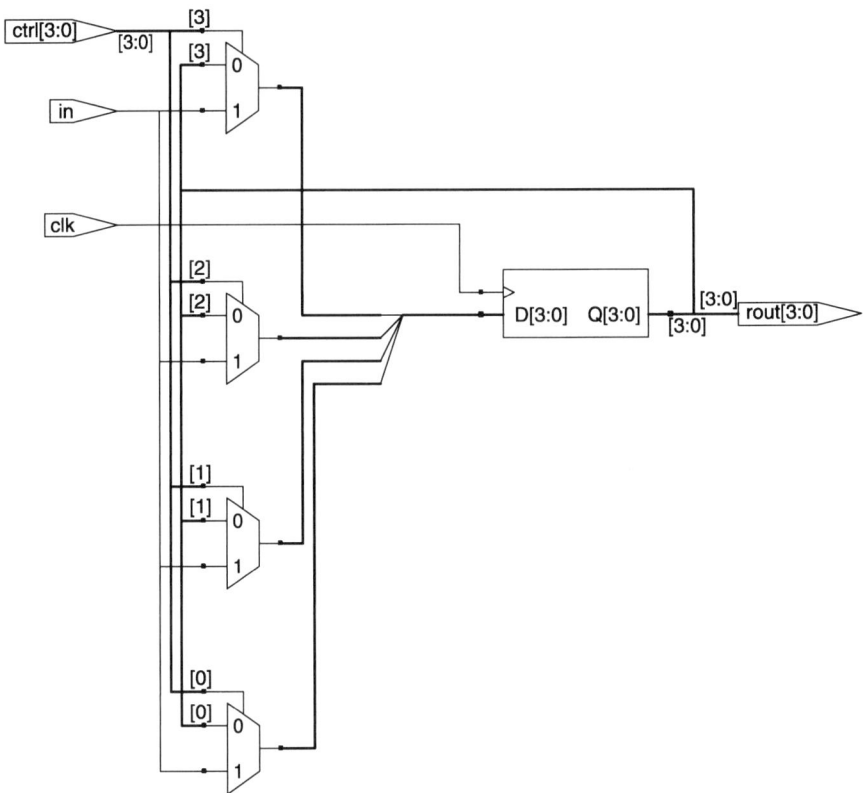

图 1.8 无优先级编码实现

注意以下关于添加三个 8 位输入的加法器的代码：

```
module adder(
  output reg [7:0] Sum,
  input      [7:0] A, B, C,
  input            clk);
  reg        [7:0] rA, rB, rC;

  always @(posedge clk) begin
    rA  <= A;
    rB  <= B;
    rC  <= C;
    Sum <= rA + rB + rC;
  end
endmodule
```

第一级寄存器由 rA、rB 和 rC 组成，第二级由 Sum 组成。第一级和第二级之间的逻辑是所有输入的加法器，而输入和第一级寄存器之间不包含任何逻辑（假设向本模块提供输入的输出端已经过寄存器锁存），如图 1.9 所示。

如果通过加法器定义了关键路径，则关键路径中的一些逻辑可以移回一个寄存器级，从而平衡两个寄存器级之间的逻辑负载。考虑以下修改，其中一个加操作被移回一个寄存器级：

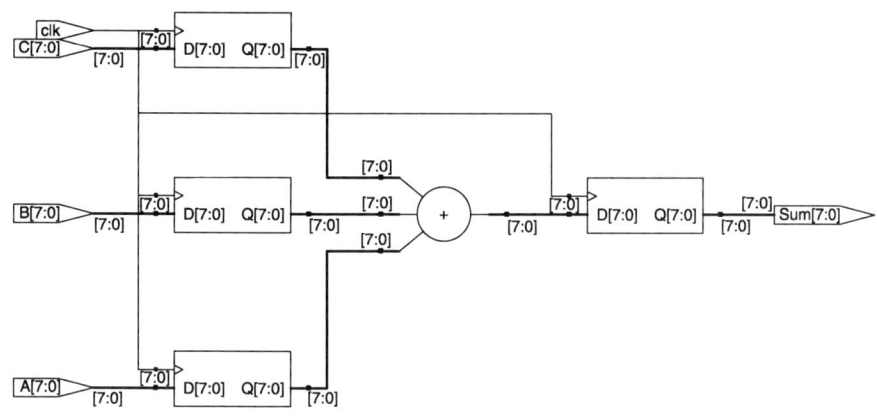

图 1.9　具有寄存器的加法器

```
module adder(
  output reg [7:0] Sum,
  input      [7:0] A, B, C,
  input            clk);
  reg        [7:0] rABSum, rC;
  always @(posedge clk) begin
    rABSum <= A + B;
    rC     <= C;
    Sum    <= rABSum + rC;
  end
endmodule
```

我们现在已经将其中一个加操作移到输入和第一个寄存器级之间。这平衡了流水线级之间的逻辑，并减少了如图 1.10 所示的关键路径。

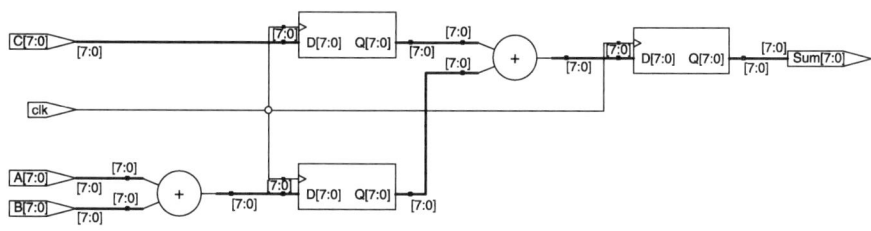

图 1.10　寄存器平衡

寄存器平衡通过将组合逻辑从关键路径移动到相邻路径来改进时序。

## 1.3.5　路径重新排序

时序结构改进的第五种策略是对数据流中的路径进行重新排序，以最小化关键路径。当多条路径与关键路径结合时，应使用该技术，并且可以对组合路径进行重新排序，使关键路径移动得更接近目标寄存器。使用这种策略，我们将只关注任何给定寄存器集之间的逻辑路径。考虑以下模块：

```verilog
module randomlogic(
  output reg [7:0] Out,
  input      [7:0] A, B, C,
  input            clk,
  input            Cond1, Cond2);
  always @(posedge clk)
    if(Cond1)
      Out <= A;
    else if(Cond2 && (C < 8))
      Out <= B;
    else
      Out <= C;
endmodule
```

在这种情况下，让我们假设关键路径在 C 和 Out 之间，并且在到达判决多路选择器之前由两个门串联的一个比较器组成，如图 1.11 所示。

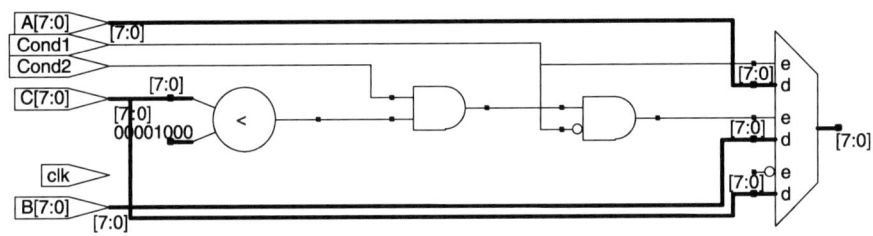

图 1.11 长关键路径

假设条件不是相互排斥的，我们可以修改代码来重新排序比较器的长延迟：

```verilog
module randomlogic(
  output reg [7:0] Out,
  input      [7:0] A, B, C,
  input            clk,
  input            Cond1, Cond2);
  wire CondB = (Cond2 & !Cond1);
  always @(posedge clk)
    if(CondB && (C < 8))
      Out <= B;
    else if(Cond1)
      Out <= A;
    else
      Out <= C;
endmodule
```

通过重新组织代码，我们将其中一个与比较器串联的门移出了关键路径，如图 1.12 所示。因此，通过仔细关注特定的功能如何编码，可以直接影响时序性能。

时序可以通过对与关键路径结合的路径进行重新排序来改进，从而使某些关键路径逻辑更接近目标寄存器。

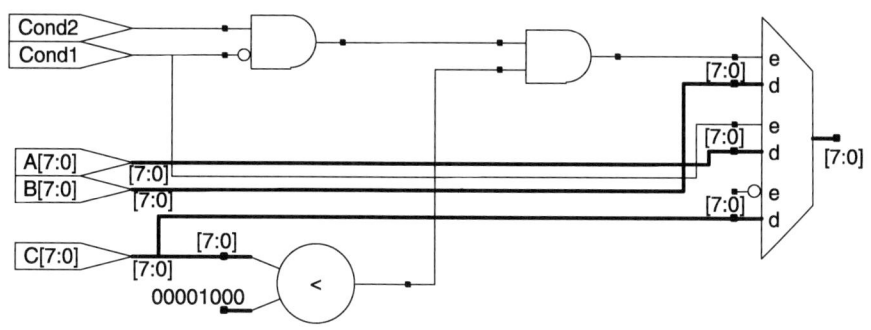

图1.12　逻辑重新排序来减少关键路径

## 1.4　要点总结

- 高吞吐量架构是一种可以最大化每秒处理比特数的设计。
- 展开一个迭代循环会增加吞吐量。
- 展开迭代循环的代价是面积的成比例增加。
- 低延迟架构是一种将模块的输入到输出延迟最小化的方法。
- 可以通过移除流水线寄存器来减少延迟。
- 移除流水线寄存器的代价是寄存器之间的组合延迟将增加。
- 时序是指一个设计的时钟速度。当任意两个时序元件之间的最大延迟小于最小时钟周期时，设计满足时序。
- 添加寄存器层通过将关键路径划分为两条延迟较小的路径来改善时序。
- 将一个逻辑功能分离成一些可以并行计算的较小的功能，可以将路径延迟减少到子结构中最长的一个。
- 通过删除不需要的优先级编码，逻辑结构变平，路径延迟减少。
- 寄存器平衡通过将组合逻辑从关键路径移动到相邻路径来改进时序。
- 时序可以通过对与关键路径结合的路径进行重新排序来改进，从而使某些关键路径逻辑更接近目标寄存器。

# 第 2 章　面积架构设计

本章讨论数字设计三个主要物理特征中的第二个：面积。同时，我们还讨论在 FPGA 中进行面积结构优化的方法。

我们将讨论基于选择正确的拓扑结构来缩小面积。拓扑结构是指设计的高层次组织，而不是器件特有的。由综合和版图工具执行的电路级优化是指将设计特定部分门的数量最小化，且优化可能与器件特性相关。

以面积为目标的拓扑结构是为了最大限度地重用逻辑资源，通常以牺牲吞吐量（速度）为代价。这通常需要一个递归的数据流，其中一个阶段的输出被反馈给输入以进行类似的处理。这可能是一个自然的算法简单循环，也可能是复杂的逻辑重用且需要特殊的控制。本章描述了这两种技术，并从性能损失角度说明了必然的后果。

在本章中，我们将详细讨论以下主题：
- 流水线折叠以在计算的不同阶段重用逻辑资源。
- 控制在自然流不存在时管理逻辑的重用。
- 在不同的功能操作之间共享逻辑资源。
- 复位对面积优化的影响。
  - ➢ 缺少复位对 FPGA 资源的影响。
  - ➢ 缺少置位对 FPGA 资源的影响。
  - ➢ 缺少异步复位对 FPGA 资源的影响。
  - ➢ RAM 复位的影响。
  - ➢ 使用触发置位/复位引脚进行逻辑实现的优化。

## 2.1　流水线折叠

"流水线折叠"的方法与上一章中描述的方法相反，上一章方法通过"展开循环"来提高吞吐量，以达到最大的性能。当通过展开循环来实现时，我们还需要更多的资源来保存中间值和复制并行运行的计算结构来增加面积。相反，当想要最小化设计面积时，我们必须反向执行这些操作；也就是说，通过流水线折叠，以便重用逻辑资源。因此，在流水线级优化具有重复逻辑的高度流水线设计时，应该使用该方法。

流水线折叠可以在流水线级使用重复逻辑资源，优化流水线设计面积。

考虑一个定点分数乘法器的例子。A 以正常的整数格式表示，小数点固定在最低有效位（LSB）的右侧，而输入 B 的小数点固定在最高有效位（MSB）的左侧。换句话说，B 将 A 从 0 缩放到 1。

```verilog
module mult8(
  output [7:0]  product,
  input  [7:0]  A,
  input  [7:0]  B,
  input         clk);
  reg    [15:0] prod16;

  assign product = prod16[15:8];

  always @(posedge clk)
    prod16 <= A * B;

endmodule
```

使用这种方式实现，在每个时钟上都会生成一个新的乘积。在这个设计中，对于不同的寄存器集并没有明显的流水线，但注意，乘法器本身是一个相当长的逻辑链，通过添加中间寄存器层很容易流水线化。我们希望"折叠"的正是这个乘法器。我们将通过一系列移位/加法操作执行乘法如下：

```verilog
module mult8(
  output             done,
  output reg [7:0]   product,
  input      [7:0]   A,
  input      [7:0]   B,
  input              clk,
  input              start);
  reg        [4:0]   multcounter; // 移位/加法次数的计数器
  reg        [7:0]   shiftB; // B的移位寄存器
  reg        [7:0]   shiftA; // A的移位寄存器

  wire adden; // 启用加法

  assign adden = shiftB[7] & !done;
  assign done = multcounter[3];

  always @(posedge clk) begin
    // 为移位/加法操作增加多路计数器
    if(start)        multcounter <= 0;
    else if(!done)   multcounter <= multcounter + 1;

    // B的移位寄存器
    if(start) shiftB <= B;
    else shiftB[7:0] <= {shiftB[6:0], 1'b0};

    // A的移位寄存器
    if(start) shiftA <= A;
    else shiftA[7:0] <= {shiftA[7], shiftA[7:1]};
```

```
    // 计算乘法运算
    if(start)        product <= 0;
    else if(adden)   product <= product + shiftA;
 end
endmodule
```

因此，乘法器由一个累加器构建，该累加器根据 B 的位增加了 A 的移位版本，如图 2.1 所示。因此，我们完全消除了在单个时钟内生成一个乘法所需的逻辑树，并将其替换为几个移位寄存器和一个加法器。这是一个非常紧凑的乘法器形式，但现在需要 8 个时钟来完成一个乘法。还要注意，通过这个乘法操作顺序不需要进行特殊的控制，只依靠一个计数器来告诉我们什么时候停止移位/加法操作。下一节将描述控制不是如此简单的情况。

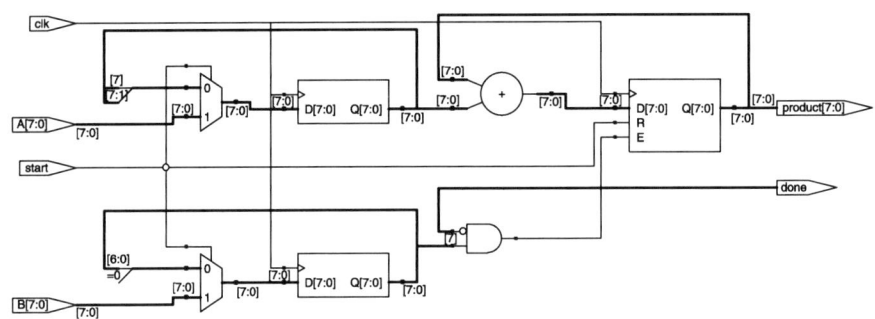

图 2.1　移位/加法乘法器

## 2.2　基于控制的逻辑重用

共享逻辑资源通常需要特殊的控制电路来确定哪些元件被输入到特定的结构中。在上一节中，我们描述了一个简单移动每个寄存器位的乘法器，其中每个寄存器总是专用于正在运行的加法器的特定输入。这有一个自然的数据流，很适合逻辑重用。在其他应用程序中，资源的输入往往会有更复杂的变化，并且可能需要某些控制来重用该逻辑。

当共享逻辑大于控制逻辑时，控制可用于指导逻辑的重用。

为了确定这种变化，可能需要一个状态机作为逻辑的附加输入。

考虑以下由公式表示的低通 FIR 滤波器的例子：

$$Y = coeffA \cdot X[0] + coeffB \cdot X[1] + coeffC \cdot X[2]$$

```
module lowpassfir(
 output reg [7:0] filtout,
 output reg       done,
 input            clk,
 input      [7:0] datain,    // X[0]
 input            datavalid, // X[0] 有效
 input      [7:0] coeffA, coeffB; coeffC); // 低通滤波器的参数
 // define input/output samples
 reg        [7:0] X0, X1, X2;
```

```verilog
    reg              multdonedelay;
    reg              multstart;  // 乘法器开始计算的信号
    reg      [7:0]   multdat;
    reg      [7:0]   multcoeff;  // 进行逻辑乘操作的寄存器
    reg      [2:0]   state;      // 维持状态以调度乘法操作序列
    reg      [7:0]   accum;      // 乘积累加
    reg              clearaccum; // 将accum置零
    reg      [7:0]   accumsum;
    wire             multdone;   // 乘法已完成
    wire     [7:0]   multout;    // 乘积
// 用于采样-参数的移位加法乘法器
mult8×8 mult8×8(.clk(clk), .dat1(multdat),
    .dat2(multcoeff), .start(multstart),
    .done(multdone), .multout(multout));
    always @(posedge clk) begin
      multdonedelay <= multdone;

    // 累加采样-参数乘积
    accumsum <= accum + multout[7:0];

    // 清零并加载累加器
    if(clearaccum)           accum <= 0;
    else if(multdonedelay)   accum <= accumsum;
// 如果乘法未完成，不处理状态机
case(state)
    0: begin
    // 空闲状态
    if(datavalid) begin
      // 如果新样本到达，移位样本
      X0       <= datain;
      X1       <= X0;
      X2       <= X1;
      multdat  <= datain;    // 加载mult
      multcoeff <= coeffA;
      multstart <= 1;
      clearaccum <= 1;  // 清除accum
      state    <= 1;
    end
    else begin
      multstart <= 0;
      clearaccum <= 0;
      done      <= 0;
    end
    end
    1: begin
    if(multdonedelay) begin
      // A*X[0] 完成，加载B*X[1]
      multdat  <= X1;
      multcoeff <= coeffB;
      multstart <= 1;
      state    <= 2;
    end
```

```
       else begin
        multstart  <= 0;
        clearaccum <= 0;
        done       <= 0;
       end
      end
      2: begin
       if(multdonedelay) begin
        // B*X[1] 完成，加载C*X[2]
        multdat   <= X2;
        multcoeff <= coeffC;
        multstart <= 1;
        state     <= 3;
       end
       else begin
        multstart  <= 0;
        clearaccum <= 0;
        done       <= 0;
       end
      end
      3: begin
       if(multdonedelay) begin
        // C*X[2] 完成，加载输出端口
        filtout <= accumsum;
        done    <= 1;
        state   <= 0;
       end
       else begin
        multstart  <= 0;
        clearaccum <= 0;
        done       <= 0;
       end
      end
      default
        state <= 0;
    endcase
  end
endmodule
```

在这个实现中，只使用了一个乘法器和累加器，如图2.2所示。此外，状态机用于将系数和寄存采样加载到乘法器中。状态机对系数和寄存采样的每个组合进行操作：coeffA・X[0]、coeffB・X[1]和coeffC・X[2]。

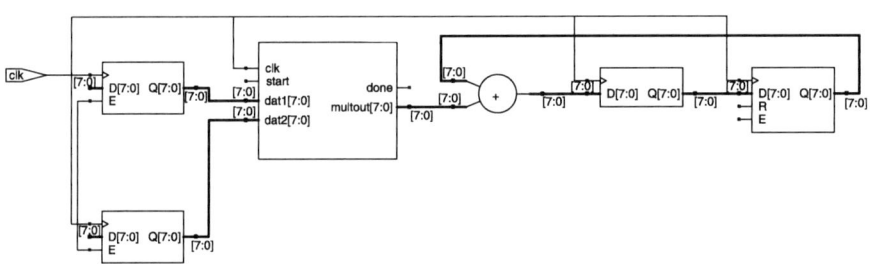

图2.2 具有一个MAC的FIR

这种实现需要一个状态机的原因是，递归数据中没有自然流动的数据，就像有移位/加法乘法器的例子。在这种情况下，我们使用任意的寄存器来表示创建一组乘积所需的输入。对乘法器输入集进行排序的最有效的方法是使用状态机。

## 2.3　资源共享

当使用术语"资源共享"时，我们指的不是由 FPGA 布局和布线工具执行的低级优化（这将在后面的章节中讨论）。相反，我们指的是更高层次的架构资源共享，即不同的功能边界共享不同的资源。当有可以在设计的其他领域或者不同的模块中使用的功能块时，就应该使用这种类型的资源共享。

资源共享的一个简单示例是使用系统计数器。许多设计中为计时器、测序器、状态机等功能单元使用多个计数器。通常，这些计数器可以被拉到层次结构中的更高级别，并分发到多个功能单元。例如，考虑模块 A 和模块 B。每个模块都出于不同的原因使用计数器。模块 A 使用计数器来实现每 256 个时钟标记一次操作（在 100MHz 时，每 2.56μs 对应一个触发器）。模块 B 使用一个计数器来产生一个不同占空比的 PWM（脉宽调制）脉冲，固定频率为 5.5kHz（具有一个 100MHz 的系统时钟，这将对应于一个十六进制 700 个时钟的周期）。

图 2.3 中的每个模块都执行一个完全独立的操作。每个模块中的计数器也具有完全不同

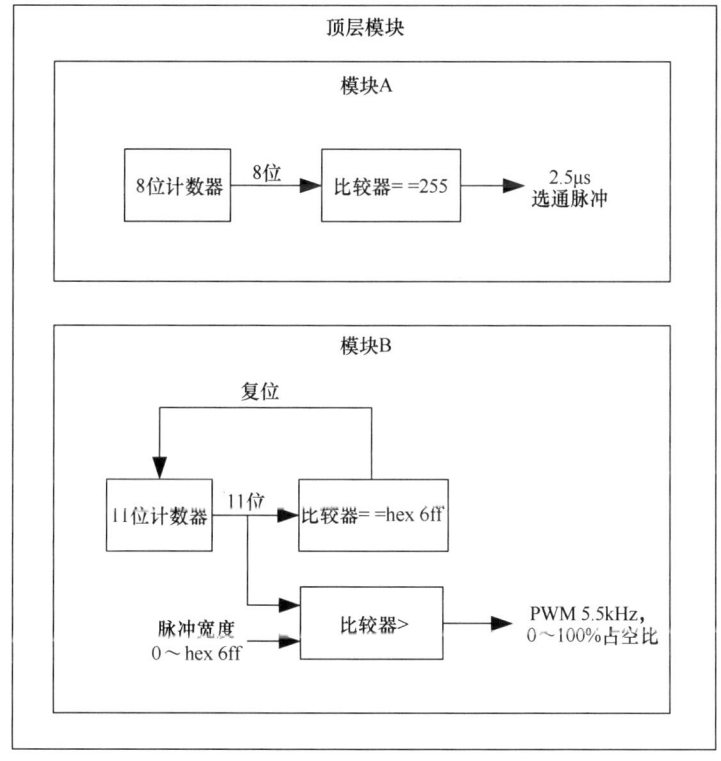

图 2.3　单独的计数器

的特性。在模块 A 中，计数器是 8 位，自由运行，并自动滚动。在模块 B 中，计数器是 11 位，并重置为一个预定义的值（1666）。尽管如此，这些计数器可以很容易地合并到一个全局计时器中，并由模块 A 和模块 B 独立使用，如图 2.4 所示。

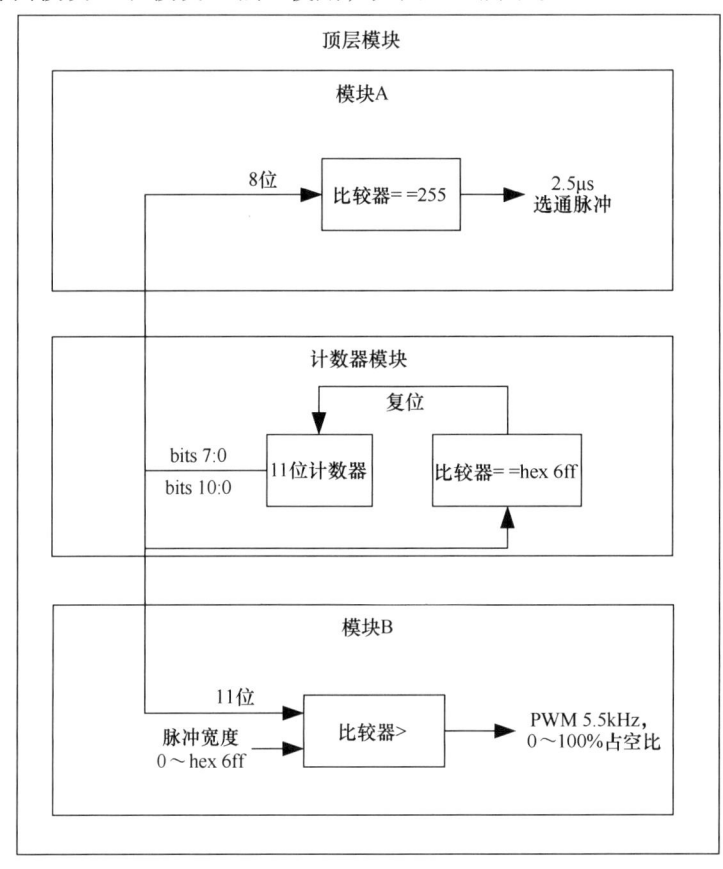

图 2.4　共享计数器

在这里，我们能够创建一个全局的 11 位计数器，以满足模块 A 和模块 B 的需求。

对于以面积为主要需求的紧凑设计，搜索在其他模块中具有相似功能的资源，这些资源可以放到全局层次结构中，并在多个功能区域之间共享。

## 2.4　复位对面积的影响

一个常见的误解是，复位结构总是在全局意义上实现的，对设计尺寸影响很小。事实是，在设计复位结构时，需要考虑一些与面积相关的因素，以及为不理想的设计需要付出相应的代价。

面积的第一个影响因素是为每个触发器定义一个全局置位/复位信号。虽然这看起来是很好的设计实现，但它通常会导致更大更慢的设计。这样做的原因是，某些功能可以根据 FPGA 的细粒度架构进行优化，但是对每个同步元件进行复制会导致综合和映射工具将逻辑放到更粗颗粒的实现中。

不适当的复位策略可能会创建不必要的大型设计,并抑制某些面积的优化。

下面将描述许多不同的场景,其中复位可以在速度/面积特性中发挥重要作用,以及如何相应地进行优化。

## 2.4.1 没有复位的资源

本节描述全局复位对没有复位可用的 FPGA 资源的影响。考虑以下简单的移位寄存器示例。

实现 1:同步复位
```
always @(posedge iClk)
 if(!iReset) sr <= 0;
 else sr       <= {sr[14:0], iDat};
```
实现 2:没有复位
```
always @(posedge iClk)
 sr <= {sr[14:0], iDat};
```

上述两种实现之间的差异可能看起来微不足道。在第一种情况下,触发器的复位被定义为逻辑 0,而在第二种情况下,触发器没有被定义的复位状态。这里的关键是,如果希望利用 FPGA 中可用的内置移位寄存器资源,我们将需要对其进行编码,以便有一个直接映射。如果我们的目标是 Xilinx 器件,综合工具将认为移位寄存器 SRL16 可以用于实现移位寄存器,如图 2.5 所示。

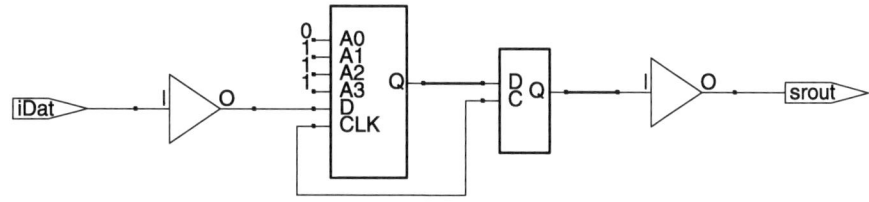

图 2.5 移位寄存器用 SRL16 器件实现

注意,没有为 SRL16 器件定义复位。如果在我们的设计中定义了复位,那么 SRL16 单元就不能使用,因为没有复位控制信号向资源发出。移位寄存器将被实现为离散的触发器,如图 2.6 所示。差异见表 2.1。

图 2.6 用触发器实现的移位寄存器

表 2.1 移位寄存器实现的资源利用率

| 实现 | 逻辑切片 | 触发器 |
| --- | --- | --- |
| 定义复位 | 9 | 16 |
| 没有定义复位 | 1 | 1 |

如果分配了不兼容的复位,则不会使用优化的 FPGA 资源。该功能将使用通

用元件来实现,并占用更多的面积。

通过去除复位信号,我们能够将 9 个切片和 16 个触发器减少为单切片和单片触发器。这与一个最优紧凑的高速移位寄存器实现相对应。

### 2.4.2 没有置位的资源

与上一节中提出的问题类似,一些内部资源缺乏任何类型的置位能力。例如,一个 $8 \times 8$ 的乘法器:

```
module mult8(
  output reg [15:0] oDat,
  input            iReset, iClk,
  input      [7:0] iDat1, iDat2,
  );
 always @(posedge iClk)
   if(!iReset) oDat <= 16'hffff;
   else    oDat <= iDat1 * iDat2;
endmodule
```

同样,对上述代码的唯一变化将是复位条件。与移位寄存器示例不同,大多数 FPGA 中的乘法器资源都有内置的复位资源。然而,它们通常没有置位资源。如果像上面描述的那样需要置位功能(16'hffff,而不是简单的 0),则将实现图 2.7 所示的电路。

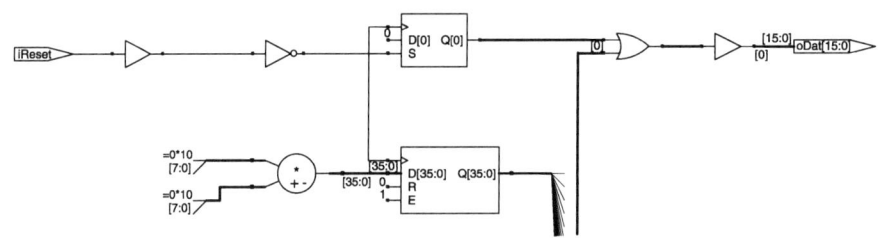

图 2.7　通过外部逻辑实现的置位

当复位有效时,这里需要为每个输出添加一个额外的门来置位输出。在这种情况下,乘法器上的复位将不起作用。置位实现和复位实现之间的资源使用情况见表 2.2。

表 2.2　置位实现和复位实现的资源利用率

| 实现 | 逻辑切片 | 触发器 | LUT | Mult16 |
| --- | --- | --- | --- | --- |
| 置位 | 9 | 16 | 1 | 1 |
| 复位 | 1 | 1 | 1 | 1 |

通过将乘法器置位更改为复位操作,我们能够将 9 个逻辑切片和 16 个切片触发器减少为单切片和单片触发器。这相当于最优的紧凑和高速的乘法器实现。

### 2.4.3 没有异步复位的资源

许多新型高性能 FPGA 提供了内置的多功能模块,对广泛应用具有一般的适用性。通常,这些资源具有某种复位功能,但相对于复位拓扑的类型受到限制。在这里,我们将研究用于 DSP（数字信号处理）应用程序的 Xilinx 特定的乘法-累加模块。内置 DSP 的内部结构对于不同的复位策略通常并不灵活。

DSP 和其他多功能资源通常对不同的复位策略并不灵活。

考虑以下代码实现乘法-累加运算：

```
module dspckt(
 output reg [15:0] oDat,
 input             iReset, iClk,
 input       [7:0] iDat1, iDat2);
 reg        [15:0] multfactor;

 always @(posedge iClk or negedge iReset)
  if(!iReset) begin
   multfactor <= 0;
   oDat       <= 0;
  end
  else begin
   multfactor <= (iDat1 * iDat2);
   oDat       <= multfactor + oDat;
  end
endmodule
```

上面的代码定义了一个具有异步复位的乘法-累加函数。例如，Xilinx Virtex-4 器件内的 DSP 结构仅具有同步复位功能，如图 2.8 所示。

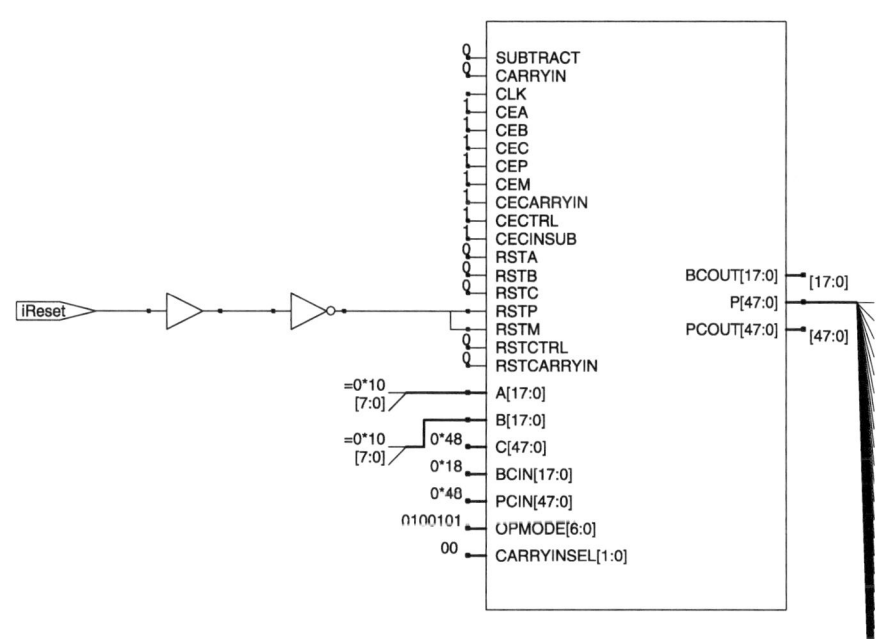

图 2.8　同步复位的 Xilinx DSP 块

这里的复位信号被直接输入到 MAC 核的复位引脚中。另一方面，要实现上述代码示例中所示的异步复位，综合工具必须在 DSP 核之外创建额外的逻辑。将其与使用同步复位的类似结构进行比较，我们能够得到表 2.3 所示的结果。

表 2.3  同步复位和异步复位的资源利用率

| 实现 | 逻辑切片 | 触发器 | LUT | DSP |
| --- | --- | --- | --- | --- |
| 异步复位 | 17 | 32 | 16 | 1 |
| 同步复位 | 0 | 0 | 0 | 1 |

当使用同步复位时，综合工具能够使用 FPGA 器件中可用的 DSP 核。然而，通过使用不同于该器件上可用的复位，需要围绕它创建大量的逻辑来实现异步复位。

### 2.4.4  复位 RAM

在许多用于 FPGA 的内置 RAM（随机存取存储器）资源中有复位资源，与上一节中描述的 DSP 资源类似，通常只有同步复位可用。尝试在 RAM 模块上实现异步复位对面积优化而言可能是灾难性的，因为没有一些更小的元件可以最优地用于构建 RAM（像乘法器和加法器可以缝合在一起形成一个 MAC 模块），除了较小的 RAM 资源，综合工具也不能轻松地向输出中添加几个门来模拟这个功能。

复位 RAM 通常是一个糟糕的设计实现，特别是当复位是异步时。

考虑以下代码：

```
module resetckt(
 output reg [15:0] oDat,
 input          iReset, iClk, iWrEn,
 input    [7:0] iAddr, oAddr,
 input    [15:0] iDat);
 reg      [15:0] memdat [0:255];

 always @(posedge iClk or negedge iReset)
 if(!iReset)
  oDat          <= 0;
 else begin
  if(iWrEn)
    memdat[iAddr] <= iDat;

  oDat          <= memdat[oAddr];
 end

endmodule
```

同样，我们在上述代码中考虑的唯一变化是复位的类型：同步和异步。例如，在 Xilinx Virtex-4 器件中，BRAM（块 RAM）元件仅有同步复位。因此，通过同步复位，综合工具将能够使用单个 BRAM 元件来实现这段代码，如图 2.9 所示。

然而，如果我们试图实现上面的代码示例所示的相同 RAM 的异步复位，综合工具将被迫使用较小的分布式 RAM 来创建一个相应尺寸的 RAM 模块，额外的解码逻辑来创建适当大小 RAM，以及额外的逻辑来实现异步复位部分，如图 2.10 所示。最终的实现差异非常惊人，见表 2.4。

错误地复位 RAM 可能会对面积造成灾难性的影响。

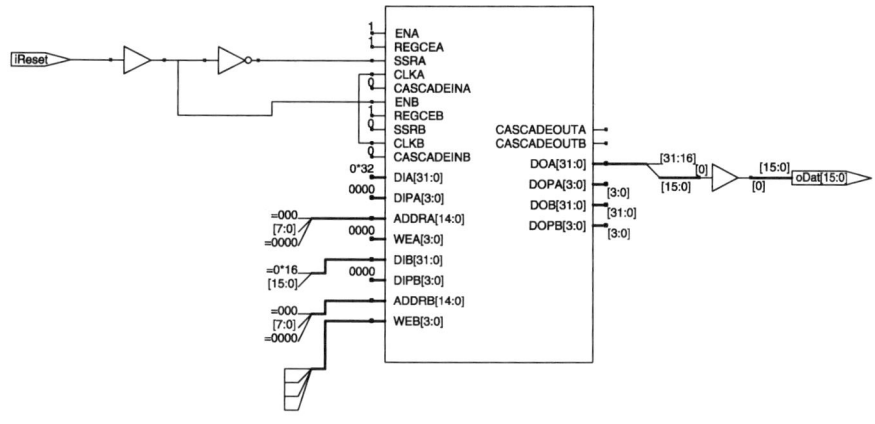

图 2.9  同步复位的 Xilinx BRAM

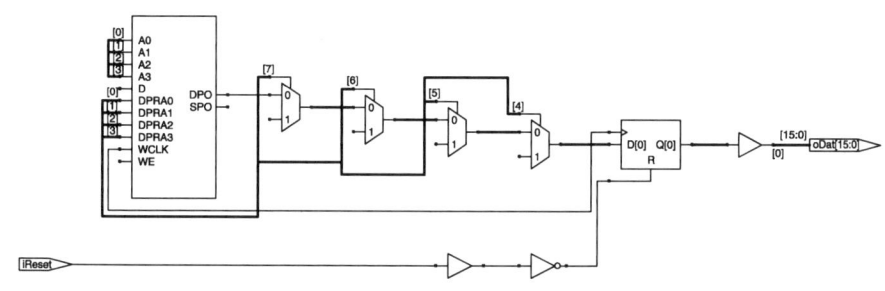

图 2.10  异步复位的 Xilinx BRAM

表 2.4  BRAM 同步复位和异步复位的资源利用率

| 实现 | 逻辑切片 | 触发器 | 4 输入 LUT | BRAM |
| --- | --- | --- | --- | --- |
| 异步复位 | 3415 | 4112 | 2388 | 0 |
| 同步复位 | 0 | 0 | 0 | 1 |

## 2.4.5  使用触发器置位/复位引脚

大多数 FPGA 供应商在任何给定的器件中都有各种可用的触发器元件,并且给定一个特定的逻辑功能,综合工具通常可以使用置位和复位引脚来实现逻辑的各个方面,并减少查找表的负担。例如,考虑图 2.11,在这种情况下,综合工具可以选择使用触发器上的置位引脚来实现逻辑,如图 2.12 所示,删除了或门,增加了数据路径的速度。同样地,考虑图 2.13 所示的逻辑功能,通过将输入信号加到触发器的复位引脚,就可以删除与门,如图 2.14 所示。

阻止综合工具执行这类优化的主要原因与复位策略有关。对复位的任何约束,不仅使用可用的置位/复位引脚,而且还将限制可供选择的库元件的数量。

使用置位和复位可以防止某些组合逻辑优化。

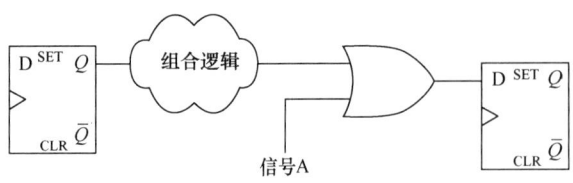

图 2.11 带或门的简单的同步逻辑

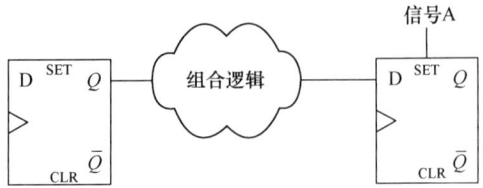

图 2.12 用置位引脚实现的或门

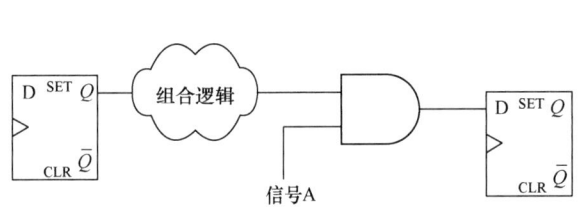

图 2.13 带与门的简单的同步逻辑

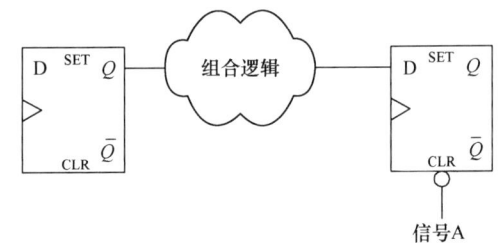

图 2.14 用清除引脚实现的与门

例如，考虑在 Xilinx Spardan-3 器件中如下的实现：

```
module setreset(
 output reg oDat,
 input       iReset, iClk,
 input       iDat1, iDat2);

 always @(posedge iClk or negedge iReset)
  if(!iReset)
   oDat <= 0;
  else
   oDat <= iDat1 | iDat2;
endmodule
```

在上面的代码示例中，外部复位信号被用于复位触发器的状态，如图 2.15 所示。

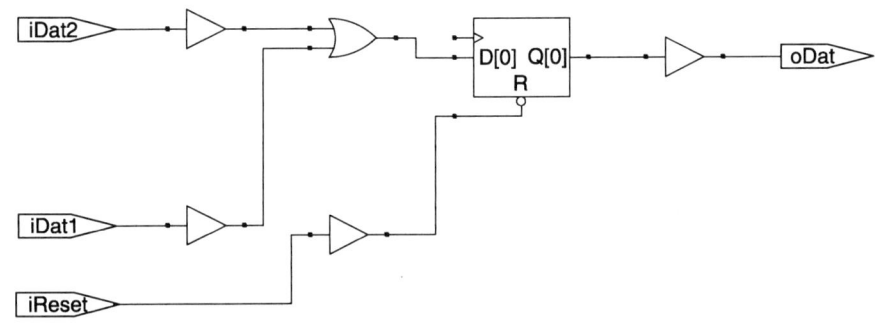

图 2.15 简单的异步复位

如图 2.15 所示，异步复位功能使用了一个可复位的触发器，逻辑功能（或门）以离散逻辑的方式实现。作为一种替代方法，如果移除复位后实现了相同的逻辑功能，设计将被优化,如图 2.16 所示。

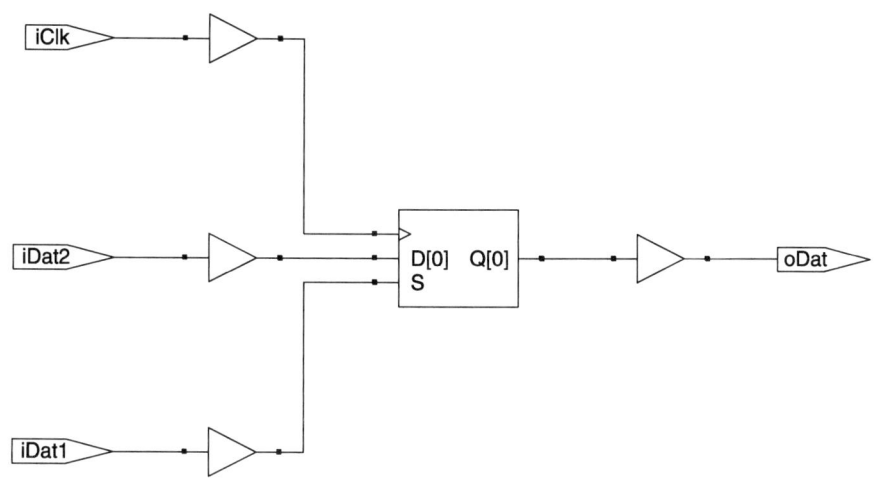

图 2.16　不使用复位的优化

在这个实现中,综合工具能够使用 FDS 元件(具有同步置位和复位的触发器),并使用置位引脚进行或操作。因此,通过允许综合工具选择一个具有同步置位的触发器,我们就能够用零逻辑元件来实现这个函数。

我们可以进一步使用同步置位和复位信号。如果我们用一个逻辑方程来计算,其形式为
oDat <= ! iDat3 & (iDat1 | iDat2)

我们可以通过下面代码同时使用同步置位和复位资源:

```
module setreset (
 output reg oDat,
 input iClk,
 input iDat1, iDat2, iDat3);
  always @(posedge iClk)
   if(iDat3)
   oDat <= 0;
   else if(iDat1)
    oDat <= 1;
   else
    oDat <= iDat2;
endmodule
```

在这里,iDat3 输入的优先级类似于相关的触发器上的复位引脚。因此,该逻辑功能可以被实现,如图 2.17 所示。

在这个电路中,我们有三个逻辑操作(取反、与、或),它们都用单个触发器和无查找表来实现。因为这些优化并非总是在设计架构时已知,当面积是关键的考虑因素时,应尽可能避免使用置位或复位。

当面积是关键的考虑因素时,应尽可能避免使用置位或复位。

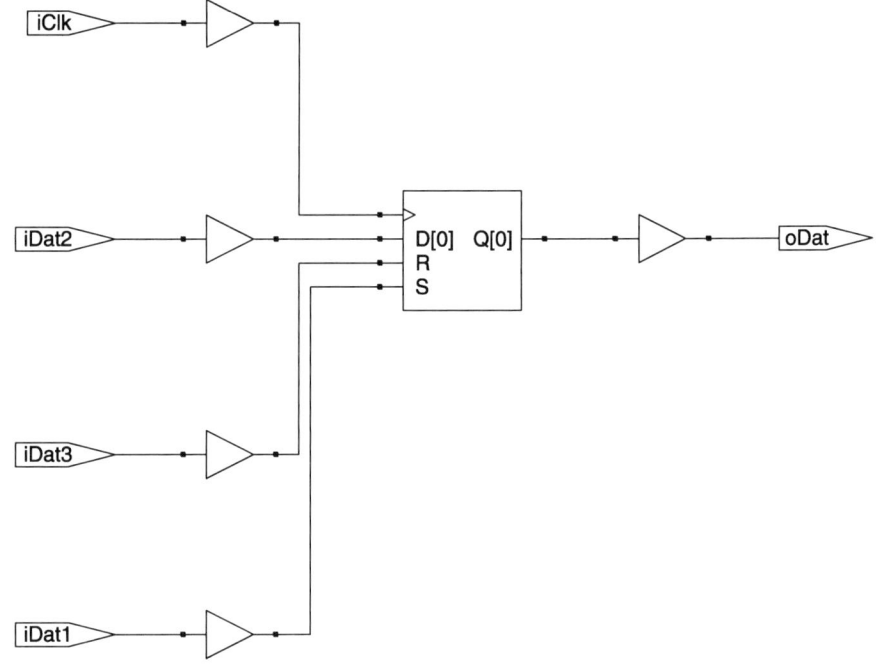

图 2.17　同时使用置位和复位引脚进行优化

## 2.5　要点总结

- 通过复用流水线级中的重复逻辑，流水线折叠可以优化流水线设计的面积。
- 当共享逻辑大于控制逻辑时，控制可用于指导逻辑的重用。
- 对于以面积为主要需求的紧凑设计，搜索在其他模块中具有相似功能的资源，这些资源可以放到全局层次结构中，并在多个功能区域之间共享。
- 不适当的复位策略可能会创建不必要的大型设计，并抑制某些面积的优化。
- 如果分配了不兼容的复位，则不会使用优化的 FPGA 资源。该功能将使用通用元件来实现，并占用更多的面积。
- DSP 和其他多功能资源通常对不同的复位策略并不灵活。
- 错误地复位 RAM 可能会对面积造成灾难性的影响。
- 使用置位或复位可以防止某些组合逻辑优化。
- 当面积是关键的考虑因素时，应尽可能避免使用置位或复位。

# 第 3 章 功耗架构设计

本章讨论数字设计三个主要物理特性中的第三个：功耗。同时，我们还讨论在 FPGA 架构中进行功耗优化的方法。

相对于具有类似功能的 ASIC（专用集成电路），FPGA 耗电量巨大，通常不适合超低功率设计技术。许多 FPGA 供应商确实提供了低功耗的 CPLD（复杂可编程逻辑器件），但这些器件在尺寸和能力上非常有限，因此并不总是适合需要最大化计算能力的应用程序。本章将讨论最大化低功率 CPLD 和一般 FPGA 设计的功耗技术。

在 CMOS 技术中，动态功耗和门以及金属引线上的寄生电容的充放电有关。电容内电流消耗的一般公式为

$$I = V \cdot C \cdot f$$

式中，$I$ 为总电流；$V$ 为电压；$C$ 为电容；$f$ 为频率。

因此，为了减少电流消耗，我们必须减小这三个关键参数。在 FPGA 设计中，电压通常是固定的，只剩下参数 $C$ 和 $f$ 来控制电流。电容 $C$ 与在任何给定时间内切换的门数量和连接门的路径长度相关。频率 $f$ 与时钟频率相关。所有降低功耗的技术最终目的都是在减小这两个参数之一。

在本章中，我们将讨论以下主题：
- 时钟控制对动态功耗的影响。
- 时钟门控的问题。管理门控时钟上的时钟偏移。
- 功率最小化的输入控制。
- 核供电电压的影响。
- 双沿触发器的准则。
- 降低端接的静态功耗。

通过将高翻转网络的布线长度最小化来减少动态功耗，需要对布局和布线背景进行讨论，这将在第 15 章中进行论述。

## 3.1 时钟控制

降低同步数字电路动态功耗的最有效和最广泛的技术，是在数据流的特定阶段，将不需

要激活的特定区域进行动态时钟禁用。由于 FPGA 中的大部分动态功耗与系统时钟的切换相关，因此在设计的非活动区域暂时停止时钟，是功耗最小化的最直接方法。实现这一目标的推荐方法是使用触发器上的时钟使能引脚，或使用全局时钟的多路选择器（在 Xilinx 器件中，就是 BUFGMUX 元件）。如果这些时钟控制元件在特定技术中不可用，设计工程师有时会借助于直接门控系统时钟的方法。注意，FPGA 设计不推荐使用该方法，本节只描述了系统时钟直接门控所涉及的问题。

推荐使用诸如时钟使能触发器输入或全局时钟多路选择器等时钟控制资源，以代替直接时钟门控。

注意，本节假设读者已经熟悉常用 FPGA 时钟设计准则。一般来说，FPGA 是同步器件，当通过门控或异步引脚引入多时钟域时，会出现许多困难。有关时钟域的更深入的讨论，参见第 6 章。

图 3.1 说明了简单时钟门控的糟糕设计实现。利用这种时钟拓扑结构，当主时钟激活时，所有的触发器和相应的组合逻辑都是激活的。然而，虚线框内的逻辑只有在时钟使能为 1 时才会激活。在这里，我们将时钟启用信号称为门控或使能信号。通过如上所示电路的门控部分，设计工程师正试图减少与逻辑量（电容 $C$）和相应门的平均切换频率（频率 $f$）成比例的动态功耗损失。

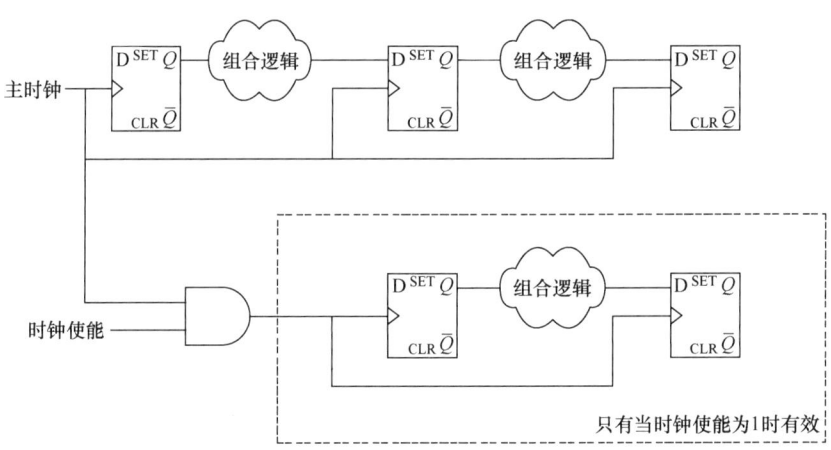

图 3.1　简单的时钟门控：糟糕的设计实现

时钟门控是减少动态功耗的一种直接手段，但在实现和时序分析方面造成了困难。

在继续讨论实现细节之前，需要注意的是在 FPGA 设计中，仔细地规划时钟是非常重要的。系统时钟是所有同步数字电路的核心。EDA（电子设计自动化）工具由系统时钟驱动，以优化和验证综合、版图、静态时序分析等。因此，系统时钟或时钟是"神圣"的，必须预先确定以驱动实现过程。时钟在 FPGA 中甚至比在 ASIC 中更"神圣"，因此相对于独特性的时钟结构，其灵活性更小。

即使最平常的意义上一个时钟是门控的，驱动时钟引脚的新网络也被认为是一个新的时钟域。新的时钟网络需要低偏移路径能够到达这个区域的所有触发器，类似于驱动它的系统时钟。对于 ASIC 设计工程师来说，这些低偏移可以建立在定制时钟树中。但是对于 FPGA 设计工程师来说，低偏移线的有限数量和固定的版图也会带来问题。

门控时钟引入了一个新的时钟域，这将给 FPGA 设计工程师带来困难。

下面讨论门控时钟引入的问题。

### 3.1.1 时钟偏移

在直接解决与门控时钟相关的问题之前，我们首先简要回顾一下时钟偏移的问题。时钟偏移的概念是时序逻辑设计中一个非常重要的概念。

在图 3.2 中，假设时钟信号在第一个触发器和第二个触发器之间时钟传播延迟为零。如果通过组合逻辑存在正延迟，那么时序一致性将由相对于组合延迟 + 逻辑布线延迟、组合延迟 + 建立时间的时钟周期来确定。一个信号通过每个时钟沿在一组触发器之间传播。然而，在第二个和第三个触发器之间的情况是不同的。由于在第二个和第三个触发器之间的时钟线上的延迟，有效的时钟沿将不会同时出现在两个触发器上。相反，第三个触发器上的有效时钟沿将有一个 dC 量的延迟。

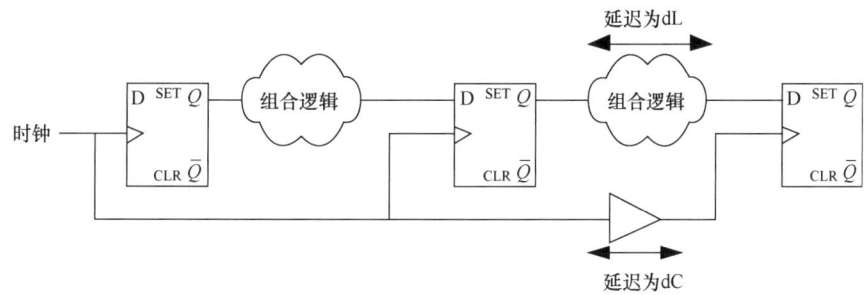

图 3.2 时钟偏移

如果通过组合逻辑的延迟（定义为 dL）小于时钟线上的延迟（定义为 dC），则可能会发生这样一种情况，即通过第二个触发器传播的信号将在时钟的有效沿之前到达第三级。当时钟的有效沿到达时，同样的信号可以通过第三级传播。因此，一个信号可以在同一时钟沿上通过第二级和第三级传播，这种情况将导致电路出现灾难性故障，因此在执行时序分析时必须考虑到时钟偏移。同样重要的是，时钟偏移与时钟速度无关。无论时钟频率如何变化，上述"跳过"问题都将以完全相同的方式发生。

错误处理时钟偏移可能导致 FPGA 出现灾难性故障。

### 3.1.2 管理偏移

FPGA 上提供的低偏移资源，确保时钟信号在所有时钟输入上尽可能地紧密匹配（在皮秒内）。例如，如图 3.3 所示在时钟网络中引入门控的场景。

时钟线必须从低偏移的全局资源中移除，并布线到门控逻辑，在这个例子中是一个与门。现在向时钟线添加偏移的问题与前面描述的问题基本一样。可以想象，通过门控的延迟

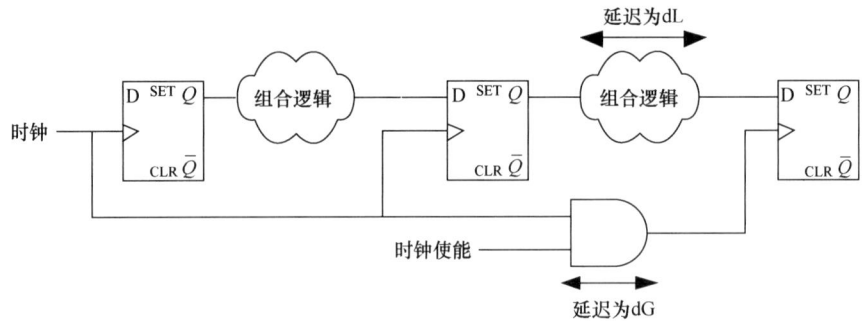

图 3.3 时钟门控引入时钟偏移：糟糕的设计实现

（dG）加上布线延迟将大于通过组合逻辑的延迟（dL）。为了处理这个潜在问题，必须给部署和性能分析工具一组约束，以便消除与通过门控的偏移相关的任何时序问题，然后在实现后的分析中进行适当的分析。

例如，考虑以下使用时钟门控的模块：

```verilog
// 糟糕的设计实现
module clockgating(
  output dataout,
  input  clk, datain,
  input  clockgate1);
  reg    ff0, ff1, ff2;
  wire   clk1;

  // 当门控为低时，时钟不使能
  assign clk1    = clk & clockgate1;
  assign dataout = ff2;

  always @(posedge clk)
    ff0 <= datain;

  always @(posedge clk)
    ff1 <= ff0;

  always @(posedge clk1)
    ff2 <= ff1;
endmodule
```

在上面的示例中，在数据路径上的触发器之间没有逻辑，但是在时钟路径中存在逻辑，如图 3.4 所示。

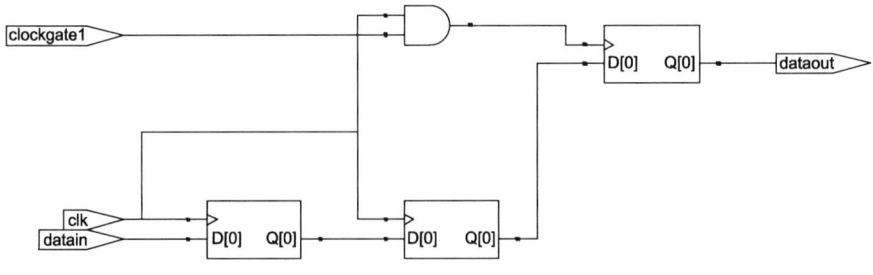

图 3.4 时钟偏移作为主要的延迟

不同的工具针对这种情况的处理方式也不一样。例如 Synplify，将删除默认的时钟门控，创建一个纯同步的设计。其他工具会在没有时钟约束的情况下忽略偏移问题，但是会增加人工延迟，确保时钟被适当地约束。

与 ASIC 设计不同，由于逻辑块和布线资源的内置延迟，在 FPGA 设计中的保持时间违例并不常见。然而，可能导致保持延迟的情况是在上面所示的时钟线上的过度延迟。由于数据传播时间小于 1ns，时钟传播时间接近 2ns，数据将在时钟出现前 1ns 到达，并导致严重的时间违例。根据综合工具的不同，有时可以通过添加时钟约束来解决。后续的分析可能显示也可能不显示（取决于技术）人工布线延迟被添加到数据路径中以消除保持违例。

时钟门控可能导致保持时间违例，实现工具可能会纠正，也可能不会。

值得重申的是，大多数供应商都拥有先进的时钟缓冲技术，为时钟树的某些分支提供使能能力。推荐在时钟门控与逻辑元件中使用这种类型的控制。

## 3.2 输入控制

一个经常被忽视的功率降低技术是输入压摆率。CMOS 输入缓冲器在上拉和下拉晶体管同时导电的情况下可能产生过大电流。为了理解该问题，考虑一个 CMOS 晶体管的基本一阶模型，用来描述 $V_{ds}$ 和 $I_{ds}$ 的关系，如图 3.5 所示，定义了以下工作区域：

$$截止区: V_{gs} < V_{th}$$

$$线性（电阻）区: 0 < V_{ds} < V_{gs} - V_{th}$$

$$饱和区: 0 < V_{gs} - V_{th} < V_{ds}$$

式中，$V_{gs}$ 为栅极-源极电压；$V_{th}$ 为器件门限电压；$V_{ds}$ 为漏极-源极电压。

理想的开关方案是，逻辑门的输入瞬间从截止区切换到线性区，而互补逻辑在同一时刻切换到相反的方向。如果两个互补体中的一个总是处于截止状态，则没有电流同时流过逻辑门的两侧（从而避免在电源和地之间形成直流通路）。对于逆变器来说，这意味着 NMOS（n 沟道 MOSFET）器件从 0 切换到 VDD（正电源电压），将 NMOS 从截止区立即切换到线性区，而 PMOS（p 沟道 MOSFET）将在同一时刻从线性区域切换到截止区。在 $V_{gs}$ 中，当从 VDD 切换到 0 时，NMOS 立即从线性区切换到截止区，PMOS 在同一时刻从截止区切换到线性区。

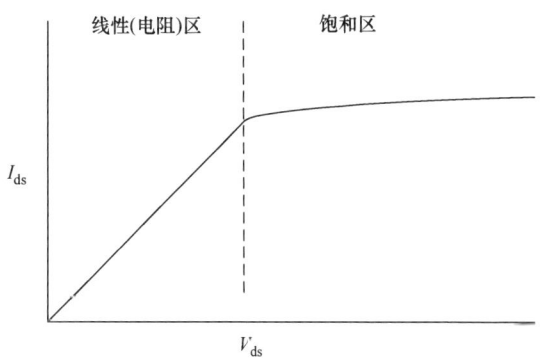

图 3.5　CMOS 晶体管的简单 I-V 曲线

然而，在一个真实的系统中，我们必须考虑到切换时间和晶体管在这些切换过程中的行为。例如，考虑一个输入为 0V 和输出为 VDD 的 CMOS 逆变器。当输入从 0 切换到 VDD（从

0 到 1 的切换）时，一旦输入超过阈值 $V_{th}$ 并进入饱和区，NMOS 晶体管就会离开截止区。在这个切换的开始阶段，PMOS 器件仍然处于线性区，因此电流开始在 VDD 和地之间流动。当输入增加时，输出就会下降。当 NMOS 的漏极低于门电路的电压阈值时，NMOS 切换到线性区，PMOS 切换到饱和区，然后切换到截止区。为了使功耗最小化，需要饱和区域的时间最小化；也就是说，门电路输入切换的时间最小化。

为了最小化输入器件的功耗，应最小化驱动输入信号的上升和下降时间。

从上述方程中可以得出另一个重要的结论。如果驱动信号在 0 或 VDD 的阈值电压内不是稳态（即当门电路没有切换时），之前截止的晶体管进入饱和区并开始消耗少量电流。这可能是一个系统问题，较小的信号摆幅用于驱动由更高电压供电的输入。

与上述原理相一致，悬空输入可能是比欠驱动输入更糟糕的问题。根据定义，悬空输入是一个欠驱动输入，但因为它是悬空的，所以无法知道它的驱动能力。输入可能稳定在亚稳态，其中两个晶体管都在饱和区。这将对功耗产生灾难性的影响。更糟糕的是，这个问题可能无法重现。由于大多数 FPGA 器件对未使用输入都有电阻端接，因此为它们定义逻辑状态并避免悬空输入产生不可预测的影响，是一种好的设计实现。

总是端接未使用的输入缓冲器。永远不要让 FPGA 输入缓冲器悬空。

## 3.3 降低供电电压

虽然降低供电电压通常不是理想的选择，但它可能会对功耗产生显著效果，还是值得一提的。一个简单电阻器中的功耗会随着电压的二次方而下降。因此，通过将 FPGA 的供电电压降低到所需最小电压附近，可以显著节省功耗。然而，需要注意的是，降低电压也会降低系统性能。如果采用这种方法，要确保时序分析考虑到最坏情况下供电线上的最低电压。

动态功耗随核电压的二次方而下降，但降低电压会对性能产生负面影响。

由于 FPGA 上核电压的额定值有 5%~10% 的变化，因此从系统的角度来看，必须非常小心。通常，功耗问题可以用其他技术解决，同时保持核电压在规定的范围内。

## 3.4 双沿触发器

由于功耗与信号切换频率成正比，我们希望最大化高扇出网的每个切换的功能量。最有可能的是，最高的扇出网是系统时钟，因此任何降低这个时钟频率的技术都会对动态功耗产生巨大的影响。双沿触发器提供了一种机制，在时钟的两个边沿传播数据而不仅仅是一个。这使得设计工程师可以在一半的频率下达到同样的功能和性能水平。

一个双沿触发器的编码是非常简单的。下面的例子用一个简单的移位寄存器来说明这一点。注意，输入信号在时钟的上升沿被捕获，然后被传递到双沿触发器。

```
module dualedge(
  output reg dataout,
  input      clk, datain);
  reg        ff0, ff1;
```

```
always @(posedge clk)
   ff0      <= datain;
always @(posedge clk or negedge clk) begin
   ff1      <= ff0;
   dataout <= ff1;
   end
endmodule
```

注意，如果没有双沿触发器，则需要添加冗余的触发器和门控来模拟适当的功能。这可能完全违背了使用双沿策略的目的，并且应该在实现后进行适当的分析。如果没有双沿器件，一个好的综合工具至少会标记一个警告。

双沿触发器只有在作为基本元件提供时才应该使用。

Xilinx Coolrunner-II 系列包括一个名为 CoolClock 的功能，它将进入的时钟二分频，然后将触发器切换到如上所述的双沿触发器。从外部的角度来看，该器件的行为与单沿触发系统相同，但在全局时钟线上只有一半的动态功耗。

## 3.5 修改端接配置

在具有总线信号、开漏输出或需要端接的传输线路中，连接到输出引脚的电阻负载在系统中很常见。在所有这些情况下，FPGA 输出驱动器上的一个 CMOS 晶体管需要通过这些电阻负载实现拉电流或灌电流。对于需要上拉电阻的输出，计算最小可接受的上升时间，以使电阻的阻值尽可能大。如果有高侧驱动器和低侧驱动器，要确保永远不会发生总线竞争的情况，因为即使只有几纳秒，也会产生过大电流。对于负载并联端接的传输线路，根据系统要求，可使用串联端接作为替代。如图 3.6 所示，采用串联端接没有稳态电流消耗。

串联端接不存在稳态电流消耗。

缺点是
- 从负载到端接电阻的初始反射。
- 在信号跳变过程中通过串联电阻会产生小幅度衰减。

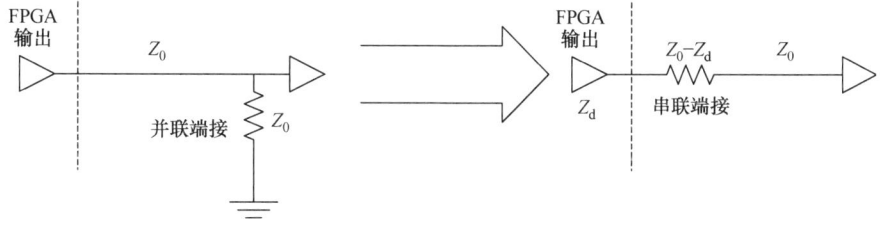

图 3.6 端接类型

如果这些性能特性对于给定的系统是可以接受的，串联端接方法将消除通过端接电阻的静态功耗。

## 3.6 要点总结

- 推荐使用诸如时钟使能触发器输入或全局时钟多路选择器等时钟控制资源，以代替直接时钟门控。
  - 时钟门控是减少动态功耗的一种直接手段，但在实现和时序分析方面造成了困难。
  - 错误处理时钟偏移可能会导致 FPGA 出现灾难性故障。
  - 时钟门控可能导致保持时间违例，实现工具可能会纠正，也可能不会。
  - 为了最小化输入器件的功耗，应最小化驱动输入信号的上升和下降时间。
  - 总是端接未使用的输入缓冲器。永远不要让 FPGA 输入缓冲器悬空。
  - 动态功耗随核电压的二次方而下降，但降低电压会对性能产生负面影响。
  - 双沿触发器只有在作为基本元件提供时才应该使用。
  - 串联端接不存在稳态电流消耗。

# 第 4 章 设计示例：高级加密标准

高级加密标准（AES；也被称为其原始名称，Rijndael）是保护电子信息的最新加密标准。该标准已获得美国国家标准与技术研究院（NIST）的批准，已在美国联邦信息处理标准出版物（FIPS PUB 197）中公开。新标准背后的动机是现有的数据加密标准（DES）的缺点。AES 除了提供更多的安全性外，还可以在硬件上轻松实现。在这种情况下，更容易的方法意味着更不容易出现设计错误（更可靠）和更快（简单的组合逻辑）。

本章目的是描述一些 AES 架构，并分析与性能和面积相关的各种权衡。

## 4.1 AES 架构

AES 是一种对称的密钥密码，它将 128 位明文数据块映射到 128 位密文块。密钥的长度在 128 位、192 位和 256 位中可选，其决定了安全性级别（更长的密钥 = 更大的密钥空间 = 更有安全性）。AES 算法中的转换由四个不同的模块组成：字节替换（位映射）、行移位（交换）、列混淆［转换为 $GF(2^8)$］和加轮密钥［在字段 $GF(2)$ 中按位操作轮密钥的加法］。这些转换构成了"轮"，轮的数量由密钥的大小决定（128 位，10 轮；192 位，12 轮；256 位，14 轮）。注意，每一轮的轮密钥是唯一的。这些轮密钥通过密钥扩展从原始密钥衍生出来。密钥的扩展是本章的架构重点之一，会进行详细的讨论。有关完整的 AES 密码的更详细解释，请参见 NIST 提供的美国联邦信息处理标准 197（FIPS 197）。

密钥扩展，获取密钥索引为每一轮创建唯一的密钥，与数据路径并行运行。使字（32位）和 Nk = 密钥大小/字大小（= 128，192，或 256/32）。扩展密钥的第一个 Nk 字用密码密钥填充。扩展密钥中的每个 32 位字都是前面 32 位字和 32 位字之前的 32 位 Nk 字的异或操作结果。对于出现在 Nk 的倍数上的字，当前的字在异或操作之前经过一次转换，然后是一个带有轮常数的异或操作。该转换由一个循环移位组成，然后是一个针对 32 位字符串中 4 字节到 8 字节映射。轮常数由 FIPS 197 定义为 ［$x^{i-1}$、{00}、{00}、{00}］给出的值，其中 $x^{i-1}$ 为 x 的幂，x 在字段 $GF(2^8)$ 中表示为 {02}。

相对于高级架构，密钥扩展操作是独立的，如下面的实现所示。

```verilog
module KeyExp1Enc(
  // 更新了要传递给下一个迭代的值
  output [3:0]          oKeyIter, oKeyIterModNk,
                        oKeyIterDivNk,
  output [32*`Nk-1:0]   oNkKeys,
  input                 iClk, iReset,
  // 表示迭代的总数和值 mod Nk
  input [3:0]           iKeyIter, iKeyIterModNk,
                        iKeyIterDivNk,
  // 在密钥扩展中生成的最后一个Nk密钥
  input [32*`Nk-1:0]    iNkKeys);
  // 更新了要传递给下一个迭代的值
  reg [3:0]             oKeyIter, oKeyIterModNk,
                        oKeyIterDivNk;
  reg [32*`Nk-1:0]      OldKeys;
  reg [31:0]            InterKey;  // 中间密钥值
  wire [32*`Nk-1:0]     oNkKeys;
  wire [31:0]           PrevKey, RotWord, SubWord,
                        NewKeyWord;
  wire [31:0]           KeyWordNk;
  wire [31:0]           Rcon;

  assign PrevKey     =  iNkKeys[31:0]; // 密钥数组的最后一个字
  assign KeyWordNk   =  OldKeys[32*`Nk-1:32*`Nk-32];

  // 1 字节循环排列
  assign RotWord     =  {PrevKey[23:0], PrevKey[31:24]};
  // 在这一轮中计算出的新密钥
  assign NewKeyWord  = KeyWordNk ^ InterKey;

  // 计算新的密钥集
  assign oNkKeys     = {OldKeys[32*`Nk-33:0], NewKeyWord};

  // 通过GF(2^8)计算Rcon
  assign Rcon        = iKeyIterDivNk == 8'h1 ? 32'h01000000:
                       iKeyIterDivNk == 8'h2 ? 32'h02000000:
                       iKeyIterDivNk == 8'h3 ? 32'h04000000:
                       iKeyIterDivNk == 8'h4 ? 32'h08000000:
                       iKeyIterDivNk == 8'h5 ? 32'h10000000:
                       iKeyIterDivNk == 8'h6 ? 32'h20000000:
                       iKeyIterDivNk == 8'h7 ? 32'h40000000:
                       iKeyIterDivNk == 8'h8 ? 32'h80000000:
                       iKeyIterDivNk == 8'h9 ? 32'h1b000000:
                       32'h36000000;
  SboxEnc SboxEnc0(.iPreMap(RotWord[31:24]),
    .oPostMap(SubWord[31:24]));
  SboxEnc SboxEnc1(.iPreMap(RotWord[23:16]),
    .oPostMap(SubWord[23:16]));
  SboxEnc SboxEnc2(.iPreMap(RotWord[15:8]),
    .oPostMap(SubWord[15:8]));
  SboxEnc SboxEnc3(.iPreMap(RotWord[7:0]),
    .oPostMap(SubWord[7:0]));
```

```verilog
`ifdef Nk8
wire [31:0] SubWordNk8;

// 仅当Nk = 8时替换
SboxEnc SboxEncNk8_0(.iPreMap(PrevKey[31:24]),
.oPostMap(SubWordNk8[31:24]));
SboxEnc SboxEncNk8_1(.iPreMap(PrevKey[23:16]),
.oPostMap(SubWordNk8[23:16]));
SboxEnc SboxEncNk8_2(.iPreMap(PrevKey[15:8]),
.oPostMap(SubWordNk8[15:8]));
SboxEnc SboxEncNk8_3(.iPreMap(PrevKey[7:0]),
.oPostMap(SubWordNk8[7:0]));

`endif
always @(posedge iClk)
  if(!iReset) begin
    oKeyIter            <= 0;
    oKeyIterModNk       <= 0;
    InterKey            <= 0;
    oKeyIterDivNk       <= 0;
    OldKeys             <= 0;
  end
  else begin
    oKeyIter            <= iKeyIter + 1;
    OldKeys             <= iNkKeys;

// 为下一次迭代更新"密钥迭代mod Nk"
if(iKeyIterModNk + 1 == `Nk) begin
  oKeyIterModNk       <= 0;
  oKeyIterDivNk       <= iKeyIterDivNk+1;
end
else begin
  oKeyIterModNk       <= iKeyIterModNk + 1;
  oKeyIterDivNk       <= iKeyIterDivNk;
end

if(iKeyIterModNk == 0)
  InterKey            <= SubWord ^ Rcon;
`ifdef Nk8
// 一个仅针对Nk = 8的选项
else if(iKeyIterModNk == 4)
  InterKey            <= SubWordNk8;
`endif
else
  InterKey            <= PrevKey;
end
endmodule
```

同样，数据路径的自主操作是轮加密所需的所有功能的组合，实现如下所示。

```verilog
module RoundEnc(
  output [32*`Nb-1:0]    oBlockOut,
  output                 oValid,
  input                  iClk, iReset,
  input  [32*`Nb-1:0]    iBlockIn, iRoundKey,
  input                  iReady,
  input  [3:0]           iRound);
  wire   [32*`Nb-1:0]    wSubOut, wShiftOut, wMixOut;
  wire                   wValidSub, wValidShift,
                         wValidMix;

  SubBytesEnc sub(       .iClk(iClk), .iReset(iReset),
                         .iBlockIn(iBlockIn),
                         .oBlockOut(wSubOut),
                         .iReady(iReady),
                         .oValid(wValidSub));

  ShiftRowsEnc shift(    .iBlockIn(wSubOut), .oBlock
                          Out(wShiftOut),
                         .iReady(wValidSub), .oValid
                          (wValidShift));

  MixColumnsEnc mixcolumn( .iClk(iClk), .iReset(iReset),
                         .iBlockIn(wShiftOut),
                        .oBlockOut(wMixOut),
                       .iReady(wValidShift),
                         .oValid(wValidMix),
                         .iRound(iRound));

  AddRoundKeyEnc addroundkey(.iClk(iClk), .iReset(iReset),
                         .iBlockIn(wMixOut),
                         .iRoundKey(iRoundKey),
                         .oBlockOut(oBlockOut),
                         .iReady(wValidMix),
                           .oValid(oValid));
endmodule
```

轮模块的实现很简单。由于后面描述的原因，假设每轮都有 4 个时钟的延迟。按如下方式分配流水线级是合理的（基于逻辑平衡）。

### 4.1.1　字节替换模块的一级流水线

由于字节替换所实现的算法的迭代特性以及相对较小的映射空间，因此通过查找表实现。具体而言，一个 8 位到 8 位的映射将被有效地实现为具有单一流水线级的 $8 \times 256$（$2^8$）同步 ROM，如图 4.1 所示。

### 4.1.2　行移位模块的零级流水线

此阶段只是混合数据块中的行，所以这里不使用逻辑。因此，额外的流水线级将造成逻辑的不平衡，从而降低了最大频率和总吞吐量。行移位实现如图 4.2 所示。

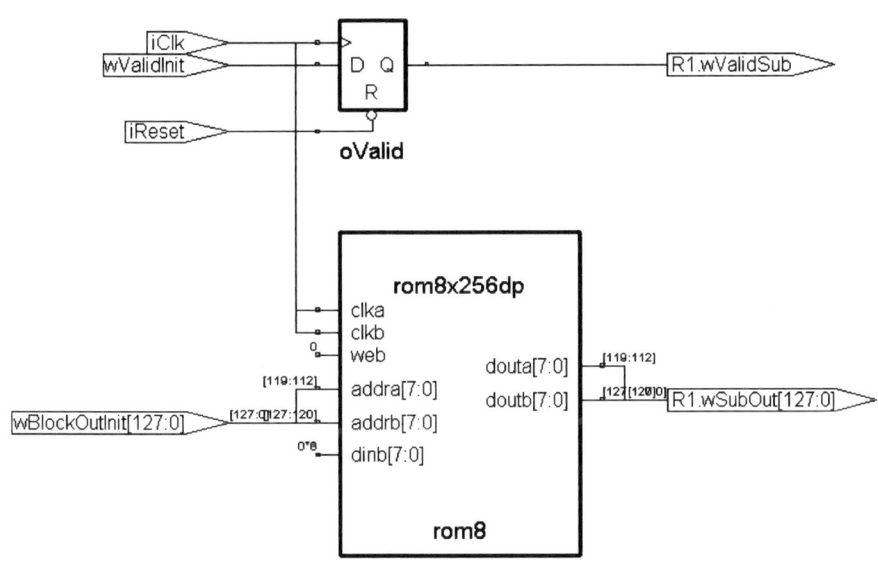

图 4.1　字节替换模块中的 8 位映射

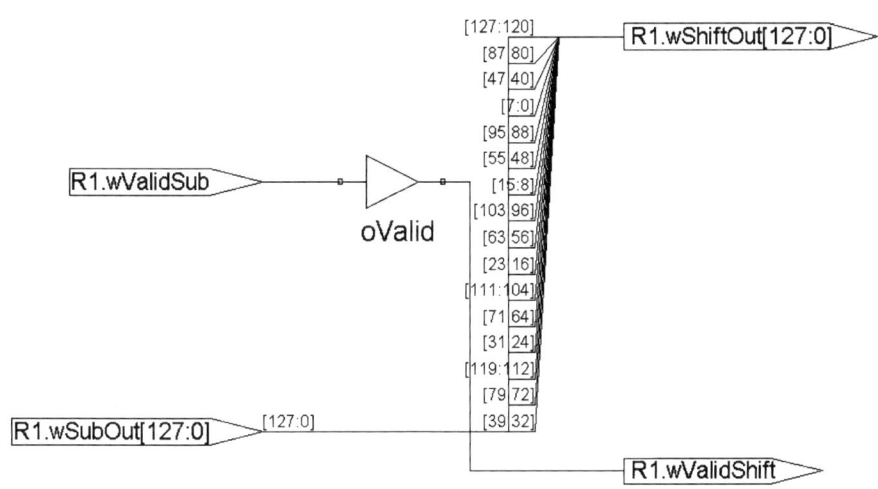

图 4.2　行移位实现

## 4.1.3　列混淆模块的两级流水线

这个阶段是所有四个轮阶段中逻辑资源最多的，因此是添加额外流水线级的最佳位置。列混淆的层次结构如图 4.3 所示，从图中可以看出，列混淆使用了一个名为列映射（Map-Column）的模块作为构建块。从图 4.4 中可以看出，列映射使用一个称为多项式 ×2 乘法器（PolyMultx2）的模块作为构建块，如图 4.5 所示。

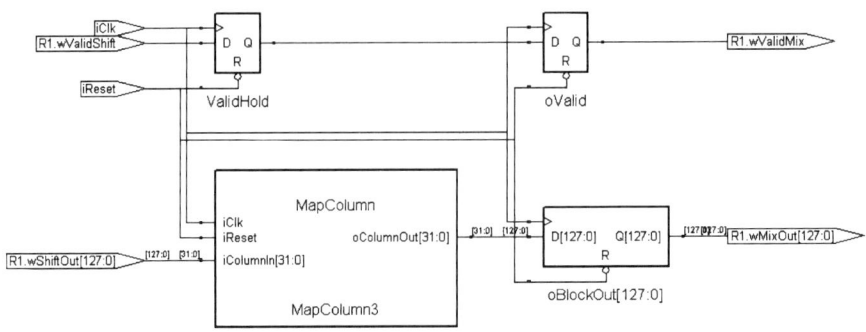

图 4.3　列混淆结构

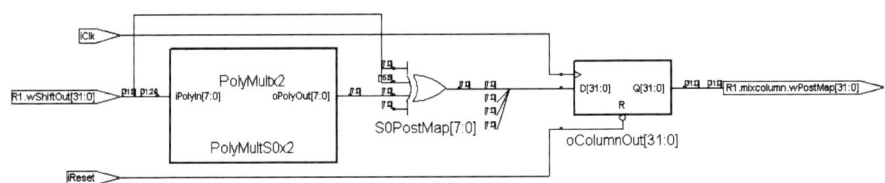

图 4.4　列映射结构

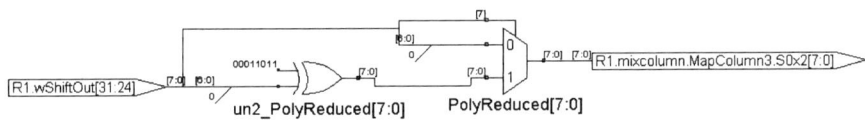

图 4.5　多项式×2 乘法器结构

### 4.1.4　加轮密钥模块的一级流水线

这级简单地将密钥展开流水线的轮密钥与数据块异或，如图 4.6 所示。

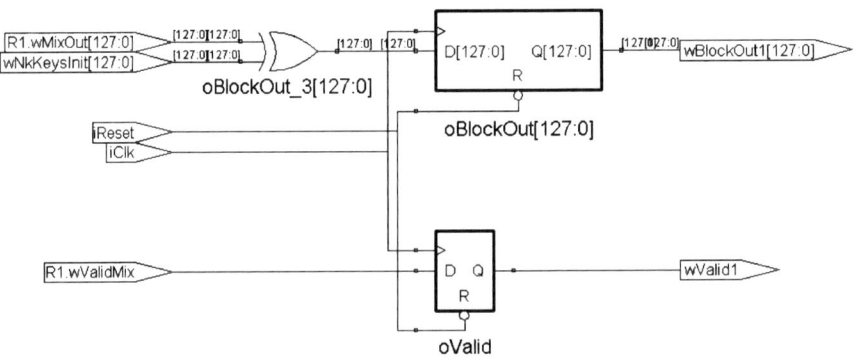

图 4.6　加轮密钥模块

## 4.1.5 紧凑型架构

考虑的第一种实现是设计成迭代重用逻辑资源的紧凑实现。最初，将传入的数据和密钥添加在初始轮模块中，并在进入加密循环之前将结果缓存。然后，数据按指定顺序应用到字节替换、行移位、列混淆和加轮密钥。在每一轮测试结束时，都将寄存新的数据。这些操作会根据轮数重复进行。迭代架构的框图如图4.7所示。

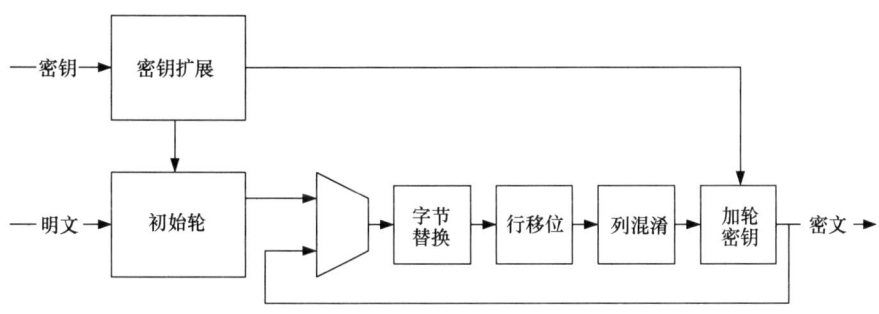

图4.7 一个紧凑的实现

以下的代码表示顶层的实现。

```
module AES_Enc_core(
  output [32*`Nb-1:0]      oCiphertext, // 输出密文
  output                   oValid, // 输出数据有效
  output                   oKeysValid,
  input                    iClk, iReset,
  input  [32*`Nb-1:0]      iPlaintext, // 加密的输入数据
  input  [32*`Nk-1:0]      iKey, // 输入密码密钥
  input                    iReady, // 数据加密有效
  input                    iNewKey); // 表示新密钥输入
// registered inputs
wire   [32*`Nk-1:0]        wKeyReg;
wire                       wNewKeyReg, wReadyReg;
wire   [127:0]             wPlaintextReg, wBlockOutInit;
wire   [127:0]             wRoundKeyInit, wRoundKey;

// 寄存器输入
InputRegsEnc InputRegs( .iClk(iClk), .iReset(iReset),
                        .iKey(iKey),
                        .iNewKey(iNewKey), .iPlaintext
                        (iPlaintext),
                        .oKeysValid(oKeysValid),
                        .iReady(iReady),
                        .oKey(wKeyReg), .oPlaintext
                        (wPlaintextReg),
                        .oReady(wReadyReg));

// 初始加轮密钥
AddRoundKeyEnc InitialKey( .iClk(iClk), .iReset(iReset),
                           .iBlockIn(wPlaintextReg),
                           .iRoundKey(wRoundKeyInit),
```

```verilog
                          .oBlockOut(wBlockOutInit),
                          .iReady(wReadyReg),
                          .oValid(wValidInit));

// 轮数是密钥大小(10、12或14)的函数
// 密钥扩展块
KeyExpansionEnc KeyExpansion( .iClk(iClk), .iReset
                              (iReset),
                              .iNkKeys(wKeyReg),
                              .iReady(wReadyReg),
                              .oRoundKey(wRoundKey));

RoundsIterEnc RoundsIter(    .iClk(iClk), .iReset(iReset),
                             .iBlockIn(wBlockOutInit),
                             .oBlockOut(oCiphertext),
                             .iReady(wValidInit),
                             .oValid(oValid),
                             .iRoundKey(wRoundKey));

`ifdef Nk4
assign wRoundKeyInit = wKeyReg[128-1:0];
`endif

`ifdef Nk6
assign wRoundKeyInit = wKeyReg[192-1:192-128];
`endif

`ifdef Nk8
assign wRoundKeyInit = wKeyReg[256-1:256-128];
`endif
endmodule
```

在上面的代码中，模块 KeyExpansionEnc 和 RoundsIterEnc 执行迭代操作是紧凑型架构所要求的。模块 KeyExpansionEnc 控制扩展密钥的迭代，而模块 RoundsIterEnc 处理数据路径。对于轮的每次迭代，唯一的轮密钥从密钥扩展模块传递到模块 RoundsIterEnc。以下代码通过相同的扩展模块循环关键信息，以便每一轮重用逻辑：

```verilog
module KeyExpansionEnc(
  output [128-1:0]          oRoundKey,
  input                     iClk, iReset,
  // 在初始密钥扩展中生成的最后一个Nk密钥
  input  [32*`Nk-1:0]       iNkKeys,
  input                     iReady); // 表示新密钥输入
  wire   [3:0]              KeyIterIn, KeyIterOut;
  wire   [3:0]              KeyIterDivNkIn, KeyIterDivNkOut;
  wire   [3:0]              KeyIterModNkIn, KeyIterModNkOut;
  wire   [32*`Nk-1:0]       NkKeysOut, NkKeysIn;
  wire                      wReady;

  assign wReady             = iReady;
  assign KeyIterIn          = wReady ? `Nk : KeyIterOut;
  assign oRoundKey          = NkKeysOut[32*`Nk-1:32*`Nk-128];
  assign KeyIterModNkIn =    wReady ? 4'h0      : KeyIter
```

```
                              ModNkOut;
   assign KeyIterDivNkIn =  wReady ? 4'h1    : KeyIter
                              DivNkOut;
   assign NkKeysIn        =  wReady ? iNkKeys : NkKeysOut;
   KeyExp1Enc KeyExp1(.iClk(iClk), .iReset(iReset),
                      .iKeyIter(KeyIterIn),
                      .iKeyIterModNk(KeyIterModNkIn),
                      .iNkKeys(NkKeysIn), .iKeyIterDivNk
                        (KeyIterDivNkIn),
                      .oKeyIter(KeyIterOut),
                      .oKeyIterModNk(KeyIterModNkOut),
                      .oNkKeys(NkKeysOut),
                      .oKeyIterDivNk(KeyIterDivNkOut));
endmodule
```

在上面的模块中，单密钥扩展模块 KeyExp1Enc 的输出被返回输入模块，以便在后续的轮中进行进一步的扩展，如图 4.8 所示。

因此，每一轮都要重用 KeyExp1Enc 中的逻辑。

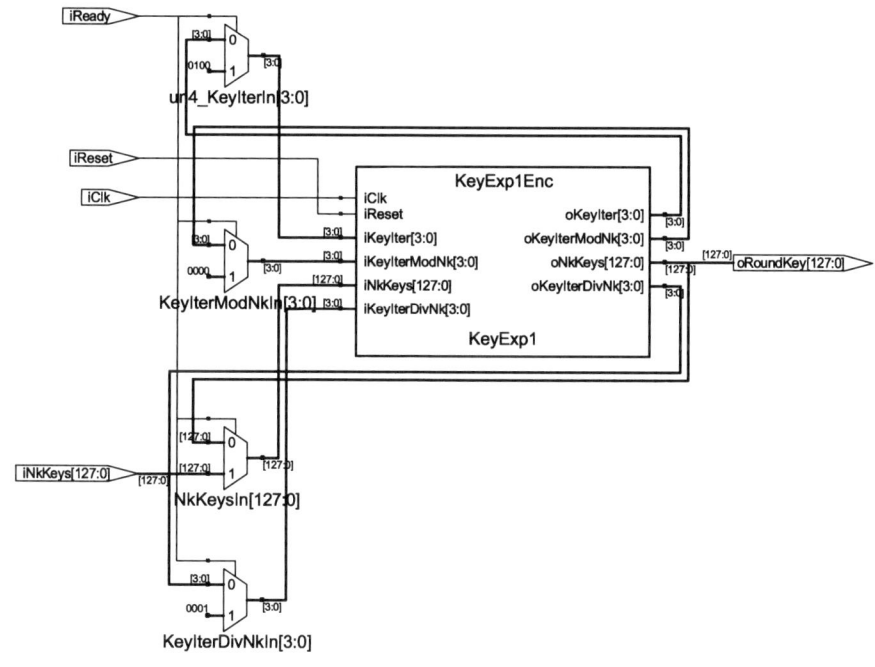

图 4.8 迭代密钥扩展

## 4.1.6 部分流水线架构

考虑的第一种实现是部分流水线架构。根据密钥的大小，AES 轮将在 11~14 个时钟周期中完成。

从图 4.9 中可以看出，可以使用数据路径核的多个实例化来创建流水线设计，其中密钥扩展以静态方式执行。这个实现显示在下面的 Nk = 4 的代码中。

```verilog
module AES_core(
    output [32*`Nb-1:0]        oCiphertext, // 输出密文
    output                     oValid, // 输出数据有效
    // 表示新密钥已经处理完成
    output                     oKeysValid,
    input                      iClk, iReset,
    input  [32*`Nb-1:0]        iPlaintext, // 输入数据被加密
    input  [32*`Nk-1:0]        iKey, // 输入密码密钥
    input                      iReady, // 要加密的有效数据
    input                      iNewKey); // 表示新密钥输入
    wire   [32*`Nb-1:0]        wRoundKey1, wRoundKey2,
                                   wRoundKey3, wRoundKey4,
                                   wRoundKey5, wRoundKey6,
                                   wRoundKey7, wRoundKey8,
                                   wRoundKey9, wRoundKeyFinal,
                                   wRoundKeyInit;
    wire   [32*`Nb-1:0]        wBlockOut1, wBlockOut2,
                                   wBlockOut3, wBlockOut4,
                                   wBlockOut5, wBlockOut6,
                                   wBlockOut7, wBlockOut8,
                                   wBlockOut9, wBlockOutInit;
    wire   [32*`Nk-1:0]        wNkKeysInit;
    wire   [3:0]               wKeyIterInit;
    wire   [3:0]               wKeyIterModNkInit;
    wire   [3:0]               wKeyIterDivNkInit;
    wire                       wValid1, wValid2, wValid3,
                                   wValid4,
                                   wValid5, wValid6, wValid7,
                                   wValid8,
                                   wValid9, wValidFinal,
                                   wValidInit;
    wire                       wNewKeyInit;
    wire   [128*(`Nr+1)-1:0]   wKeys; // 完整的轮密钥集

    // 经过寄存器的输入
    wire   [32*`Nk-1:0]        wKeyReg;
    wire                       wNewKeyReg, wReadyReg;
    wire   [127:0]             wPlaintextReg;

    // 寄存器输入
    InputRegs InputRegs(      .iClk(iClk), .iReset(iReset),
                              .iKey(iKey),
                              .iNewKey(iNewKey),
                              .iPlaintext(iPlaintext),
                              .iReady(iReady), .oKey(wKeyReg),
                              .oNewKey(wNewKeyReg),
                              .oPlaintext(wPlaintextReg),
                              .oReady(wReadyReg));

    // 初始密钥扩展
    KeyExpInit KeyExpInit(    .iClk(iClk), .iReset(iReset),
                              .iNkKeys(wKeyReg), .iNewKey
                                  (wNewKeyReg),
```

```verilog
                        .oKeyIter(wKeyIterInit),
                        .oNewKey(wNewKeyInit),
                        .oKeyIterModNk
                          (wKeyIterModNkInit),
                        .oNkKeys(wNkKeysInit),
                        .oKeyIterDivNk
                          (wKeyIterDivNkInit));

// 初始轮密钥加
AddRoundKey InitialKey( .iClk(iClk), .iReset(iReset),
                        .iBlockIn(wPlaintextReg),
                        .iRoundKey(wRoundKeyInit),
                        .oBlockOut(wBlockOutInit),
                           .iReady(wReadyReg),
                           .oValid(wValidInit));
// 轮数取决于密钥长度（例如128位密钥对应10轮，192位密钥对应12轮，256位密钥
    对应14轮）
// 密钥扩展块
KeyExpansion KeyExpansion(  .iClk(iClk),
                            .iReset(iReset),
                           .iKeyIter(wKeyIterInit),
                           .iKeyIterModNk(wKeyIterMod
                              NkInit),
                           .iNkKeys(wNkKeysInit),
                           .iKeyIterDivNk(wKeyIterDiv
                              NkInit),
                           .iNewKey(wNewKeyInit),
                           .oKeys(wKeys), .oKeysValid
                              (oKeysValid));

// 轮转换块
Round R1(                   .iClk(iClk), .iReset
                              (iReset),
                           .iBlockIn(wBlockOutInit),
                           .iRoundKey(wRoundKey1),
                           .oBlockOut(wBlockOut1),
                           .iReady(wValidInit),
                           .oValid(wValid1));

Round R9(                   .iClk(iClk), .iReset
                              (iReset),
                           .iBlockIn(wBlockOut8),
                           .iRoundKey(wRoundKey9),
                           .oBlockOut(wBlockOut9),
                           .iReady(wValid8),
                           .oValid(wValid9));
// 共10轮
// 初始密钥加
assign wRoundKeyFinal = wKeys[128*('Nr-7)-1:
  128*('Nr-8)];

// 轮密钥分配
```

```
    assign wRoundKey9    = wKeys[128*('Nr-6)-1: 128*('Nr-7)];
    assign wRoundKey8    = wKeys[128*('Nr-5)-1: 128*('Nr-6)];
    assign wRoundKey7    = wKeys[128*('Nr-4)-1: 128*('Nr-5)];
    assign wRoundKey6    = wKeys[128*('Nr-3)-1: 128*('Nr-4)];
    assign wRoundKey5    = wKeys[128*('Nr-2)-1: 128*('Nr-3)];
    assign wRoundKey4    = wKeys[128*('Nr-1)-1: 128*('Nr-2)];
    assign wRoundKey3    = wKeys[128*'Nr-1: 128*('Nr-1)];
    assign wRoundKey2    = wKeys[128*('Nr+1)-1: 128*'Nr];
    assign wRoundKey1    = wNkKeysInit[128-1:0];
    assign wRoundKeyInit = iKey[128-1:0];
    FinalRound FinalRound( .iClk(iClk), .iReset(iReset),
                           .iBlockIn(wBlockOut9),
                           .iRoundKey(wRoundKeyFinal),
                           .oBlockOut(oCiphertext),
                           .iReady(wValid9), .oValid
                              (oValid));
endmodule
```

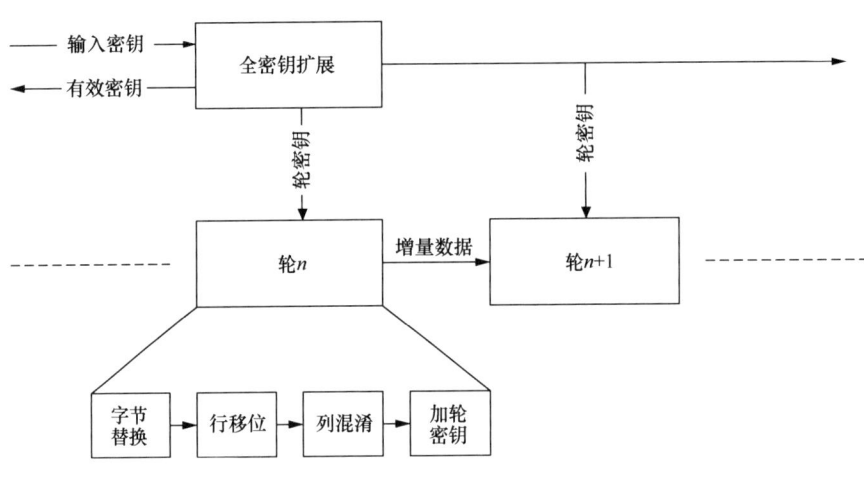

图 4.9 部分流水线的实现

尽管如上所示的流水线设计可以实现快速的数据速率加密数据，如果要以比加密速度更快的速度引入新密钥，那么在这些架构中就会出现问题。环境系统必须足够智能，以等待流水线清空，然后再引入新的数据块和新密钥。

这些信息必须反馈给提供这些信息和相应密钥的外部系统，以便能够适当地缓冲和保存它们。在最坏的情况下，每个数据块都需要新的密钥，流水线架构将具有与迭代架构相同的吞吐量，这将是巨大的空间浪费（更不用说对于没有实现宣传吞吐量的失望）。下一节将介绍消除此问题的架构。

### 4.1.7 全流水线架构

术语"全流水线"指的是与轮转换流水线并行运行的密钥扩展架构，其中流水线中的相应级在正确的时间相互提供准确的信息。换句话说，任何特定级和特定数据块的轮密码只对一个时钟周期有效,并被相应的轮使用。这在每个流水线级都是并行发生的,因此,可能对每个数据块使用唯一的密钥,在延迟或等待状态方面没有额外代价。轮转换流水线的最大吞吐量总是独立于密钥集的拓扑结构而实现的,全流水线实现的框图如图4.10所示。

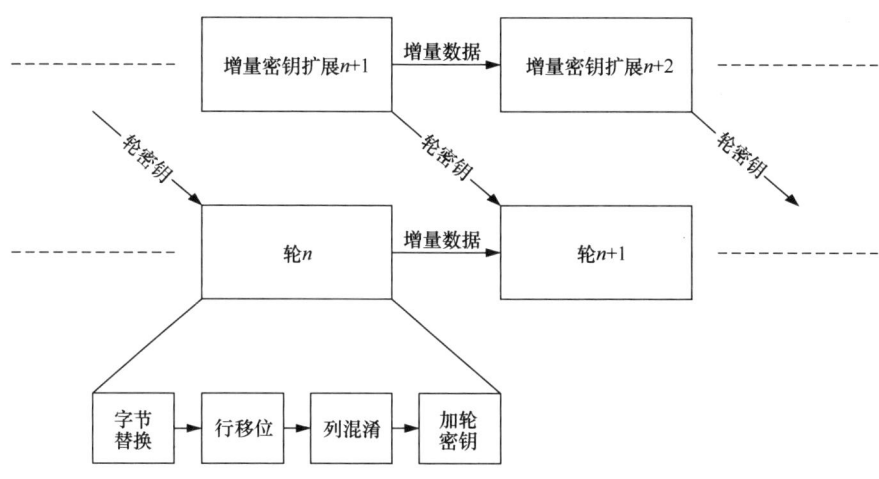

图4.10 全流水线的密钥扩展

这意味着通过密钥扩展函数(密钥的四个32位字扩展)进行的单次迭代将与使用所生成的密钥轮之前的轮完全同步。此外,密钥扩展块的延迟必须保持与轮块相同的时钟延迟,通常等于1~4个时钟。

对于任意密钥扩展块上的轮密钥恰当地到达相应的轮块,潜在地在每个时钟脉冲上,时序必须非常精确。具体来说,每个密钥扩展块必须在完全相同数量的时钟周期中生成轮密钥。此外,延迟必须使每个密钥在呈现给附加密钥子块时都是有效的。为了处理这些需求,每个关键扩展块被划分为四个增量扩展块。每个增量扩展块为该密钥生成一个字(128/4 = 32位)。每个块都有一个流水线级,如图4.11所示。

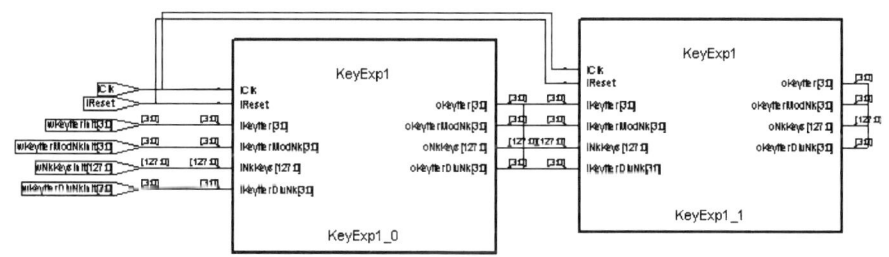

图4.11 通过32位密钥扩展流水线级的传输

如上所述,每个KeyExp1块生成扩展密钥的单个字(32位)。添加流水线级如图4.12所示。

从图4.12中可以看出,S盒可以实现为一个同步的 $8 \times 256$ ROM,为了保持延迟时序精度，还必须在 NIST 规范描述的 RCON 计算中添加一级流水线。

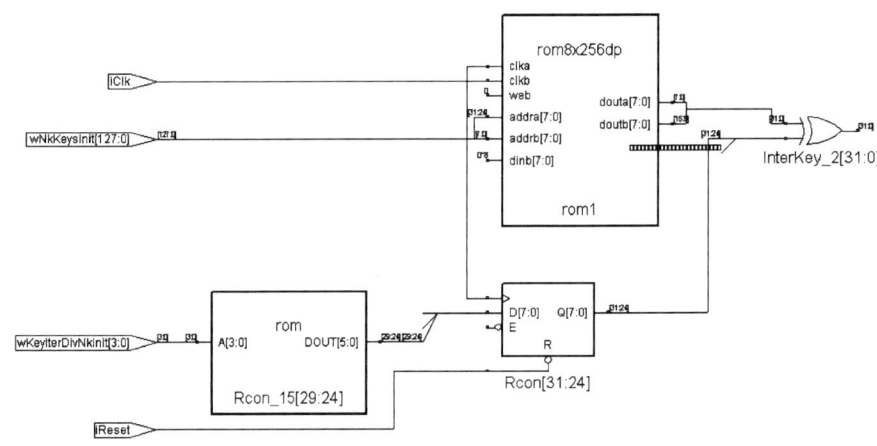

图 4.12 KeyExp1 内的单字扩展

此外，为了确保密钥流水线和数据传播流水线之间的延迟时序是准确的，密钥必须早于轮数据完成之前的一个时钟周期生成。这是因为从异或操作到其最终寄存器的时钟上，轮密钥对于加轮密钥块是必需的。换句话说，密钥扩展块的时钟 4 必须与相应的轮块的时钟 3 同步。这将通过在密钥扩展过程开始时的初始密钥添加来处理。这一点如图 4.13 所示。

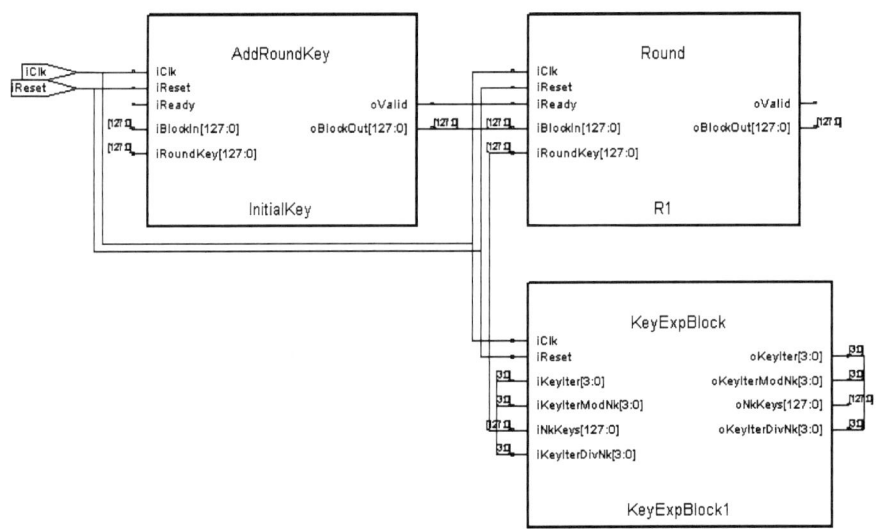

图 4.13 关键流水线的偏移情况

超过前 128 位的关键数据在第一个时钟周期上开始展开，而数据流水线在第二个时钟周期上开始（从初始加轮密钥操作的一个时钟延迟）。下面的代码中显示了 Nk = 4 的顶层实现。

```verilog
module AES_core(
  output [32*'Nb-1:0]   oCiphertext, // 输出密文
  output                oValid, // 输出数据有效
  input                 iClk, iReset,
  input  [32*'Nb-1:0]   iPlaintext, // 加密的输入数据
  input  [32*'Nk-1:0]   iKey, // 输入密码密钥
  input                 iReady); // 有效数据加密
  wire [32*'Nb-1:0]     wRoundKey1, wRoundKey2, wRoundKey3,
                          wRoundKey4,
                        wRoundKey5, wRoundKey6, wRoundKey7,
                          wRoundKey8,
                        wRoundKey9, wRoundKeyFinal,
                          wRoundKeyInit;

  wire [32*'Nb-1:0]     wBlockOut1, wBlockOut2, wBlockOut3,
                          wBlockOut4,
                        wBlockOut5, wBlockOut6, wBlockOut7,
                          wBlockOut8,
                        wBlockOut9, wBlockOutInit;

  wire [32*'Nk-1:0]     wNkKeys1, wNkKeys2, wNkKeys3,
                          wNkKeys4,
                        wNkKeys5, wNkKeys6, wNkKeys7,
                          wNkKeys8,
                        wNkKeys9, wNkKeysFinal,
                          wNkKeysInit;

  wire [3:0]            wKeyIter1, wKeyIter2, wKeyIter3,
                          wKeyIter4,
                        wKeyIter5, wKeyIter6, wKeyIter7,
                          wKeyIter8,
                        wKeyIter9, wKeyIterFinal,
                          wKeyIterInit;

  wire [3:0]            wKeyIterModNk1, wKeyIterModNk2,
                          wKeyIterModNk3,
                        wKeyIterModNk4, wKeyIterModNk5,
                          wKeyIterModNk6,
                        wKeyIterModNk7, wKeyIterModNk8,
                          wKeyIterModNk9,
                        wKeyIterModNkFinal,
                          wKeyIterModNkInit;

  wire [3:0]            wKeyIterDivNk1, wKeyItcrDivNk2,
                          wKeyIterDivNk3,
                        wKeyIterDivNk4, wKeyIterDivNk5,
                          wKeyIterDivNk6,
                        wKeyIterDivNk7, wKeyIterDivNk8,
                          wKeyIterDivNk9,
                        wKeyIterDivNkFinal,
                          wKeyIterDivNkInit;

  wire                  wValid1, wValid2, wValid3, wValid4,
                        wValid5, wValid6, wValid7, wValid8,
                        wValid9, wValidFinal, wValidInit;
```

```verilog
// 寄存器输入
wire [32*`Nk-1:0]       wKeyReg;
wire                    wReadyReg;
wire [127:0]            wPlaintextReg;

// 初始密钥添加
assign wRoundKeyInit = wKeyReg[32*`Nk-1:32*`Nk-128];

// 轮密钥分配
assign wRoundKey1     = wNkKeysInit[32*`Nb-1:0];
assign wRoundKey2     = wNkKeys1[32*`Nb-1:0];
assign wRoundKey3     = wNkKeys2[32*`Nb-1:0];
assign wRoundKey4     = wNkKeys3[32*`Nb-1:0];
assign wRoundKey5     = wNkKeys4[32*`Nb-1:0];
assign wRoundKey6     = wNkKeys5[32*`Nb-1:0];
assign wRoundKey7     = wNkKeys6[32*`Nb-1:0];
assign wRoundKey8     = wNkKeys7[32*`Nb-1:0];
assign wRoundKey9     = wNkKeys8[32*`Nb-1:0];

// 寄存器输入
InputRegs InputRegs(    .iClk(iClk), .iReset(iReset),
                        .iKey(iKey),
                        .iPlaintext(iPlaintext),
                        .iReady(iReady), .oKey(wKeyReg),
                        .oPlaintext(wPlaintextReg),
                        .oReady(wReadyReg));

// 初始密钥扩展
KeyExpInit KeyExpInit(  .iClk(iClk), .iReset(iReset),
                        .iNkKeys(wKeyReg),
                        .oKeyIter(wKeyIterInit),
                        .oKeyIterModNk(wKeyIterMod
                            NkInit),
                        .oNkKeys(wNkKeysInit),
                        .oKeyIterDivNk
                            (wKeyIterDivNkInit));

// 初始加轮密钥
AddRoundKey InitialKey( .iClk(iClk), .iReset(iReset),
                        .iBlockIn(wPlaintextReg),
                        .iRoundKey(wRoundKeyInit),
                        .oBlockOut(wBlockOutInit),
                        .iReady(wReadyReg),
                         .oValid(wValidInit));

// 轮数是密钥大小(10、12或14)的函数

// 密钥扩展块
KeyExpBlock KeyExpBlock1(   .iClk(iClk), .iReset(iReset),
                            .iKeyIter(wKeyIterInit),
                            .iKeyIterModNk(wKeyIterMod
                                NkInit),
                            .iNkKeys(wNkKeysInit),
                            .iKeyIterDivNk(wKeyIterDiv
                                NkInit),
                            .oKeyIter(wKeyIter1),
```

```verilog
                            .oKeyIterModNk(wKeyIter
                                ModNk1),
                            .oNkKeys(wNkKeys1),
                            .oKeyIterDivNk(wKeyIter
                                DivNk1));

KeyExpBlock KeyExpBlock8(   .iClk(iClk), .iReset(iReset),
                            .iKeyIter(wKeyIter7),
                            .iKeyIterModNk(wKeyIter
                                ModNk7),
                            .iNkKeys(wNkKeys7),
                            .iKeyIterDivNk(wKeyIter
                                DivNk7),
                            .oKeyIter(wKeyIter8),
                            .oKeyIterModNk(wKeyIter
                                ModNk8),
                            .oNkKeys(wNkKeys8),
                            .oKeyIterDivNk(wKeyIter
                                DivNk8));

// 轮转换块

Round R1(                   .iClk(iClk), .iReset(iReset),
                            .iBlockIn(wBlockOutInit),
                            .iRoundKey(wRoundKey1),
                            .oBlockOut(wBlockOut1),
                            .iReady(wValidInit),
                              .oValid(wValid1));
                            ...
Round R9(                   .iClk(iClk), .iReset(iReset),
                            .iBlockIn(wBlockOut8),
                            .iRoundKey(wRoundKey9),
                            .oBlockOut(wBlockOut9),
                            .iReady(wValid8),
                            .oValid(wValid9));

// 总共10轮

assign wRoundKeyFinal = wNkKeys9[32*`Nb-1:0];

KeyExpBlock KeyExpBlock9(   .iClk(iClk), .iReset(iReset),
                            .iKeyIter(wKeyIter8),
                            .iKeyIterModNk
                              (wKeyIterModNk8),
                            .iNkKeys(wNkKeys8),
                            .iKeyIterDivNk
                              (wKeyIterDivNk8),
                            .oKeyIter(wKeyIter9),
                            .oKeyIterModNk
                              (wKeyIterModNk9),
                            .oNkKeys(wNkKeys9),
                            .oKeyIterDivNk(wKeyIter
                                DivNk9));
```

```
    FinalRound FinalRound(      .iClk(iClk), .iReset(iReset),
                                .iBlockIn(wBlockOut9),
                                .iRoundKey(wRoundKeyFinal),
                                .oBlockOut(oCiphertext),
                                .iReady(wValid9), .oValid
                                  (oValid));
endmodule
```

## 4.2 性能与面积

在本节中，我们将讨论流水线架构与紧凑架构的速度/面积权衡，并提供来自典型目标技术的实际测量。所有三种体系结构都使用相同的硬件描述语言（Verilog）设计，并且都使用相同的编码约定。

第一个目标技术是 Xilinx Virtex Ⅱ FPGA。统计数据见表 4.1。

为了与 FPGA 实现进行比较，该设计对比了 0.35μm 的 ASIC 工艺，见表 4.2。

这些表中显示的性能指标定义如下：

1）LUT：这表示 AES 核在 FPGA 中使用的逻辑利用率。

2）ASIC 门：这是 ASIC 中 AES 核所消耗的逻辑门的数量。

3）最佳情况的吞吐量：这是在最佳情况下每秒可以处理的最大数据比特数。"最佳情况"是指由于扩展新密钥而导致的损失延迟最小的情况。

4）最坏情况的吞吐量："最坏情况"指的是由于扩展新密钥而导致的损失延迟最大的情况。当每个数据块都有一个唯一的密钥时，就会出现这种情况。

表 4.1 针对 Xilinx Virtex Ⅱ 的速度/面积统计数据

| 架构 | 面积（Xilinx LUT） | 最佳情况的吞吐量（MBPS） | 最坏情况的吞吐量（MBPS） |
| --- | --- | --- | --- |
| 迭代 | 886 | 340 | 340 |
| 部分流水线 | 4432 | 15400 | 314 |
| 全流水线 | 5894 | 15400 | 15400 |

注：最坏情况的吞吐量假设为每个数据块都引入了一个新的密钥。

表 4.2 0.35μm AMI ASIC 的速度/面积统计数据

| 架构 | 面积（ASIC 门） | 最佳情况的吞吐量（MBPS） | 最坏情况的吞吐量（MBPS） |
| --- | --- | --- | --- |
| 迭代 | 3321 | 788 | 788 |
| 部分流水线 | 15191 | 40064 | 817 |
| 全流水线 | 25758 | 40064 | 40064 |

注：最坏情况的吞吐量假设为每个数据块都引入了一个新的密钥。

从表 4.1 和表 4.2 中的数据可以看出，在为每个数据块引入一个新密钥的最坏情况下，全流水线架构要快两个数量级（就吞吐量而言）。注意，如果在加密完成之前不能填充流水线，那么流水线架构就会因为频繁的密钥更改而损失性能。这就解释了标准流水线架构中从最佳情况的吞吐量到最坏情况的吞吐量急剧下降的原因。

## 4.3 其他优化

从比较部分可以看出，全流水线设计的主要问题之一是面积利用率。这种流水线架构的另一个问题是保存 S 盒转换查找表所需的块 RAM 的数量。许多现代实现都使用块 RAM LUT（查找表）方法，因为它易于实现，并且可以在单个时钟周期中完成必要的转换。在 GF($2^8$) 上的任意映射将需要一个 $8 \times 256$ 的 RAM 模块。单个映射不会导致问题，但考虑到需要在每个时钟上大约要执行 320 次查找，这对 FPGA 实现来说提出了挑战，因为这种内存需求甚至快要超出了较大的现代 FPGA 的限制。

另一个解决方案是，使用技术参考文献中概述的扩展欧几里得算法来实现乘法逆。然而，在 GF($2^m$) 中计算任意多项式逆的算法的复杂度为 $O(m)$，需要 $2m$ 的计算。为了实现高效的硬件，这些步骤不能并行放置，因为每次计算都依赖于前一次计算。这种类型的迭代算法对于软件实现是可以接受的，但是对于硬件实现的延迟（$2m$ 轮 = 160~224 个时钟）是不可接受的。

在硬件中实现 S 盒的第三种方法是由文森特·里杰曼（Rijndael 的发明者之一）提出的。其思想是将 GF(256) 中的每个元素表示为一级的多项式，其系数来自 GF(16)。将不可约多项式表示为 $x^2 + Ax + B$，对于任意多项式 $bx + c$ 的乘法逆元为

$$(bx + c)^{-1} = b(b2B + bcA + c2)^{-1}x + (c + bA)(b2B + bcA + c2)^{-1}$$

在 GF(256) 中计算逆元的问题现在被转换为在 GF(16) 中计算逆元，并在 GF(16) 中执行一些算术运算。相对于 GF(256) 中的映射，GF(16) 中的逆元可以存储在小得多的表中，这对应于更紧凑的 S 盒实现。

# 第 5 章 高级设计

随着 FPGA 设计复杂度的不断增加，以及相应设计工具功能复杂度和性能的提升，对设计进行更高层次抽象建模能力的需求也随之提升。从基于原理图的设计转向硬件描述语言（Hardware Description Language，HDL）设计是一次革命性的进步，它允许设计工程师从行为级对功能模块进行描述，而这与工艺无关。但是，使用 HDL 进行数字设计中的部分工作已经变得枯燥且耗时，显然，采用更高抽象层次的设计方式更加适合这部分设计工作。过去十年间引入的一些新技术很难成为主流技术，主要是因为（这一点可以再讨论）这些技术的应用效果并不明显。本章将讨论一些已经被证明确实能够给 FPGA 设计工程师带来帮助的高级设计技术。

在本章中，我们将详细讨论以下几方面内容：
- 使用图形工具进行抽象状态机设计。
- 使用 MATLAB 和 Synplify DSP 进行 DSP 设计。
- 软/硬件协同设计。

## 5.1 抽象设计技术

17 世纪，数学家莱布尼茨提出，一个数学理论必须比它所描述的系统更简单，否则作为理论它将没有任何用处。这一深刻论述直接影响着现代工程学的发展。如果一种新的抽象设计形式不能做到比之前的设计形式更容易理解或使得设计工作更加容易，那么对我们来说将毫无意义。在过去的 10~15 年里开发的一些高级设计技术属于"横向抽象"的范畴，或者并不比现有技术的抽象层次更高。这些技术发展缓慢，并没有给设计工作带来明显的提升。本章所讨论的各种技术能够真正提升设计工作的抽象层次，并且可以提高设计工程师的工作效率。

## 5.2 图形状态机

状态机设计是一种非常适合采用高级设计技术来实现的设计场景。回想一下我们在逻辑设计课程中学习的设计状态机的方法，首先绘制状态转移图，然后人工将其转换为 HDL（或者门电路）描述。状态图表示是一种自然的抽象形式，与我们现有的设计过程非常相似。

使用 HDL 描述状态机的一个特点就是，对于设计工程师来说存在大量可用且有效的实现状态机的代码。有些状态机代码适用于紧凑型设计，有些则适合高速设计。设计工程师按照自己的习惯，也会编写出不同的状态机代码，这个过程中有可能会引入人为错误，更不用说在识别状态机描述时发生软件翻译的错误。通常，在综合完成之前，设计工程师不会知道所采用的状态机代码形式对于该设计来说是否为最佳选择。然而，要想修改状态机实现代码将是非常耗时的，而这通常与状态机所实现的功能无关。大部分综合工具都能够识别状态机，并根据物理设计约束对其重新编码，因此，采用更高层次的描述能够使综合工具在实现细节上具有最大的灵活性，通常来说，这也是最优的方法。

下面这个状态机的例子，实现了为一个低通 DSP 加载乘法器和累加器的功能。

```verilog
module shelflow(
 output reg         multstart,
 output reg  [23:0] multdat,
 output reg  [23:0] multcoeff,
 output reg         clearaccum,
 output reg  [23:0] U0,
 input              CLK, RESET,
 input       [23:0] iData, // X[0]
 input              iWriteStrobe, // X[0]有效
 input       [23:0] iALow, iCLow, // 低通滤波器系数
 input              multdone,
 input       [23:0] accum);

// 定义输入/输出采样
reg        [23:0] X0, X1, U1;
// 在mult24中相乘的寄存器
reg        [2:0] state; // 通过mults保存乘法序列状态

parameter        State0 = 0,
                 State1 = 1,
                 State2 = 2,
                 State3 = 3;

always @(posedge CLK)
if(!RESET) begin
  X0         <= 0;
  X1         <= 0;
  U0         <= 0;
  U1         <= 0;
  multstart  <= 0;
  multdat    <= 0;
  multcoeff  <= 0;
  state      <= State0;
  clearaccum <= 0;
end
else begin
// 如果未执行乘法，则不处理状态机
```

```verilog
case(state)
  State0: begin
    // 空闲状态
    if(iWriteStrobe) begin
      // 如果一个新的采样值到达，将采样值移位
      X0         <= iData;
      X1         <= X0;
      U1         <= U0;
      multdat    <= iData; // 加载mult
      multcoeff  <= iALow;
      multstart  <= 1;
      clearaccum <= 1;  // 清除accum
      state      <= State1;
    end
    else begin
      multstart  <= 0;
      clearaccum <= 0;
    end
  end
  State1: begin
    // A*X[0]完成, 加载 A*X[1]
    if(multdone) begin
      multdat    <= X1;
      multcoeff  <= iALow;
      multstart  <= 1;
      state      <= State2;
    end
    else begin
      multstart  <= 0;
      clearaccum <= 0;
    end
  end
  State2: begin
    // A*X[1] 完成, 加载 C*U[1]
    if(multdone) begin
      multdat    <= U1;
      multcoeff  <= iCLow;
      multstart  <= 1;
      state      <= State3;
    end
    else begin
      multstart  <= 0;
      clearaccum <= 0;
    end
  end
  State3: begin
    // C*U[1] 完成, 加载G*accum
    // [RL-1] U0 <= accumsum;
    if(multdone) begin
      U0         <= accum;
      state      <= State0;
    end
```

```
        else begin
          multstart    <= 0;
          clearaccum   <= 0;
        end
      end
    default
      state          <= State0;
    endcase
  end
endmodule
```

这个模块依次执行乘法运算和累加运算。在本例中，选择将乘法器和累加器置于模块之外。让我们来看看采用更加抽象的形式描述此状态机的效果。

很多工具都提供了图形状态机入口。首先，我们使用名为 StateCAD 的免费 Xilinx 状态机编辑器。图形状态机如图 5.1 所示。

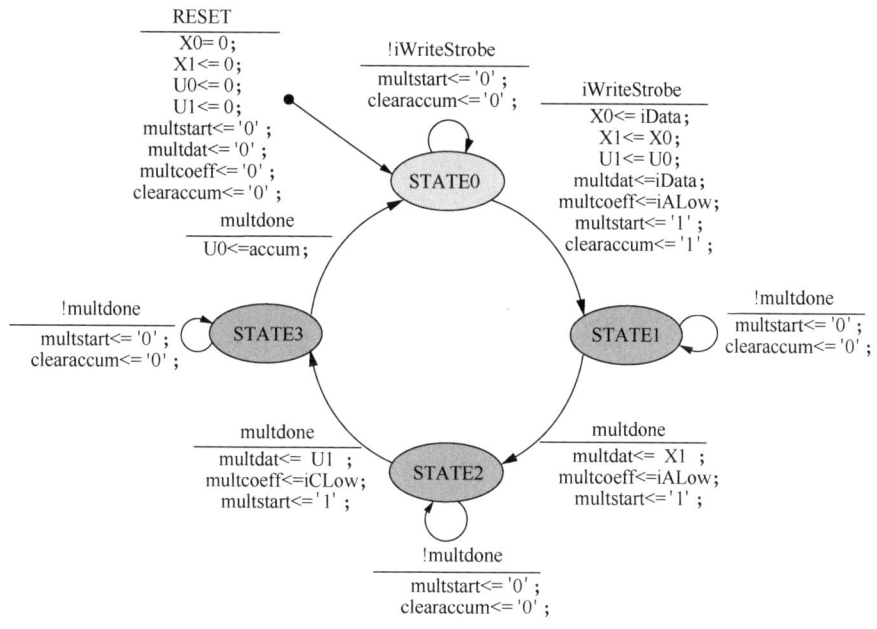

图 5.1　图形状态机设计

显然，上面的表述比起使用 Verilog 的描述更加容易理解，因为它更像我们想象中的状态机。

图形状态机更容易理解，并且更有利于速度/面积的自动化优化。

尽管图形化表示非常清晰，但是其所生成的 RTL 代码的可读性并不比网表更好。简单起见，这里仅展示几个代码片段（使用 Verilog-1995 格式）。

状态译码如下：

```
if ( ~iWriteStrobe & STATE0 | multdone & STATE3 | RESET )
next_STATE0=1;
else next_STATE0=0;
if ( ~RESET & iWriteStrobe & STATE0 | ~RESET & ~multdone
   & STATE1)
next_STATE1=1;
else next_STATE1=0;
if ( ~RESET & multdone & STATE1 | ~RESET & ~multdone & STATE2 )
next_STATE2=1;
else next_STATE2=0;
if ( ~RESET & multdone & STATE2 | ~RESET & ~multdone & STATE3 )
next_STATE3=1;
else next_STATE3=0;
```

乘法器输入之一的输出译码如下：

```
multcoeff=({24{STATE0}}&({24{~RESET}}&({24{~RESET}}&{24
{iWRITESTROBE}})&({iALow23, iALow22, iALow21, iALow20,
iALow19, iALow18, iALow17, iALow16, iALow15, iALow14,
iALow13, iALow12, iALow11, iALow10, iALow9, iALow8,
iALow7, iALow6, iALow5, iALow4, iALow3, iALow2, iALow1,
iALow0}))|({24{STATE0}}&{24{~RESET}}&{24
{~iWriteStrobe}})&('h0))|({24{STATE1}}&{24{~RESET}}&
{24{~multdone}})&('h0)|({24{STATE1}}&({24{~RESET}}&
{24{multdone}})&({iALow23, iALow22, iALow21, iALow20,
iALow19, iALow18, iALow17, iALow16, iALow15, iALow14,
iALow13, iALow12, iALow11, iALow10, iALow9, iALow8,
iALow7, iALow6, iALow5, iALow4, iALow3, iALow2, iALow1,
iALow0}))|({24{STATE2}}&{24{~RESET}}{24{~multdone}})&
({iCLow23, iCLow22, iCLow21, iCLow20, iCLow19, iCLow18,
iCLow17, iCLow16, iCLow15, iCLow14, iCLow13, iCLow12,
iCLow11, iCLow10, iCLow9, iCLow8, iCLow7, iCLow6, iCLow5,
iCLow4, iCLow3, iCLow2, iCLow1, iCLow0}))|({24{STATE2}}&
{24{~RESET}}&{24{~multdone}})&('h0))|({24{STATE3}}&
{24{~RESET}}&{24{~multdone}})&('h0)|({24{STATE3}}&
{24{~RESET}}&{24{~multdone}})&('h0)|(({24{RESET}})
&('h0));
```

在实现时，这两个状态机可以从面积利用率和性能等方面显示出可比较的结果。然而，在 StateCAD 中实现的状态机，能够基于实现的选项来进一步对性能或面积进行优化。

使用 StateCAD 实现的缺点是其自动生成的 RTL 代码的可读性和网表一样差。即使这是优化后的代码，是否可以接受这样难以读懂的代码？在大多数情况下，答案是肯定的。在将原理图转换为 RTL 代码时，我们必须选择放弃低层次的表述，而更加相信工具。这使得我们可以以更快的速度设计复杂的电路，能够在更高的抽象层次进行设计，能够生成在不同工艺之间可以移植的代码，等等。虽然我们需要分析部分门级电路来确保逻辑实现的正确性，但是，随着工具变得越来越完善，RTL 设计工程师变得越来越有经验，这方面的工作将会越来越少。无论如何，永远不要期望通过看综合后网表或是大量的门级电路，来获取一个高层次设计的设计意图。我们必须参考设计工程师所提供的抽象层次来理解设计。按照类似的方式，当在 RTL 级以上的抽象层次进行设计时，并不总是具有可读性好的 RTL 代码作为参考。

相反，在以后的抽象设计中，我们必须遵循以下几点：

1）必须从顶层抽象来分析和理解设计，这是设计工程师对设计的最初描述。

2）使用工具来验证在较低抽象层次的实现是否符合设计要求。

最重要的是顶层抽象的可读性，这是一切设计工作的起始。相比而言，自动生成的 RTL 代码的可读性就不那么重要了。

现在仍然有 FPGA 设计工程师使用传统的原理图进行设计，还没有转向基于 RTL 的设计方法。他们满足于原有的设计方法，认为没有必要学习最新的设计方法。这是一种危险的态度，因为它会导致设计工程师失去作为一名工程师应有的效率，甚至会被淘汰。

## 5.3 DSP 设计

DSP 设计是另一种非常适合抽象设计技术的设计场景，因为在更高抽象层次进行具有合理复杂度的 DSP 设计都是可以实现的。DSP 设计本质上是非常数学化的，因此设计工具（例如 MATLAB）通常用于开发和分析这些算法。像 MATLAB 这样的工具，可以很容易地使用已有的设计模块来构建 DSP，并提供复杂的工具来分析频率响应、相位响应、失真特性和许多其他与数字滤波器相关的指标。

传统上，DSP 算法是用这些高级数学工具设计和分析的，一旦设计得到验证，设计工程师必须人工将这些算法转换为相应 FPGA 器件可综合的设计结构。使用抽象 FPGA 设计，就需要使用已有的高级描述，并将它们直接转换为 FPGA 实现。这确实是一种简化设计过程的抽象方法，并且让设计工程师专注于抽象的顶层。

Synplicity 公司的 Synplify DSP 工具在这方面做得非常出色。Synplify DSP 作为 MATLAB 中的一个应用程序运行，在 MATLAB 设计结构和 Synplify DSP 进行 RTL 综合的建模能力之间实现了紧密耦合。图 5.2 所示是一个基本 FIR 滤波器的 Simulink 模型。

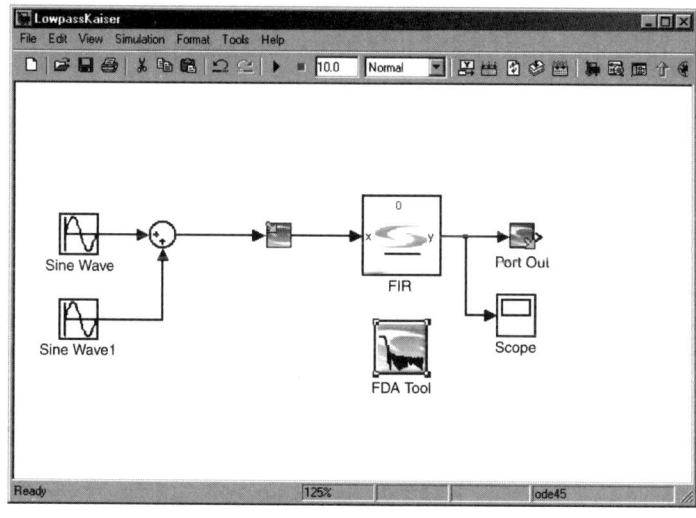

图 5.2　FIR 滤波器的 Simulink 模型

"Port In"和"Port Out"表示 FPGA 的 I/O，FIR 模块是要综合到 FPGA 中的 DSP 功能。Sine wave 和 Scope 模块仅用于 MATLAB/Simulink 仿真。最后，FDA Tool 模块用于配置 FIR 滤波器的参数，如图 5.3 所示。

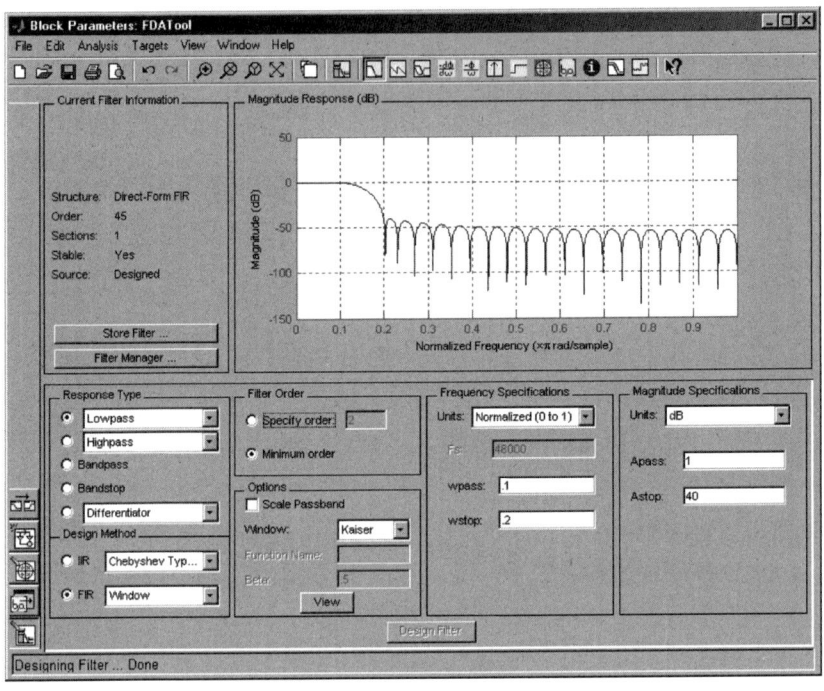

图 5.3　FIR 滤波器参数

在图 5.3 中，低通 FIR 滤波器以 0.1 为通带频率配置参数（采样频率归一化）。任何一个滤波器特性都可以用相邻窗口中的相应选项进行修改。一旦设置好参数后，可以运行 MATLAB/Simulink 仿真来验证滤波器。最后，Synplify DSP 将针对滤波器生成以下 Verilog 代码（使用 Verilog-1995 和 Verilog-2001 混合格式）：

```
// Synplify DSP自动生成的代码
module FIR( clk, gReset, gEnable, rst, en, inp, outp);
parameter inpBitWidth = 16;
parameter inpFrac = 8;
parameter coefBitWidth = 10;
parameter coefFrac = 8;
parameter dpBitWidth = 17;
parameter dpFrac = 8;
parameter outBitWidth = 17;
parameter tapLen = 46;
parameter extraLatency = 0;
input clk;
input gReset;
input gEnable;
input rst;
input en;
```

```verilog
input [inpBitWidth-1:0] inp;
output [outBitWidth-1:0] outp;
wire signed [coefBitWidth-1:0] CoefArr [0:tapLen + 0 - 1];
generate
begin: CoefArrGen
  assign CoefArr[0] = 10'b0000000000;
  ...
  assign CoefArr[45] = 10'b0000000000;
end
endgenerate
wire signed [inpBitWidth-1:0] multInp;
wire signed [coefBitWidth + inpBitWidth-1:0] multOuts
            [0:tapLen-1];
wire signed [coefBitWidth + inpBitWidth-1:0] multBufs1
            [0:tapLen-1];
wire signed [coefBitWidth + inpBitWidth-1:0] multBufs1pre
            [0:tapLen-1];
wire rstBuf;
wire enBuf;
reg signed [dpBitWidth-1:0] mem [0:tapLen-2];
assign multInp = inp;
generate
 genvar i1;
 for(i1=0; i1<=tapLen-1; i1=i1+1)
 begin: multOuts_gen
   assign multOuts[i1] = multBufs1[i1];
 end
endgenerate
assign rstBuf = rst;
assign enBuf = en;
assign outp = multOuts[0] + mem[0];
generate
 genvar i2;
 for(i2=0; i2<=tapLen-1; i2=i2+1) begin: floop
   assign multBufs1pre[i2] = multInp * CoefArr[i2];
   assign multBufs1[i2] = multBufs1pre[i2] >>>
                          (coefFrac+inpFrac-dpFrac);
 end
endgenerate
generate
 integer i3;
 begin: inner_floop
   always @(posedge clk) begin
     if( (rstBuf==1) || (gReset==1) ) begin
        for(i3 = 0; i3 <= tapLen-2; i3=i3+1) begin
           mem[i3] <= 0;
        end
        end // reset
     else if( (enBuf==1) && (gEnable==1) ) begin
        for(i3 = 0; i3 <= tapLen-3; i3=i3+1) begin
           mem[i3] <= mem[i3+1] + multOuts[i3+1];
```

```
              end
         mem[tapLen-2] <= multOuts[tapLen-1];
      end // enable
    end // always
  end // inner_floop
endgenerate
endmodule
```

上面生成的代码使用了流水线架构,在每一个时钟沿进行一次采样。流水线架构如图 5.4 所示。

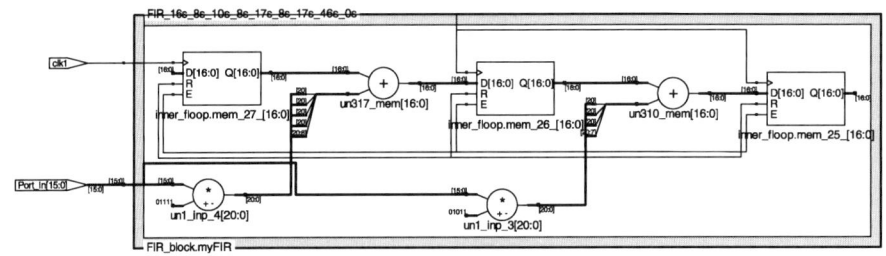

图 5.4 自动生成的流水线架构的 FIR

如图 5.4 所示,输入采样值乘以系数,相加到相应的流水线级。FIR 中所有抽头(tap)都采用了与上述流水线架构一致的拓扑结构。最终实现结果见表 5.1。

表 5.1 流水线架构 FIR 的实现结果

| 寄存器(Register) | 806 |
| --- | --- |
| 查找表(LUT) | 828 |
| 速度(Speed) | 140MHz |

因此,使用 16 位数据路径,FIR 能够以 2.24Gbit/s($2.24 \times 10^9$ bit/s)的速率处理数据。流水线架构的主要缺点是 FPGA 实现时所需的面积相对比较大。在许多 DSP 应用中,若干个时钟周期进行一次采样(即系统时钟频率大于采样频率),这就意味着可以使用更紧凑的结构来重用相同的 DSP 硬件进行所需的 MAC 操作。使用抽象设计工具,如 Synplify DSP,这种结构修改可以作为一种从 MATLAB 到 RTL 综合过程中的实现选项。例如,Synplify DSP 提供一种 "folding" 选项,本质上是流水线折叠以重用硬件资源。折叠量取决于每个采样周期所需的时钟数。一般来说,最慢时钟周期和最快采样速率的最差比值将可以为最大折叠量提供指导。例如,如果采用上述 FIR 实现,每个采样周期为 200 个时钟,那么就有足够的时间使用一组 MAC 硬件计算 45 个抽头,如图 5.5 所示。

在图 5.5 的结构中,45 阶滤波器的所有滤波采样值都排列在输出移位寄存器中。当新采样值到达时,ROM 开始按顺序将输入采样值与每个系数相乘。移位寄存器保存的所有滤波采样值开始移位,并将输入采样值乘以对应系数后相加。在结束时,所有的输出值都被移到适当的位置,并且已经与输入采样值和系数相乘后的值相加。这是流水线架构的折叠形式,其结构更为紧凑,如表 5.2 所列的资源报告所示。

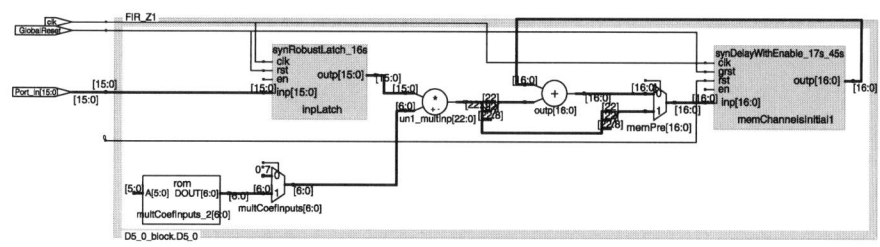

图 5.5 提高面积利用率的 FIR 逻辑折叠

表 5.2 折叠 FIR 的实现结果

| | |
|---|---|
| 寄存器（Register） | 938 |
| 查找表（LUT） | 249 |
| 速度（Speed） | 120MHz |

紧凑的结构大大减少了总面积，在减少最大吞吐量方面进行了权衡，减少到每 45 个时钟进行一次采样，也就是 42Mbit/s（$42 \times 10^6$ bit/s）。

一些抽象设计工具，如 Synplify DSP，允许自动进行结构权衡，如流水线与折叠实现。

## 5.4 软/硬件协同设计

回顾对更高层次抽象的定义，基于 C 的 FPGA 设计传统上非常接近其边界。20 世纪 90 年代，许多公司积极推进 C 语言综合，以取代 HDL 设计。一些公司宣称他们的工具可以将符合 ANSI 标准的 C 代码转换为可综合的 HDL。问题是 C 代码（以及微处理器的软件设计）是顺序的、基于指令的语言。一条指令接着另一条指令顺序地执行。要将其转换为可综合的 HDL，必须将这些指令序列转换为状态机格式，对于任何合理大小的设计，这都会产生无法使用的代码。

为了解决这个问题，这些公司开发了各种基于循环的 C 语法，可以很容易地转换为 HDL。但根本问题在于，这种方法是发明了一种新的 HDL，而这种语言并不比标准的 HDL 更容易使用。此外，还需要一个额外的综合步骤（有时是自动化的，有时不是），一开始很容易绕过。支持基于循环的 C 语言的观点是，它可以编译并运行在其他 C 模型上，但对于大多数 HDL 设计工程师来说，在大多数应用中这不是必要的。尽管在某些应用中这是合适的，但基于 C 的设计仍然没有在主流 FPGA 领域崭露头角，这是因为 EDA 公司并没有让设计师看到它所带来的好处，或者说能够简化设计过程。

现如今使用 C 语言进行设计的主要优点之一是能够在同一个环境中同时进行硬件和软件的模拟仿真。尽管如此，理解软件实现和硬件实现之间的界限仍然非常重要。这里列出了一些需要考虑的问题。

复杂度：有些算法相对于硬件实现，更适合于软件实现。比如，那些在执行前不能很好定义的需要递归或多次迭代的复杂算法，通常更适合软件实现。一个例子是逐次逼近算法，其中需要监视某些误差函数以确定一个可接受的停止点（见第 8 章的讨论）。另一个例子是浮点运算。对于一个简单的浮点运算，如果预先了解边界条件，则可以很容易地在硬件中执行，但要真正符合 IEEE 标准，使用浮点协处理器要比专用硬件实现更加高效。

速度：任何需要快速执行的操作通常都是硬件实现的。在软件中运行算法时，总会有一定的开销，以及由于其他无关事件导致的延迟。另一方面，硬件设计可以针对高吞吐量或低延迟的时序要求进行高度优化（见第 1 章）。

重复：连续重复的任务，即使不复杂，也可能会减慢微处理器的正常运行。因此，将重复性任务分配给专用硬件执行，微处理器将从中受益，例如，监视事件或任何类型的连续调制输出的功能。

实时精度：微处理器按特定顺序执行指令，任何任务都必须等待服务。等待时间取决于触发事件的优先级，但通常优先级高的事件相互叠加，微处理器无法足够快地处理这些事件。此外，如果一个功能必须精确到单个时钟周期内，那么只有硬件实现才能保证这种精度。

操作系统或用户界面：如果需要操作系统，则需要微处理器（最有可能是 32 位）来支持它。此外，如果在通用总线格式上需要一个简单的用户界面，那么使用带有预定义外围设备的嵌入式 8 位微处理器通常比从头开始设计更容易（包括外围设备本身的设计）。

许多决定不能由机器做出，而是取决于设计工程师的判断。在可预见的未来，系统工程师需要理解在设计中划分硬件实现和软件实现的标准。

## 5.5 要点总结

- 图形状态机更容易理解，并且更有利于速度/面积的自动化优化。
- 最重要的是顶层抽象的可读性，这是一切设计工作的起始。相比而言，自动生成的 RTL 代码的可读性就不那么重要了。
- 一些抽象设计工具，如 Synplify DSP，允许自动进行结构权衡，如流水线与折叠实现。

# 第 6 章 时钟域

一些关于数字设计的传统教科书，特别是在提到 FPGA 时，有一个硬性的要求就是对整个设计只能使用一个时钟域。换句话说，在一个设计中，只有一个网络用来驱动所有触发器的时钟输入。这样将大大简化时序分析，消除许多与多时钟域相关的问题。但是，由于 FPGA 外部的各种系统约束，一般不可能只使用一个时钟。通常使用 FPGA 以预定的时钟频率在两个系统之间传递数据，通过多个 I/O 接口接收和发送数据，处理异步信号，并作为使用门控时钟实现低功耗 ASIC 的原型。本章将为 FPGA 设计中与多时钟域和异步信号相关的问题和解决方案提供一些指导意见。

本章和后续章节中一个时钟域指的是一部分逻辑，其中所有同步元件（触发器、同步 RAM 块、流水线乘法器等）由同一个时钟驱动。如果所有触发器都由全局的时钟网络（比如 FPGA 的主时钟输入）驱动，那么就是一个时钟域。如果设计有两个时钟输入，比如一个用于"接口 1"，另一个用于"接口 2"，如图 6.1 所示，那么就有两个时钟域。

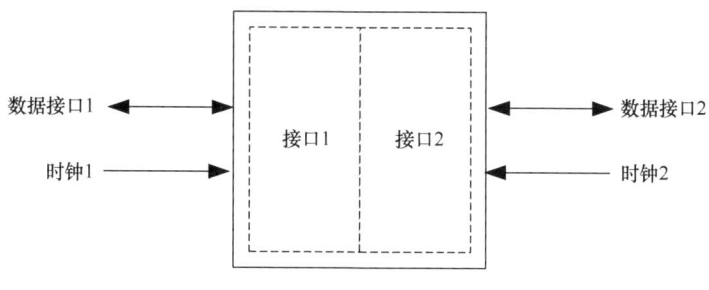

图 6.1 两个时钟域

门控时钟、生成时钟和事件驱动触发器都属于时钟域的范畴。图 6.2 说明了通过一个简单的门控时钟创建一个新的时钟域。注意，在 FPGA 设计中不建议使用这种时钟控制（通常在第二组触发器上使用时钟使能输入），这里仅仅用于说明这 概念。

在本章中，我们将详细讨论以下主题：

- 在两个不同时钟域之间传递信号。
  - 亚稳态的原因及其对设计可靠性的影响。
  - 通过相位控制避免亚稳态。

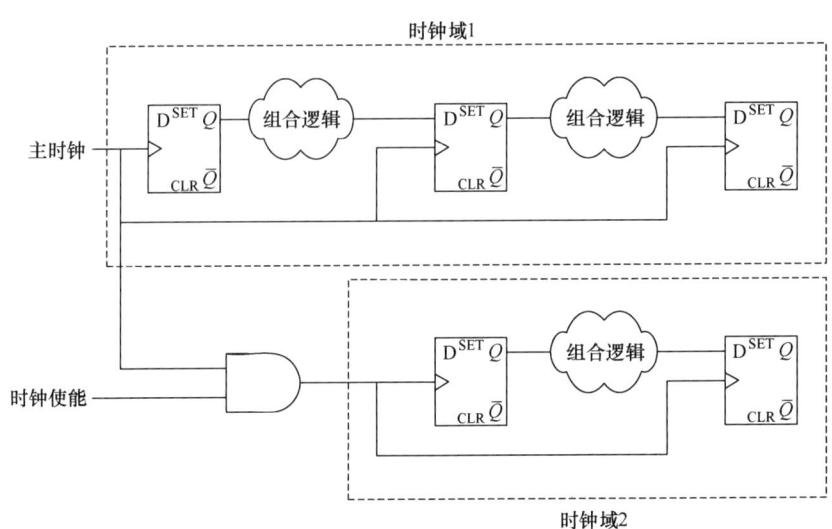

图 6.2　门控时钟产生的时钟域

　　➢ 通过两级触发器在两个时钟域之间传递单比特信号。
　　➢ 使用 FIFO 在两个时钟域之间传递多比特信号。
　　➢ 分区同步器块以改进设计结构。
● 在 ASIC 原型中处理门控时钟。
　　➢ 建立单个时钟模块。
　　➢ 移除自动门控。

## 6.1　跨时钟域

在处理多个时钟域时需要解决的第一个问题就是在不同时钟域之间传递信号的问题。跨时钟域问题非常重要：

1）跨时钟域问题导致的故障并不总是能重复出现。如果有两个时钟域且是异步的关系，那么故障通常与两个时钟沿之间的相对时序有关。时钟通常来自与设备实际功能无关的外部源。

2）跨时钟域问题可能因为采用不同的工艺而变化。通常，具有较小建立时间和保持时间约束的高速工艺比低速工艺问题更少（尽管由于其他影响，情况并非总是如此）。此外，同步设备的实现方式、输出的缓冲方式等因素也会对故障发生的概率产生重大影响。

3）EDA 工具通常不会检测和标记跨时钟域问题。静态时序分析工具基于单个时钟域进行时序分析，只有在指定的特定方式下才会执行时钟间分析。

4）一般来说，如果不理解跨时钟域问题，这种故障很难检测和调试。在实现之前，必须定义好并妥善处理所有时钟间的接口，这一点非常重要。

首先讨论一下在时钟域之间传递信号时会出现什么问题。考虑图 6.3 中信号在两个时钟域之间传递的情况。

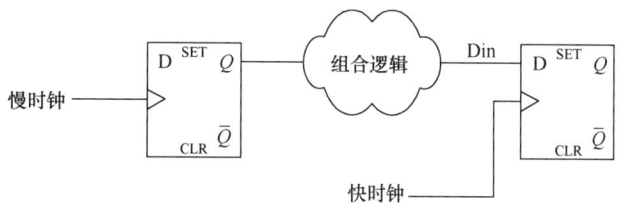

图 6.3　两个时钟域间信号的传递

如图 6.4 所示，慢时钟域的时钟周期恰好是快时钟域的时钟周期的两倍。从慢时钟上升沿到快时钟上升沿的时间总是确定的，等于 dC。由于这些时钟的相位匹配，dC 将始终保持恒定（假设没有频率漂移），在这种情况下，dC 始终大于逻辑延迟加上由"快时钟"驱动的触发器的建立时间。

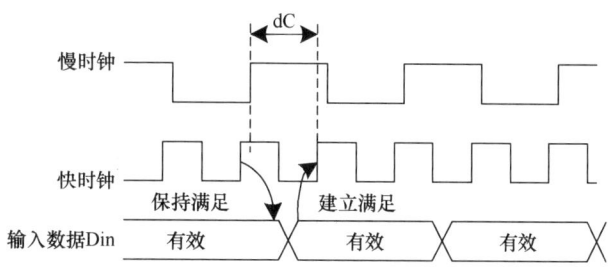

图 6.4　两个时钟域间的时序关系

当这些时钟工作时，它们的相位关系确保不会产生任何建立时间或保持时间的违例。只要没有发生时钟漂移，就不会发生时序违例，设备将按预期工作。现在考虑一下相同时钟以如图 6.5 所示相位关系加电工作的情况。

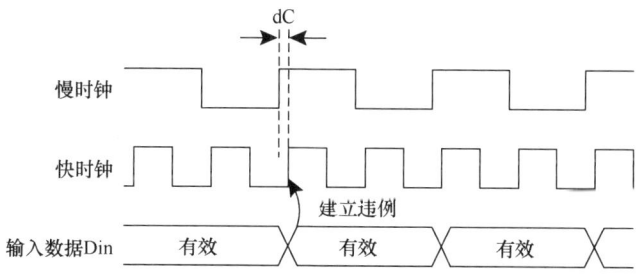

图 6.5　相位关系产生了时序违例

在这种情况下，时钟沿对齐会造成时序违例。这种情况可能发生在任何相对频率的任何两个时钟域之间。然而，如果两个时钟频率不匹配，违例就不会以规则的方式发生。

时钟同步问题通常是不可重复的，会影响 FPGA 设计的可靠性。

本章稍后将讨论这些问题的解决方案，但首先需要讨论当发生建立时间和保持时间违例时将会发生什么。下面将介绍这方面的内容。

## 6.1.1 亚稳态

当触发器的数据输入在建立时间和保持时间定义的有效时钟沿的时间窗口内变化时，就会发生时序违例。这种时序违例的存在是因为如果违反了建立时间或保持时间要求，触发器内的节点可能会处于一个电压，该电压既不是有效的逻辑 0，也不是有效的逻辑 1。换句话说，如果在上述时间窗口内捕获数据，则触发器中的晶体管不能可靠地设置为表示逻辑 0 或逻辑 1 的电压。晶体管稳定在有效电平（可能是也可能不是正确的电平）之前，停留在一个中间电压，而不是在高电压或低电压下饱和。这被称为亚稳态，如图 6.6 所示。

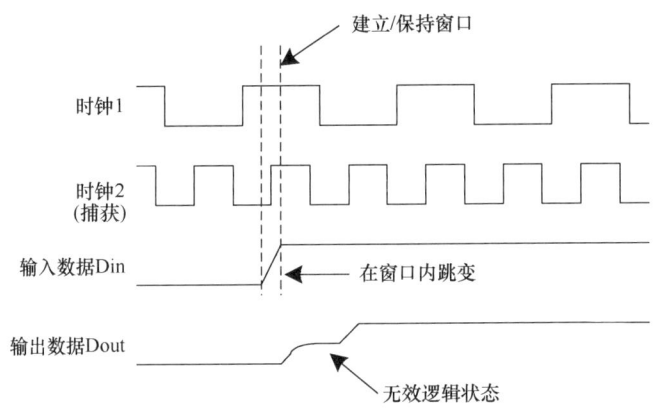

图 6.6　时序违例引起的亚稳态

如波形所示，在建立时间和保持时间的边界内发生变化，意味着输出可能会上升到对任何逻辑值都无效的电压水平。如果触发器内包含输出缓冲器，则随着内部信号的稳定，亚稳态可能会在输出端表现为不确定的值。输出保持亚稳态的时间量是概率性的，并且输出有可能在整个时钟周期内保持亚稳态。因此，如果将该亚稳态值输入到组合逻辑，则可能会根据逻辑门的阈值而发生错误的操作。从时序收敛的角度来看，假设从一个触发器到另一个触发器的逻辑延迟小于最小时钟周期，但对于亚稳态信号，亚稳态的持续时间将消耗可用的路径延迟。显然，亚稳态信号可能会导致设计中的灾难性功能故障，并且由于时钟沿的关系变化，导致该信号输出不确定。

亚稳态可能导致 FPGA 发生灾难性故障。

关于 FPGA 设计流程，需要注意的一点是，模拟仿真亚稳态的影响可能非常困难。纯数字模拟器不会检查建立时间和保持时间违例，在违例发生时传播逻辑 X（不定态）。在 RTL 仿真中，不会发生建立时间和保持时间违例，因此没有信号会进入亚稳态。即使使用门级仿真来检查建立时间和保持时间违例，模拟两个异步信号之间的相位关系导致同步失败的情况也是一件困难的事情。如果设计工程师或验证工程师一开始没有发现问题，那么后面发现该问题将非常困难。因此，理解如何进行可靠性设计，以及避免在仿真环节发现同步问题就显得非常重要。这个问题有很多解决方案，本章其余部分将对此展开讨论。

## 6.1.2 解决方案1：相位控制

考虑两个具有不同时钟周期和任意相位关系的时钟域。如果 FPGA 内部至少有一个时钟可以通过内部 PLL（锁相环）或 DLL（延迟锁定环）进行控制，并且另一个时钟周期是该时钟周期的整数倍，则可以使用相位匹配来消除时序违例，如下所述。

考虑一个信号从慢时钟域传递到快时钟域（时钟周期为慢时钟周期的一半）的示例。在不保证时钟之间相位关系的情况下，可能会发生时序违例。然而，使用 DLL 从第一个时钟生成快时钟，可以实现相位匹配。

在图 6.7 中，DLL 调整快（捕获）时钟域的相位，以匹配慢（发送）时钟域的相位。数据在两个时钟域之间传递的总时间 dC 始终处于其最大可能值。在这种情况下，只要从慢触发器到快触发器之间的传播延迟小于快时钟的周期，就不会发生建立时间违例。如果偏移不能严格匹配，为了保证保持时间满足时序要求，则快触发器也可以配置为在下降沿捕获信号，假设有足够的余量来保证建立时间满足时序要求。

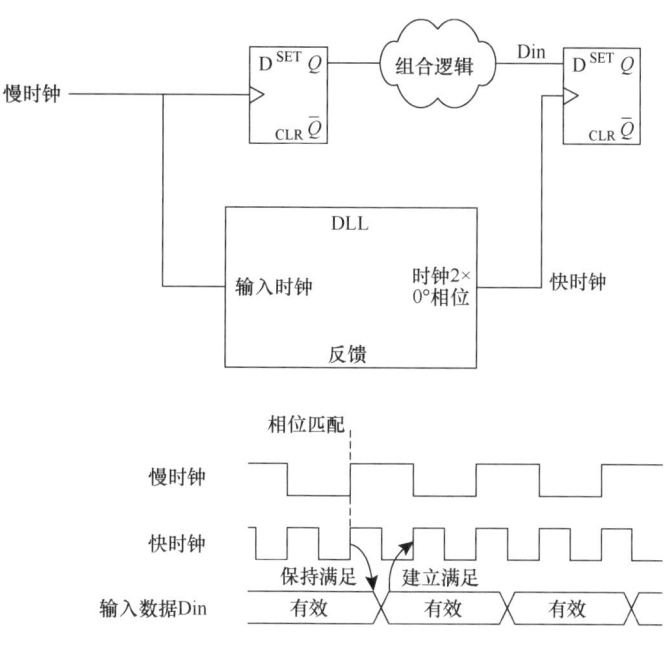

图 6.7 相位匹配的 DLL

当一个时钟周期是另一个时钟周期的倍数，并且其中一个时钟可以由内部 PLL 或 DLL 控制时，可以使用相位控制技术。

在许多情况下，设计工程师无法控制时钟域之间的相位关系。特别是，当从芯片外部对 FPGA 提出特定的时序要求，或者当两个时钟域的时钟周期相互无关时。例如，如果 FPGA 在两个系统之间提供接口，这两个系统对芯片的输入和输出延迟有非常严格的时序要求，则可能无法调整任何一个时钟的相位。这类情况经常发生，必须找到新的方法来处理。下面将讨论最常见的技术。

### 6.1.3 解决方案2：两级触发器同步

两级触发器同步是一种在两个异步时钟域之间传递单比特信号时使用的技术。如前几节所述，建立时间或保持时间违例可能会导致触发器内的节点出现亚稳态，并且在信号稳定在有效电平之前，会有一段不确定的停留时间。这个停留时间增加了触发器时钟端到输出端的时间（随后增加了路径的传播延迟），并可能导致下一级发生时序违例。如果该信号被用于控制分支或决策树，将非常危险。不幸的是，没有方法来预测亚稳态将持续多久，也没有办法将此信息反标到时序分析和优化工具中。假设两个时钟域完全异步（不可能进行相位控制），一种非常简单的最小化亚稳态发生概率的方法是使用两级触发器同步。注意，其他文献可能将这称为同步位、双列触发器或双列同步器。

在图6.8所示的配置中，同步电路中的第一级触发器（输入标记为Din）可能会出现亚稳态，但在被第二级触发器锁存之前以及被其他逻辑使用之前有机会确定下来，如图6.9所示。

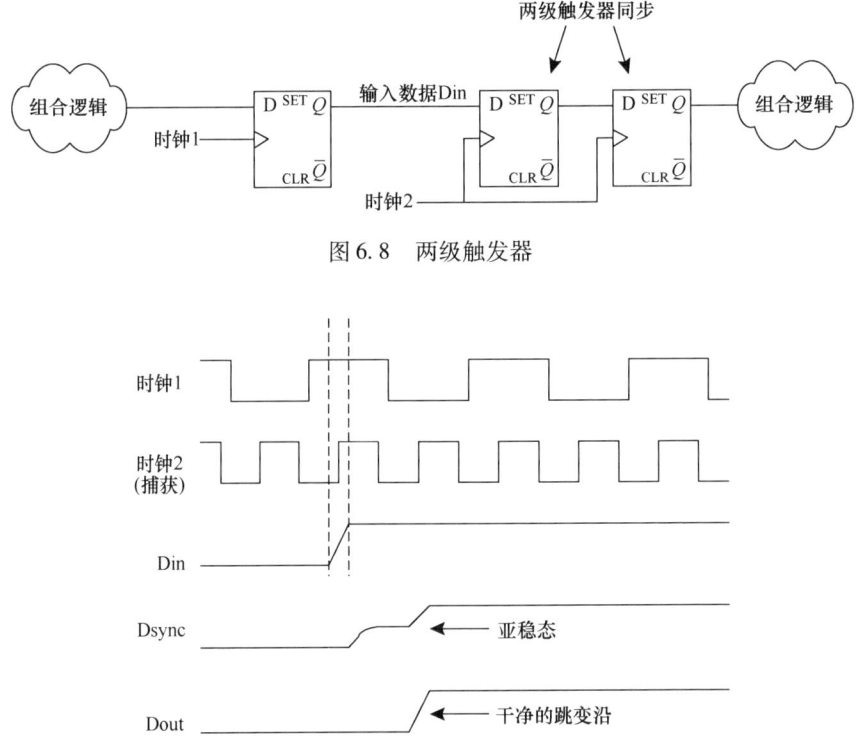

图6.8 两级触发器

图6.9 两级触发器同步

这里，Dsync是第一级触发器的输出，Dout是第二级触发器的输出。Dout保护了其他电路免受亚稳态信号的影响，并在同步信号稳定后将其传递出去。在两个触发器之间不添加任何逻辑，可以最大限度地延长信号稳定的时间。

两级触发器同步可用于在两个异步时钟域之间重新同步单比特信号。

理论上，输出可以无限期地维持在亚稳态，但实际上，由于真实系统的高阶效应，它会稳定下来。举个例子，想象一个完美地停在山顶的球。在任意方向上轻轻一推，球就会从一侧或另一侧落下。同样，对于亚稳态逻辑门，热量、辐射等的随机波动将把亚稳态输出推向一种或另一种状态。

当使用两级触发器同步技术对异步信号进行采样时，不可能完全预测所需的数据变化是否会发生在所期待的时钟或下一个时钟。当传递数据总线中的多位数据时（其中一些位可能比另一些位晚到达一个时钟），或者当数据的到达时间需要精确到单个时钟内时，通常不能使用这种方法。但是，对于能够容忍一个或多个时钟的控制信号，它还是非常有用的。

例如，触发 FPGA 内部动作的外部事件可能会缓慢发生，其反应时间为微秒级甚至毫秒级。在这种情况下，额外几纳秒不会影响行为。如果由外部事件驱动的位进入状态机的控制结构，则使用两级触发器同步会将所需的变化延迟一个时钟周期。然而，如果不使用两级触发器同步，决策逻辑的不同部分可能会以不同的方式处理亚稳态，并同时激活状态机中的多个分支。

除了纯数字系统外，一种常见的情况是混合信号系统向 FPGA 产生异步反馈信号，如图 6.10 所示。

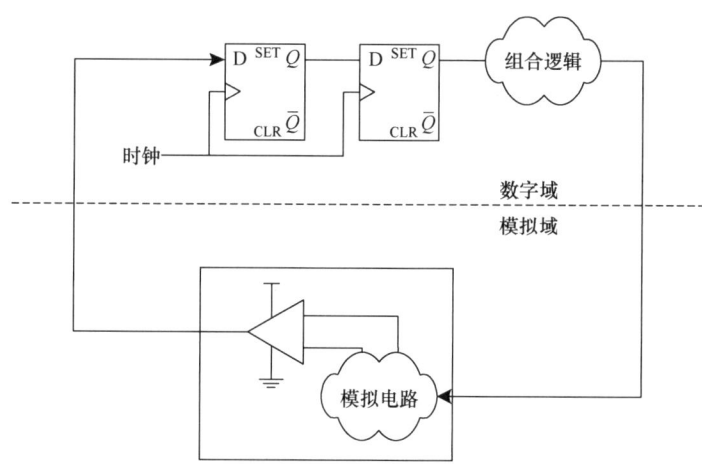

图 6.10　模拟反馈的重新同步

在异步信号上实现两级触发器同步的 Verilog 代码很简单：
```
module analog_interface(
  ...
  output reg fbr2,
  input    feedback);
  reg      fbr1;
  always @(posedge clk) begin
    fbr1 <= feedback;
    fbr2 <= fbr1;  //; 两级触发器
  end
  ...
```

信号 feedback 可能引起时序违例，fbr1 可能在时钟沿后的一段不确定的时间内处于亚稳态。因此，fbr2 是其他逻辑的唯一可用信号。

当使用两级触发器同步时，需要指定时序约束，以便在做时序分析时忽略两个时钟域之间的信号路径。因为两级触发器结构会重新同步信号，所以两个时钟域之间没有有效的同步路径。此外，应尽量减少两个触发器之间的时序，以降低亚稳态通过第二级触发器传播的概率。

时序分析应忽略第一级同步触发器，并确保两个同步触发器之间的时序最小。

### 6.1.4 解决方案 3：FIFO 结构

在不同时钟域之间传递数据的一种更复杂的方法是使用 FIFO 结构。FIFO 可用于在异步时钟域之间传递多比特信号。FIFO 常应用于在标准化总线接口和读/写突发存储器之间传递数据。图 6.11 说明了突发存储器和 PCI 总线之间的接口。

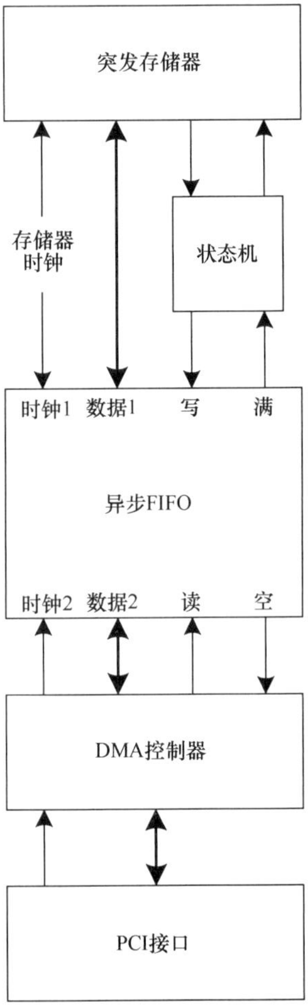

FIFO 可用于在异步时钟域之间传递多比特信号。

FIFO 对于很多应用来说都是非常有用的数据结构，但在本次讨论中，将重点关注它处理需要在不同时钟域之间传递突发数据的能力。

FIFO 就像是在超市里排队的顾客，顾客以随机的时间和特定的平均频率到达收银台。有时顾客人数很少，而有时顾客人数很多。收银台的收银员无法在每位顾客到达时立即为其提供服务，因此需要排队等候。从抽象意义上讲，一行数据称为队列。随后，收银员继续以相对恒定的频率为顾客服务，无论队伍多长。如果顾客增加的平均速率超过了他们可以获得服务的速率，那么这种结构将是不可持续的。此时，要么建立另一种机制以更快的速度为顾客提供服务，要么必须降低新顾客的增加速度。

同样的原则适用于许多类型的数据传输。数据可能在一个时钟域以随机的时间间隔到达，其中一些包含的数据量可能非常大。在这种情况下，位于不同时钟域的接收设备只能以特定速率处理数据。所形成的队列发生在称为 FIFO 的设备内，如图 6.12 所示。

图 6.11 PCI 应用中的 FIFO

使用异步 FIFO，数据可以在任意时间到达发送端，接收端可以在有处理数据的带宽时从队列中获取数据。由于使用 FIFO 实现的队列的大小是有限的，因此需要采取某些控制措施来防止溢出。这需要知道以下两方面内容：

- 预先了解传输速率（突发或非突发）、最小接收速率和相应队列的大小。

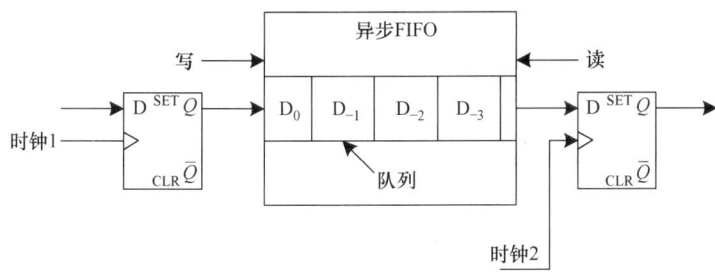

图 6.12 异步 FIFO

- 握手控制。

注意，发送设备的时钟域频率不应该比接收设备的时钟域频率更快，否则会发生溢出。相比于接收端处理数据所需要的时钟周期数，慢时钟域需要更少的时钟周期数将数据传递给 FIFO。因此，对于握手控制，充分了解上述最坏的情况至关重要。

注意，如果发送端向 FIFO 传递数据的速度比接收端处理数据的速度快，那么随着队列的无限增加，系统将变得不再可靠。由于存储设备不可能无限量地存储数据，因此需要在系统架构层面解决这个问题。一般来说，发送数据以突发传输形式到达，间隔时间很小。FIFO 的大小需要等于或大于（取决于接收器的属性）突发传输的大小。

大多数情况下，突发传输的大小和到达数据的分布都无法很好地定义。在这种情况下，需要握手机制来控制进入 FIFO 的数据流。通常使用标志位来实现控制，如图 6.13 所示。这其中包括一个满标志，用来通知发送端 FIFO 中没有更多空间；一个空标志，通知接收端没有更多数据可提取。需要一个状态机来管理握手控制，如图 6.13 所示。

FPGA 中的 FIFO 通常用双端口 RAM 来实现。看似简单的标志，如满和空，却是难以实现的功能。原因是输入控制的标志通常由输出级生成，同样地，输出控制的标志通常由输入级生成。例如，驱动输入数据的逻辑必须知道 FIFO 是否已满。这只能通过输出级读取的数据量来确定。同样，在输出级读取数据的逻辑必须知道是否有可用的新数据（FIFO 是否为空），这只能通过输入级的写指针来确定。

在这里，FIFO 的目的是处理异步时钟域之间的数据传输，但在 FIFO 本身的实现中，在握手标志方面遇到了同样的问题。为了将所需的信号从一个时钟域传递到另一个时钟域，可以采用上一节中讨论的两级触发器同步技术。图 6.14 所示是一个简化的异步 FIFO 的示意图。

在图 6.14 中，当将写地址和读地址传递给另一个时钟域进行空标志和满标志生成时，必须重新同步这两个地址。遇到的问题是，在多位地址的重新同步过程中，一些位可能会落后于其他位一个时钟周期，具体取决于各位的传递时间。换句话说，由于两个时钟域的异步属性，一些位可能会在捕获时钟的时钟沿被捕获到，而其他位可能会在下一个时钟沿被捕获到，这取决于数据是否在时钟沿之前有足够的时间到达第一个触发器。如果二进制地址的某些位发生变化，而其他位没有变化，这可能是灾难性的，因为接收逻辑将接收到一个完全无效的地址，既不等于之前的地址，也不等于当前的地址。

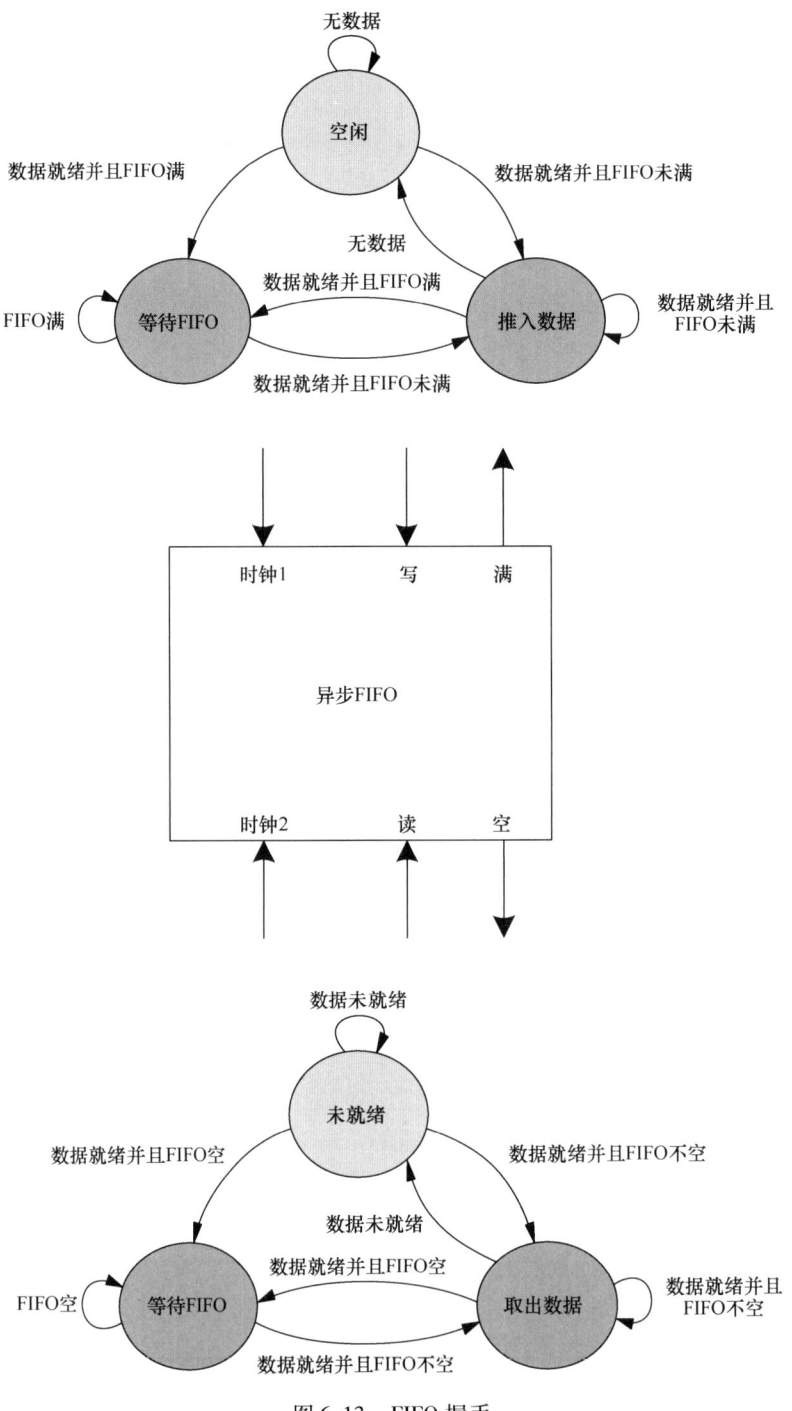

图 6.13 FIFO 握手

可以通过将二进制地址转换为格雷码来解决这个问题。格雷码是一种特殊的计数器,其中相邻地址仅有一位不同。如果每次地址只改变一位,则可以消除上述问题。如果更改的一

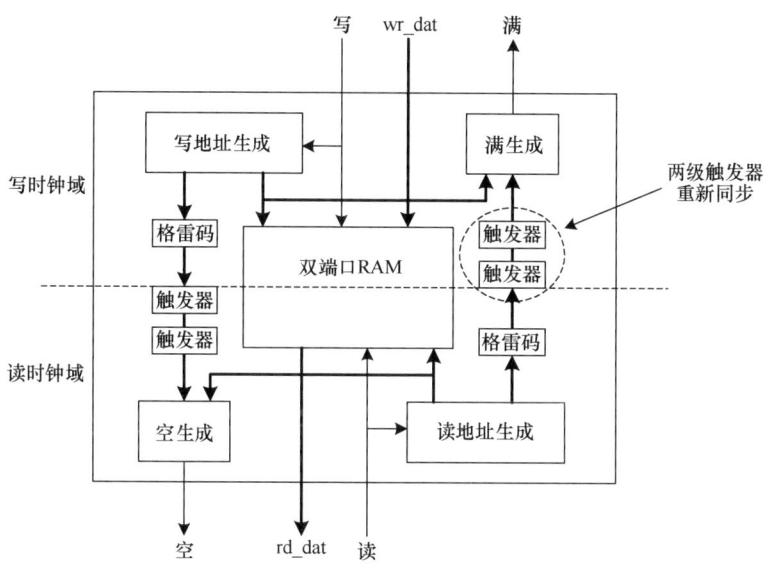

图 6.14 简化的异步 FIFO

位未被下一个时钟沿捕获，则旧地址将保持为同步值。因此，消除了任何错误地址（旧地址和当前地址以外的地址）的可能性。

格雷码可用于在异步时钟域之间传递多位计数器数据，通常用于 FIFO 内部。

另外一点是，仅仅因为通过异步边界的地址可能会延迟一个时钟周期到达，并不一定意味着空或满标志将被错误地置位，从而导致溢出情况。最坏的情况是地址延迟，如果在将地址传输到读域时发生这种情况，读逻辑将根本不会意识到数据已被写入，并且在没有数据时将假设为空。这对整体吞吐量有很小的影响，但不会导致下溢（空时读取）。与传递到写域的数据类似，如果读地址延迟，写逻辑将认为没有空间可写数据，其实是有空间的。这也会对整体吞吐量产生很小的影响，但不会导致上溢（满时写入）。

FIFO 非常常用，所以大多数 FPGA 供应商都提供了根据用户规格自动生成软核的工具。这些自定义 FIFO 可以在设计中手动实例化，类似于其他 IP（知识产权）。因此，对于 FPGA 中的特定 FIFO 实现，设计工程师不需要处理这些问题。然而，在不同时钟域之间传递数据时，类似的问题经常会出现，对于高级 FPGA 设计工程师来说，对这些设计实现的深入理解非常重要。

### 6.1.5 分离同步模块

作为一种良好的设计实现，需要在顶层设计进行分区，使同步模块成为一个单独的模块，独立于其他任何功能模块之外。这将有助于针对各个模块实现理想的时钟域场景（整个模块都工作在一个时钟域），如图 6.15 所示。

这种划分有诸多好处。首先，对每个功能块的时序分析变得很简单，因为它是完全同步

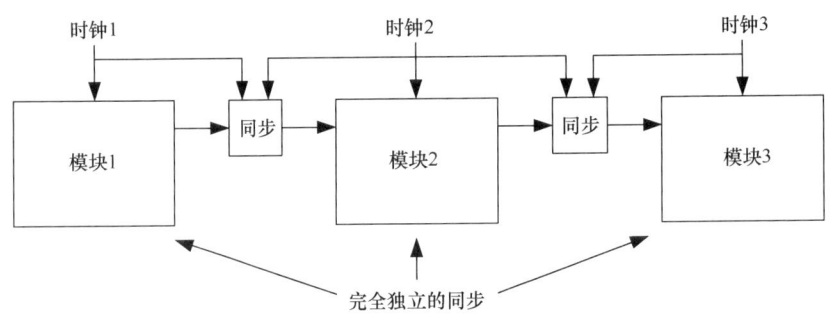

图 6.15　分离同步模块

的。其次，当应用于整个同步模块时，时序例外将很容易定义。最后，同步模块以及相应的时序例外可以应用到顶层，从而降低了由于人为原因而引入错误的可能性。

同步寄存器应被划分为功能模块之外的独立模块。

在针对 ASIC 进行 FPGA 原型设计时，有许多类似的良好设计经验。下一节将对此进行讨论。

## 6.2　ASIC 原型中的门控时钟

ASIC 设计通常对功耗有非常严格的要求，由于 ASIC 时钟树设计的灵活性，所以在芯片中经常会使用门控时钟，用来在不需要时禁止部分逻辑活动。虽然该 ASIC 的 FPGA 原型能够模拟逻辑功能，但它们的物理特性却不同，如功耗。因此，FPGA 不一定需要模拟 ASIC 的所有低功耗优化。事实上，由于 FPGA 时钟资源的特性，并不总是能够（或期望）模拟此功能。本节讨论了处理这种情况的方法，并讨论了可以使构建 FPGA 原型更加容易的 ASIC 设计技术。有关使用门控时钟进行功耗优化的更加深入的讨论，请参见第 3 章。

### 6.2.1　时钟模块

如果要在 ASIC 中对多个时钟进行门控，建议将所有这些门控操作都放到一个专门用于时钟生成的模块中，如图 6.16 所示。

将所有门控时钟放在一个专用时钟模块内，并与功能模块分开。

通过将所有门控时钟放在一个模块内，使约束更容易处理，也使得在 FPGA 原型设计时更加容易进行修改。例如，如果设计工程师需要在 FPGA 原型设计时通过添加编译宏来去除原有设计中的所有门控单元，则可以在该时钟模块中轻易完成。这将在下一节中进行描述。

### 6.2.2　移除门控

有许多方法可以移除 FPGA 原型中的时钟门控。下面的示例展示了一种最简单但有些繁琐的方法。这些代码移除了 FPGA 原型中的所有门控功能。

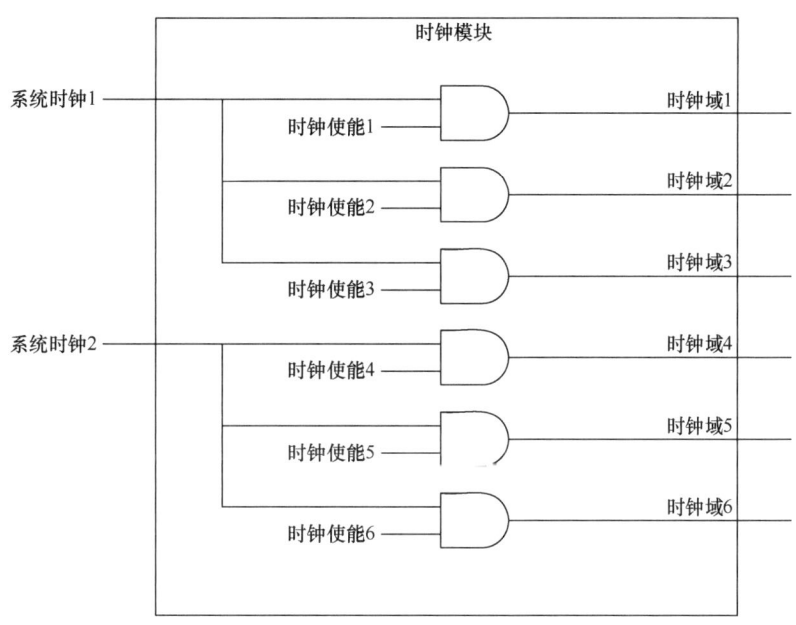

图 6.16　统一的时钟模块

```
`define FPGA
// `define ASIC

module clocks_block(...)

`ifdef ASIC
assign clock_domain_1 = system_clock_1 & clock_enable_1;
`else
assign clock_domain_1 = system_clock_1;
`endif
```

如果在时钟模块中使用上面的编码方式，则只需更改宏定义就可以实现 FPGA 原型。缺点是，无论针对 FPGA 原型还是 ASIC，都需要修改宏定义。许多设计工程师对此感到不习惯，因为仿真的不是相同的 RTL 代码。一种更好的方法是使用自动门控移除工具来消除人为引入错误的可能性。许多综合工具都可以通过施加适当的约束做到这一点。例如，Synplify 有一个名为"修改门控时钟"的选项，它会自动将门控操作从时钟路径移至数据路径。考虑以下示例。

```
module clockstest(
  output reg oDat,
  input      iClk, iEnable,
  input      iDat);

  wire       gated_clock = iClk & iEnable;

  always @(posedge gated_clock)
    oDat <= iDat;
endmodule
```

在上面的示例中，系统时钟由使能信号进行门控，从而生成门控时钟。该门控时钟用于驱动触发器 oDat，该触发器寄存了输入 iDat。在不修改时钟门控的情况下，综合工具可以完成这项工作。

在图 6.17 所示的实现中，门控操作被放置在时钟上。现在存在两个时钟域，必须分别进行约束，并且位于不同的时钟源上。然而，通过启用时钟门控移除，可以很容易将这个门移动到数据路径上，如图 6.18 所示。

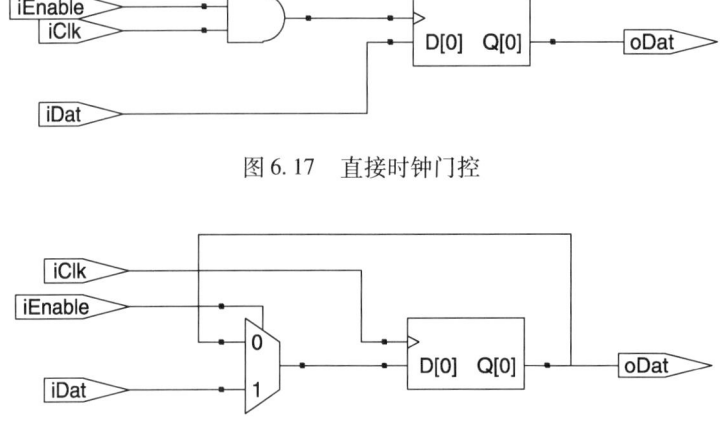

图 6.17　直接时钟门控

图 6.18　移除时钟门控

大多数现代器件都提供时钟使能输入，这将消除对这种解决方案的需求。然而，如果特定工艺提供不了触发器时钟使能，那么这种工艺将会在数据路径上增加延迟。

## 6.3　要点总结

- 时钟同步问题通常是不可重复的，会影响 FPGA 设计的可靠性。
- 亚稳态可能导致 FPGA 发生灾难性故障。
- 当一个时钟周期是另一个时钟周期的倍数，并且其中一个时钟可以由内部 PLL 或 DLL 控制时，可以使用相位控制技术。
- 两级触发器同步可用于在两个异步时钟域之间重新同步单比特信号。
- 时序分析应忽略第一级同步触发器，并确保两个同步触发器之间的时序最小。
- FIFO 可用于在异步时钟域之间传递多比特信号。
- 格雷码可用于在异步时钟域之间传递多位计数器数据，通常用于 FIFO 内部。
- 同步寄存器应被划分为功能模块之外的独立模块。
- 如果可能的话，尽量避免使用时钟门控。如果确实需要使用门控，应将所有门控时钟放在一个专用时钟模块内，并与功能模块分开。

# 第 7 章 设计示例：I2S 和 SPDIF

SPDIF（Sony/Philips Digital Interface Format，索尼/飞利浦数字接口格式）和 I2S（Inter-IC Sound，IC 间音频接口）标准被开发并应用于许多消费电子产品，用来提供在 IC 之间传输数字音频信息，从而不再需要在设备之间传输模拟信号。通过在转换为模拟信号之前保持数字信号的状态，将不易受到噪声和信号衰减的影响。

本章将描述 I2S 和 SPDIF 接收器的结构，并分析异步信号的恢复和音频数据的重新同步方法。

## 7.1 I2S

I2S 格式以源同步方式传输采样率高达 192kHz 的音频数据。"源同步"是指时钟与数据一起传输的情况。使用源同步信号，不需要在发送设备和接收设备之间共享系统时钟。数据的采样尺寸可以是 16~24 位，并且无论采样尺寸如何，都会归一化为最大幅度。与 SPDIF 不同，如果不在接收器中定义新的大小，不同长度的字将不能交互。

与 I2S 相关的主要设计问题是在源时钟域和本地时钟域之间传递样本数据。由于信号与源时钟一起发送，因此可以使用源时钟很容易进行数据重构，接着进行重新同步。

### 7.1.1 协议

I2S 遵循一种非常简单的三线同步协议。这三个信号定义如下：
- LRCK（左/右通道选择）：当 LRCK 为低时，数据属于左通道；当 LRCK 为高时，数据属于右通道。
- BCK（位时钟）：源同步时钟。
- DATA（串行音频数据）：提供了音频数据的采样值，这些数据位与 BCK 同步。

时序关系如图 7.1 的波形所示。

从这些波形可以看出，LRCK 定义了通道（低表示左通道，高表示右通道），BCK 为时钟和 DATA 为数据。LRCK 和 DATA 的所有变化都发生在时钟的下降沿，这允许在任何方向上都可以有一些偏移，而不会违反建立时间和保持时间的要求。从 MSB 到 LSB 的长度由字

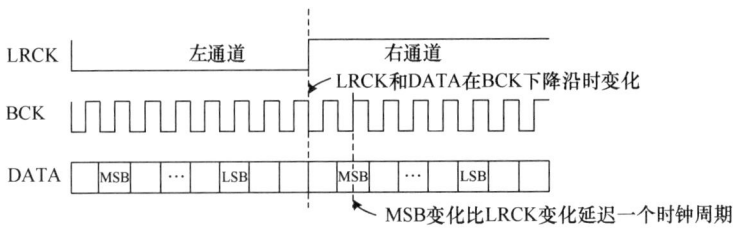

图 7.1　I2S 时序图

长来定义，字长则是由应用程序来定义的。注意，许多 I2S 接收器具有"真正"I2S 格式之外的多种模式，这些模式也被认为是协议的一部分。这些模式包括右对齐模式和左对齐模式，但在这里我们只考虑上述 I2S 格式。此外，这里将把数据字长固定为 16 位。

### 7.1.2　硬件架构

I2S 模块的硬件架构非常简单，如图 7.2 所示。

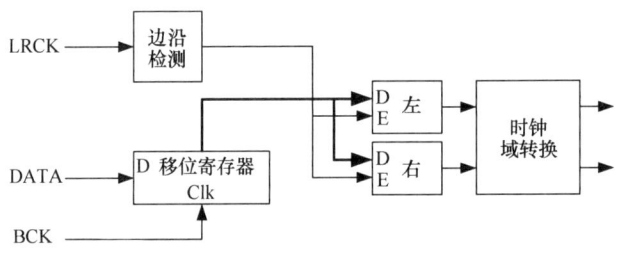

图 7.2　I2S 硬件架构

在 BCK 的上升沿，将 DATA 上的值寄存到移位寄存器中。当检测到 LRCK 改变时，移位寄存器中的数据字被加载到由 LRCK 的极性确定的输出寄存器中。整个 I2S 电路使用 BCK 作为系统时钟，是一个完全同步的接收器。数据一旦锁存到输出寄存器中，就必须传递到本地系统时钟域。因此，在 I2S 数据恢复的最后阶段都需要进行跨时钟域传递，代码如下所示。

```
module I2S(
  output reg          oStrobeL, oStrobeR,
  output reg [23:0]   oDataL, oDataR,
  input               iBCK,    // 位时钟
  input               iSysClk, // 本地系统时钟
  input               iDataIn,
  input               iLRCK);
  reg                 DataCapture;
  reg                 rdatain;
// 在时钟上升沿或下降沿捕获输入数据的寄存器
  reg       [23:0] Capture;
```

```verilog
// 有效数据指示信号
reg                StrobeL, StrobeR;
reg         [2:0]  StrobeDelayL, StrobeDelayR;
reg         [23:0] DataL, DataR;
reg                LRCKPrev;
reg         [4:0]  bitcounter;
reg                triggerleft, triggerright;
wire               LRCKRise, LRCKFall;
wire        [23:0] DataMux;

// 检测LRCK沿
assign LRCKRise = iLRCK & !LRCKPrev;
assign LRCKFall = !iLRCK & LRCKPrev;

// 设置16位数据
assign DataMux  = {Capture[15:0], 8'b0};

always @(posedge iBCK) begin
  DataCapture       <= (bitcounter != 0);
  triggerleft       <= LRCKRise;
  triggerright      <= LRCKFall;
  rdatain           <= iDataIn;
  // 用于检测LRCK沿
  LRCKPrev          <= iLRCK;

  // 在上升沿捕获数据，MSB优先
  if(DataCapture)
    Capture[23:0]   <= {Capture[22:0], rdatain};

  // 左对齐格式计数器
  if(LRCKRise || LRCKFall)
    bitcounter      <= 16;
  else if(bitcounter != 0)
    bitcounter      <= bitcounter - 1;

  // 将数据加载到寄存器中进行重新同步
  if(triggerleft) begin
    DataL[23:0]     <= DataMux;
    StrobeL         <= 1;
  end
  else if(triggerright) begin
    DataR[23:0]     <= DataMux;
    StrobeR         <= 1;
  end
  else begin
    StrobeL         <= 0;
    StrobeR         <= 0;
  end
end

// 重新同步到新的时钟域
always @(posedge iSysClk) begin
```

```
    // 延迟有效数据的指示信号
    StrobeDelayL    <= {StrobeDelayL[1:0], StrobeL};
    StrobeDelayR    <= {StrobeDelayR[1:0], StrobeR};

    // 在延迟的有效数据指示信号的上升沿,数据已经稳定
    if(StrobeDelayL[1] & !StrobeDelayL[2]) begin
      oDataL        <= DataL;  // 负载输出
      oStrobeL      <= 1;  // 新时钟域中的单周期指示信号
    end
    else
      oStrobeL      <= 0;

    if(StrobeDelayR[1] & !StrobeDelayR[2]) begin
      oDataR        <= DataR;  // 负载输出
      oStrobeR      <= 1;  // 新时钟域中的单周期指示信号
    end
    else
      oStrobeR      <= 0;
  end
endmodule
```

上述实现的第一步是检测 LRCK 上的变化,从而可以清除位计数器。这是以同步方式实现的,如图 7.3 所示。

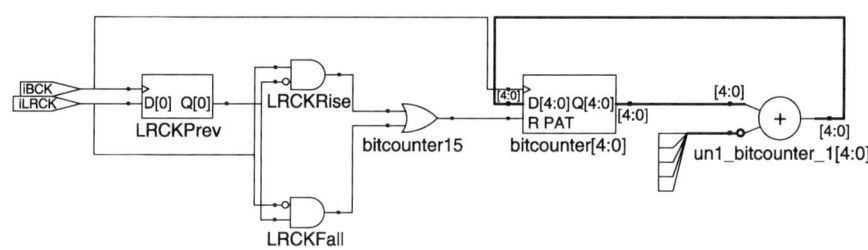

图 7.3　LRCK 检测

接下来,开始将数据位采样寄存到移位寄存器中,如图 7.4 所示。

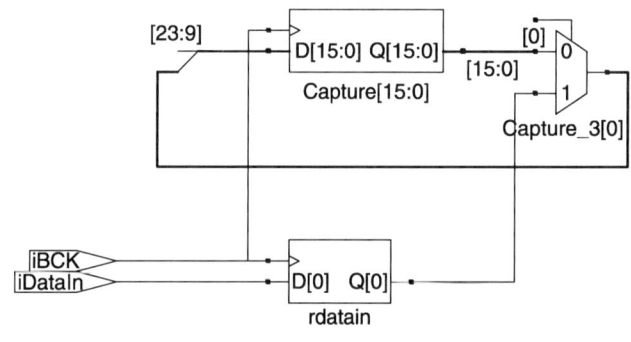

图 7.4　位捕获

最后，使用 LRCK 触发器将移位寄存器加载到输出寄存器中，并将数据同步到本地时钟域。

## 7.1.3 分析

在从源同步数据流中捕获和重新同步数据时，设计工程师可以使用多种技术。针对 I2S 的实现可使用的三个选项是

1) 使用延迟有效位重新同步输出。
2) 对输入数据流进行两级触发器同步。
3) 使用 FIFO 输出数据。

在上述实现中，我们选择使用延迟有效位。注意，当选定特定的实现方法时，有许多设计因素需要考虑。首先需要考虑的因素是速度。上述实现的优点是它工作在音频位时钟速度下，最坏情况（192kHz）下约为 12MHz。如果让该模块工作在系统时钟下，那么可能必须满足数百兆赫的时序要求。显然，在较慢的时钟速度下，时序收敛更容易实现，这让设计工程师能够灵活地使用相应技术使其实现的面积更小，并使综合工具能够更加紧凑的实现。缺点是时钟分布和时序分析的复杂性随之增加。本节末尾将呈现出每种拓扑的实现结果。

当接收系统（位于 I2S 接口后面）无法处理周期性突发数据时，就会出现输出端需要 FIFO 的情况。如果硬件是一个纯流水线架构，或者至少是专门用于处理输入的音频数据，这就不会有问题。但是，如果捕获数据的设备通过共享总线访问模块，则数据不可能在可用时立即出现。在这种情况下，只要总线端的平均数据速率大于音频数据速率，FIFO 就能向新的时钟域提供正确的数据传递，如图 7.5 所示。

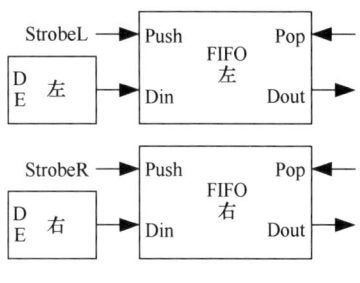

图 7.5 FIFO 同步

图 7.5 的实现将需要双端口 RAM 资源以及一些控制逻辑来实现 FIFO。所有拓扑的最终实现结果见表 7.1。

表 7.1 I2S 同步实现结果

| 频率 | 两级触发器输出 197MHz | 两级触发器输入 220MHz | FIFO 输出 164MHz |
| --- | --- | --- | --- |
| 触发器 | 62 | 72 | 130 |
| 查找表（LUT） | 15 | 35 | 62 |
| 时钟缓冲器 | 2 | 1 | 2 |
| RAM 块 | 0 | 0 | 2 |

显然，FIFO 的实现会带来较大的开销，除非这是系统要求，否则这不是一个理想的解决方案。

## 7.2 SPDIF

SPDIF 旨在传输采样率高达 192kHz 的音频数据（目前，最大采样频率一直锁定在 96kHz，因此大部分设备在发送前不会超过这个频率进行采样）。数据的采样尺寸可以是16～24 位，并且无论采样尺寸如何，都会归一化为最大幅度。换句话说，额外的位被自动检测为附加的精度，而不增加绝对幅度。从实现的角度来看，16 位字可以被视为 24 位字，只需要在精度的最低有效位上附加 8 位零。因此，无论字长如何，捕获数据字都是相同的（这与 I2S 形成对比，I2S 必须在捕获前定义字长和格式）。

与 SPDIF 相关的主要设计问题是它的异步特性。由于信号仅通过一条线进行传输，因此无法直接与传输设备同步，最终也无法与音频信号同步。恢复时钟所需的所有信息都被编码到串行数据流中，并且必须在提取音频信息之前进行重建。

### 7.2.1 协议

每次采样的音频数据都被打包成一个 32 位帧，其中包括校验位、有效性位和用户自定义位等附加信息（在许多通用设备中，用户自定义位甚至有效性位经常被忽略）。对于立体声应用，每个采样周期必须传输两帧数据。因此，位速率必须为 $32 \times 2 \times F_s$（44.1kHz 为 2.8224MHz，96kHz 为 6.144MHz，以此类推）。表 7.2 中定义了 32 位数据包格式。

表 7.2 SPDIF 帧定义

| 位 | 域信息 |
| --- | --- |
| 31 | 校验（不包含前导码） |
| 30 | 通道状态信息 |
| 29 | 子码数据 |
| 28 | 有效性位（0 表示有效） |
| 27:4 | 音频采样数据（第 27 位为 MSB） |
| 3:0 | 前导码 |

在本章描述的实现中，将只解码音频数据和前导码。

为了使 SPDIF 接收器能够识别不同的位并重新同步数据包，使用了一种特殊的单线编码，称为双相标记码（Biphase Mark Code，BMC）。通过这种编码形式，数据信号在每位上都会变化，无论编码为 1 还是 0。这些位之间的区别在于，对于逻辑 0，SPDIF 信号每位变化一次，对于逻辑 1，每位变化两次。编码示例如图 7.6 所示。

图 7.6 所示的前两个波形是发送端的时钟和数据。在 I2S 等同步传输介质中，时钟和同步数据被传递给接收器，使数据恢复变得非常简单。当只有一条线可用时，数据以 BMC 格式编码，如第三个波形所示。从该波形可以看出，时钟被编码到数据流中，要求每位至少有一次变化。注意，产生 SPDIF 数据流的时钟频率必须是音频时钟频率的两倍，才能为每个逻辑 1 提供两次转换。

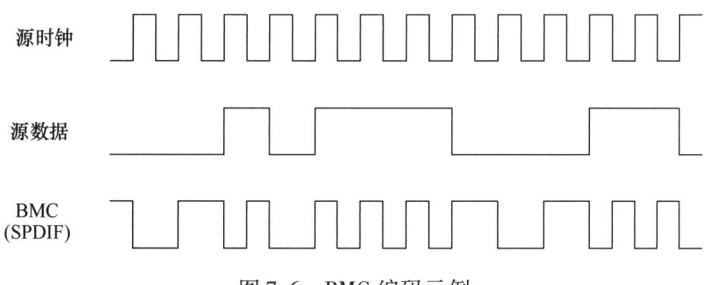

图 7.6 BMC 编码示例

由于数据位的编码必须每位转换一次，SPDIF 提供了一种通过每帧违反一次这一条件来同步数据帧的方法。这可以在前导码中执行，见表 7.3。

表 7.3 SPDIF 前导码

| 前导码 | SPDIF 信号（最后一个电平为 0） | SPDIF 信号（最后一个电平为 1） |
| --- | --- | --- |
| 左通道在数据块开始处 | 11101000 | 00010111 |
| 左通道不在数据块开始处 | 11100010 | 00011101 |
| 右通道 | 11100100 | 00011011 |

从这些位序列可以看出，每个前导码都违反了转换规则，允许相同电平持续三个时钟周期的序列。检测这些前导码让接收器将音频数据同步到适当的通道。对于硬件实现，必须使用具有足够频率的时钟，不仅能够区分逻辑 0 和逻辑 1 之间的差异（脉冲宽度相差 2 倍），而且能够区分逻辑 0 和前导码之间的差异（脉冲宽度相差 1.5 倍）。

### 7.2.2 硬件架构

SPDIF 接收器的基本架构如图 7.7 所示。

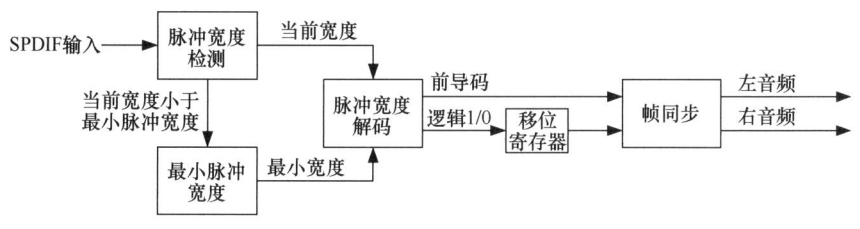

图 7.7 SPDIF 接收器的架构

脉冲宽度检测逻辑包含一个计数器，每当输入的 BMC 编码改变时，该计数器就会重置。除了计数器重置外，还根据运行的最小脉冲宽度对当前脉冲宽度进行解码。如果当前脉冲宽度大于最小脉冲宽度的 2.5 倍，则该脉冲被解码为 BMC 违例，属于前导码的一部分。如果脉冲宽度大于最小脉冲宽度的 1.5 倍，则脉冲被解码为逻辑 0。如果脉冲宽度小于运行的最小脉冲宽度，则会用该脉冲宽度覆盖最小脉冲宽度。由于没有锁定，该音频数据将被假定为无效。否则，该脉冲被解码为逻辑 1 的一半。

如果检测到逻辑 1 或逻辑 0，则将该位移位到一个 24 位移位寄存器中，为与前导码同步做准备。当检测到前导码时，表明前一帧已经完成，现在可以根据各个字段的映射进行解码。具体实现如以下代码所示。

```
module spdif(
  output reg          oDatavalidL, oDatavalidR,
  output reg [23:0]   oDataL, oDataR,
  input               iClk, // 用于采样SPDIF数据的主系统时钟
  input               iSPDIFin);
  reg        [2:0]    inputsr; // 输入移位寄存器
  reg                 datatoggle; // 数据翻转时寄存器脉冲为高
  // 统计数据转换之间的宽度
  reg        [9:0]    pulsewidthcnt;
  // 寄存器用于保存转换之间的宽度
  reg        [9:0]    pulsewidth;
  reg        [9:0]    onebitwidth; // 1位宽度参考
  // 指示脉冲宽度刚刚有效的信号
  reg                 pulsewidthvalid;
  reg                 bitonedet; // 检测捕获逻辑1
  reg                 newbitreg; // 寄存新的数据
  reg        [27:0]   framecapture; // 捕获帧
  reg                 preambledetect;
  reg                 preamblesyncen;
  reg                 channelsel; // 基于前导码选择通道
  reg        [5:0]    bitnum;
  reg        [10:0]   onebitwidth1p5;

  reg                 onebitload; // 加载1位参考宽度
  reg                 onebitupdown; // 1: 参考宽度应增加
  // 用于和参考宽度进行比较的宽度
  reg        [9:0]    pulsewidthcomp;
  reg                 onebitgood; // 输入宽度等于参考宽度
  reg                 preamblesync; // 标记SPDIF数据流中的前导码
  reg                 shiftnewdat; // 可以捕获
  // 将数据加载到输出缓冲器
  reg                 outputload, outputloadprev;
  reg                 pulsewidthsmall, pulsewidthlarge;
  reg        [11:0]   onebitwidth2p5;
  wire                trigviolation;
  wire                newbit; // 从数据流中解码到的原始数据
  // 标记BMC中的违例
  assign trigviolation    = {1'b0, pulsewidth[9:0], 1'b0} >
                             onebitwidth2p5;

  // 如果宽度较小，则数据为1，否则数据为0
  assign newbit           = ({pulsewidth[9:0],1'b0} <
                             onebitwidth1p5[10:0]);

  always @(posedge iClk) begin
    inputsr             <= {inputsr[1:0], iSPDIFin};
  // 移位输入数据
```

```verilog
//  数据改变时触发
  datatoggle            <= inputsr[2] ^ inputsr[1];
//  脉冲宽度计数器
  if(datatoggle) begin
//  输入翻转时对计数器进行重置
    pulsewidth[9:0]     <= pulsewidthcnt[9:0];
    pulsewidthcnt       <= 2;
  end
  else
    pulsewidthcnt       <= pulsewidthcnt + 2;

//  宽度寄存器在数据翻转后1个时钟有效
  pulsewidthvalid       <= datatoggle;

//  onebitload检查输入周期是否越界
//  当前宽度为1位宽度的1/2
  pulsewidthsmall       <= ({1'b0, onebitwidth[9:1]} >
                            pulsewidth[9:0]);
//  当前宽度为1位宽度的4倍
  pulsewidthlarge       <= ({2'b0, pulsewidth[9:2]} >
                            onebitwidth);
//  如果越界，则加载新的参考值
  onebitload            <= pulsewidthlarge || pulse
                           widthsmall;

//  寄存宽度比较值
  if(!newbit)
    pulsewidthcomp      <= {1'b0, pulsewidth[9:1]};
  else
    pulsewidthcomp      <= pulsewidth[9:0];

//  检查输入宽度是否等于参考值
  onebitgood            <= (pulsewidthcomp == onebit
                            width);
//  如果输入宽度大于参考值，则增加参考值
  onebitupdown          <= (pulsewidthcomp > onebitwidth);

//  跟踪1位宽度
//  如果输入宽度越界，则加载参考值
  if(onebitload)
    onebitwidth         <= pulsewidth[9:0];
  else if(!onebitgood && pulsewidthvalid) begin
    //  调整参考值
    if(onebitupdown)
      onebitwidth       <= onebitwidth+1;
    else
      onebitwidth       <= onebitwidth-1;
  end

//  设置onebitwidth的1.5倍和onebitwidth的2.5倍
  onebitwidth1p5        <= ({onebitwidth[9:0], 1'b0} +
    {1'b0, onebitwidth[9:0]});
  onebitwidth2p5        <= ({onebitwidth[9:0], 2'b0} +
    {2'b0, onebitwidth[9:0]});
```

```verilog
// 只有在上一帧完成后,preamblesync才有效
preamblesyncen          <= (bitnum == 0) && datatoggle;
// 如果输入宽度大于参考值的2.5倍,将触发SPDIF头中的前导码
preamblesync            <= preamblesyncen && trigviolation;
// 捕获前导码
if(preamblesync)
  preambledetect        <= 1;
else if(preambledetect && pulsewidthvalid)
  preambledetect        <= 0;

// 设置通道
if(preambledetect && pulsewidthvalid)
  channelsel            <= !trigviolation;
else if(trigviolation && pulsewidthvalid)
  channelsel            <= 0;

newbitreg               <= newbit;
// 仅在位1时触发,每隔一个转换捕获一次
if(!newbitreg)
  bitonedet             <= 0;
else if(newbit && datatoggle)
  bitonedet             <= !bitonedet;
// 设置标志以在位0或位1有效时捕获数据
shiftnewdat             <= pulsewidthvalid && (!newbit ||
                           bitonedet);
// 用于捕获数据的移位寄存器
if(shiftnewdat)
  framecapture[27:0] <= {newbit, framecapture[27:1]};
// 当新的位有效时递增位计数器
// 当上一帧结束时重置位计数器
if(outputload)
  bitnum                <= 0;
else if(preamblesync)
  bitnum                <= 1;
else if(shiftnewdat && (bitnum != 0))
  bitnum                <= bitnum + 1;
// 当前帧的数据已准备就绪
outputload              <= (bitnum == 31);
outputloadprev          <= outputload;
// 将捕获到的数据加载到输出寄存器
if(outputload & !outputloadprev) begin
  if(channelsel) begin
    oDataR              <= framecapture[23:0];
    oDatavalidR         <= 1;
  end
  else begin
    oDataL              <= framecapture[23:0];
    oDatavalidL         <= 1;
```

```
          end
        end
      else begin
        oDatavalidR        <= 0;
        oDatavalidL        <= 0;
      end
    end
endmodule
```

第一步是将输入的数据流重新同步到本地系统时钟域。如前几章所述，使用两级触发器同步技术在不同时钟域之间传递单比特位，如图 7.8 所示。

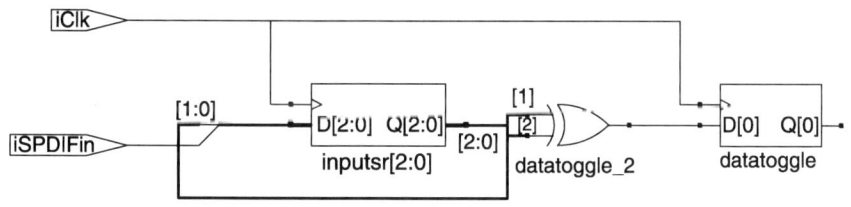

图 7.8　SPDIF 输入的数据流重新同步

注意，用于边沿检测的比特是位 2 和位 1。移位寄存器中的位 0 和位 1 仅用于时钟同步，位 2 用于检测变化。数据切换中的同步切换标志用于重置脉冲宽度的计数器，如图 7.9 所示。注意，综合工具是如何利用触发器的复位和时钟使能引脚，并消除所有多路选择。第 2 章对此进行了描述。

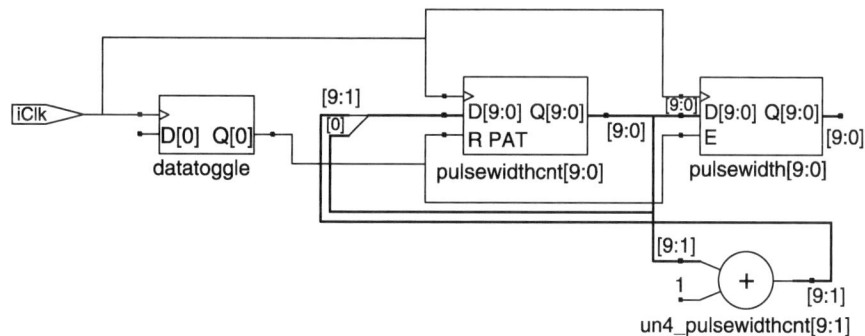

图 7.9　SPDIF 脉冲宽度计数器

接下来是确定脉冲宽度是否超出可接受的范围，以及是否需要重置 1 位宽度的运行值。图 7.10 所示的逻辑执行边界条件检查，并设置 1 位用来重新加载参考宽度。

下一个逻辑块是检测前导码。图 7.11 显示了将参考宽度缩放 2.5 倍，并执行帧同步。

注意，图 7.11 的实现中，通过对原始信号进行简单的移位和相加，实现了 2.5 倍的系数。同样，需要确定脉冲宽度是指示位 0 还是位 1（假设脉冲宽度不指示前导码）。

在图 7.12 所示的电路中，移入帧捕获移位寄存器的数据取决于当前脉冲的宽度。换句话说，如果当前脉冲宽度小于 1 位脉冲宽度的 1.5 倍，则移入的数据为逻辑 1。否则，数据为逻辑 0。

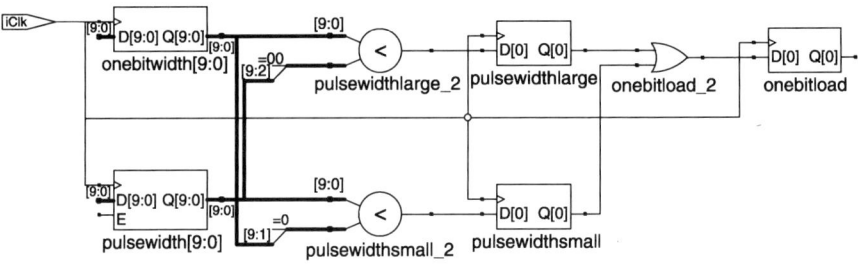

图 7.10 脉冲宽度参考

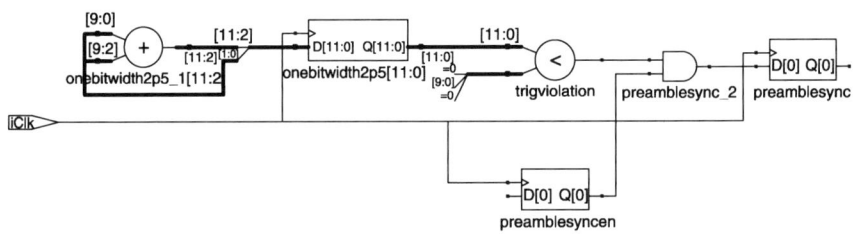

图 7.11 前导码检测

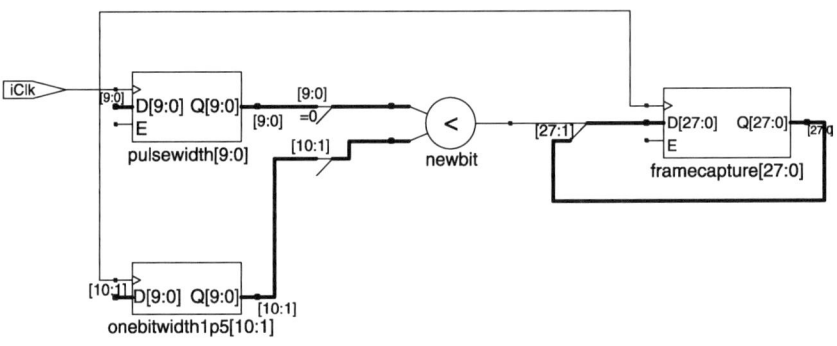

图 7.12 位检测

最后，检测到输出的改变（取决于位计数器），选择通道，并将帧数据加载到相应的输出寄存器中，如图 7.13 所示。

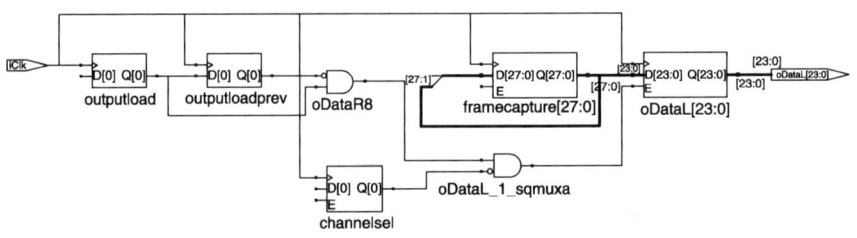

图 7.13 SPDIF 输出同步

## 7.2.3 分析

当重新同步一个使用 BMC 编码的数据时，只能在最开始对该数据信号进行采样并将其映射到本地时钟域。在重新同步完成之前，无法进行任何处理。此外，用于对 SPDIF 数据流进行采样的系统时钟频率必须比 SPDIF 数据流本身的最小脉冲宽度更快，以便在检测脉冲宽度中的阈值时提供足够的分辨率。具体来说，在采样时钟与 SPDIF 数据流的所有相对相位下，需要保证：

- 逻辑 0 的脉冲宽度在最小脉冲宽度（逻辑 1）的 1.5~3 倍之间。
- 前导码违例的脉冲宽度在最小脉冲宽度的 2.5~4 倍之间。
- 考虑到输入数据流或系统时钟的抖动，阈值中至少应该有两个时钟周期的裕量。

图 7.14 显示了各种采样率。

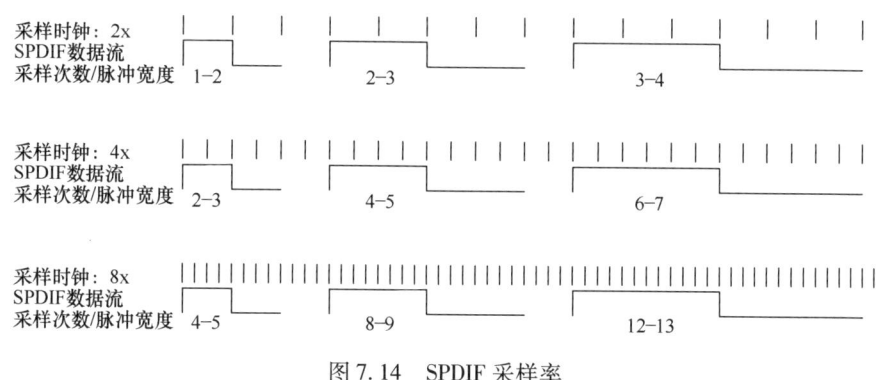

图 7.14　SPDIF 采样率

从图 7.14 可以看出，可靠信号恢复的标准是采样率至少为最大时钟频率的 8 倍（逻辑 1 的全周期）。对于 192kHz 的采样率，对应的最差时序为 192kHz × 64 × 8 = 98.304MHz。如果使用的目标器件为 Xilinx Spartan-3，时钟周期为 10ns（允许约 100ps 的抖动），将得到表 7.4 所示的实现结果。

表 7.4　在 Xilinx Spartan-3 XC3S50 中的实现结果

| 项目 | 数值 |
| --- | --- |
| 频率 | 130MHz |
| 触发器 | 161 |
| 查找表（LUT） | 153 |

虽然可以很容易地实现所需的频率，但实现信号恢复所需的逻辑相对于 I2S 等源同步系统来说还是要大不少。

# 第 8 章　实现数学函数

本章涵盖了 FPGA 设计工程师在 FPGA 中实现复杂数学函数时遇到的各种问题。有趣的是，大多数现实世界中的数学问题都可以通过移位和加法操作的组合来解决。本章描述了其中一些与除法和三角运算相关的方法，然后解释了如何将其扩展到更多的函数。在大多数情况下，有多种替代解决方案需要针对给定的应用程序进行优化。

在本章中，将讨论以下主题：
- 对定点和浮点运算进行高效除法的方法。
  - 定点除法的基本乘移算法。
  - 定点运算的迭代除法。
  - 高吞吐量、流水线除法运算的 Goldschmidt 方法
- Taylor 级数和 Maclaurin 级数的逐次逼近。
- 三角函数的 CORDIC 算法。

## 8.1　硬件除法

除法运算一直是一个让数字逻辑设计工程师头疼的问题。与加法、减法或乘法不同，没有简单的逻辑运算可以生成除法的商。除法与其他算术运算的不同之处在于，定点运算不会产生有限且可预测的定点结果。然而，有许多方法可以处理这个问题。解决方案是否简单将完全取决于应用，但为了方便讨论，将从需要特定约束的简单解决方案开始，然后转向通用解决方案。

### 8.1.1　乘移法

乘移法是除法问题最简单的解决方案，本质上相当于乘以除数的倒数。

该解决方案利用了二进制数的基本特性，即向最低有效方向的移位（大多数 HDL 表示的右移）得到的结果将是除以 2 所得到的结果。如果一个 8 位寄存器在第 4 位有一个定点，并且包含整数值 3，则该寄存器将具有图 8.1 所示的表示形式。

根据前面定义的定点表示法，图 8.1 中表示的数字等于 $2^1 + 2^0 = 3$。如果希望除以 2，可以执行右移 1 位的操作，如图 8.2 所示。

图 8.2 的寄存器保存的值为 $2^0 + 2^{-1} = 1.5$。一个简单的乘移法操作假设除数为某个常

数，并将除法运算定义为相乘之后除以 2 的某个幂。例如，除以 7 可以近似为乘以 73，然后除以 512（用 9 位右移实现），结果是除以 7.013…。通过增加 2 的幂并适当增加乘法因子，可以实现更高的精度。

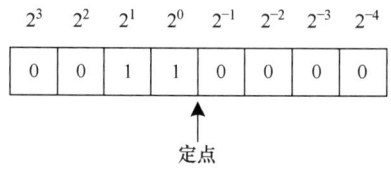

图 8.1　3 的定点表示形式

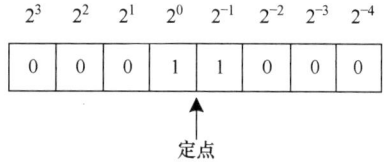

图 8.2　1.5 的定点表示形式

如前所述，本质上相当于与除数的倒数相乘。具体来说，将除数颠倒并转换为唯一的定点数（定点在上述示例中的第 9 位），然后转换回原始定点格式。这种方法适用于常数因子的高速除法或只需要几位精度的应用（更多位精度则需要大量的乘法运算）。

乘移法是一种简单的实现除法运算的方法，但只能在除数以特定形式表示时使用。

应该注意的是，为了正确表示分数，需要一些其他设备（如外部微处理器）来提供最初的除数的倒数。如果外部设备能够定义除数，则此方法可以很好地工作。如果除数由其他逻辑设计决定，而该设计不能实现这种表示，那么将需要其他方法，如以下所述。

## 8.1.2　迭代除法

本节讨论的除法算法是属于一种数字递归方法。迭代方法通常是指逐次逼近方法（在下一节中讨论），但为了与其他章节保持一致，我们将其称为迭代方法，因为它与一些用于其他函数紧凑实现的迭代方法类似。

迭代除法的工作原理很像小学时用十进制数进行的长除法。然而，使用二进制数的一个优点是，在除法过程中可以进行优化。以下面的长除法为例，如图 8.3 所示，二进制表示为 2 除以 3。

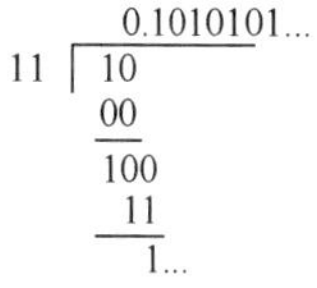

定点数的除法器的结构如图 8.4 所示，由比较器和减法单元组成。通过这种结构，被除数被"规格化"为一个定点值，该值必须小于除数的两倍。通过这样做，每个后续的移位操作都将产生一个新的偏商，该偏商必须小于除数的两倍。这意味着除数将"进入"偏商 1 次或 0 次。如果除数小于或等于当前迭代的部分被除数，则将逻辑 1 移入商寄存器，否则将逻辑 0 移入，部分被除数向左移动 1。在达到所需精度的必要迭代次数后，对输出进行后置规格化，将数据移动到适当的定点位置。

图 8.3　二进制数的除法

由于经常会遇到这种情况，Synplify Pro 等高级综合工具将自动实现这种定点操作结构。如果声明了一个整数，Synplify Pro 将使用 32 位字并自动优化未使用的位。

这种紧凑的结构对于能够承受迭代除法相对较大延迟的定点除法非常有用。

如果可以提供更多空间，并且需要在任意数字之间进行更快的除法运算，则需要更复杂

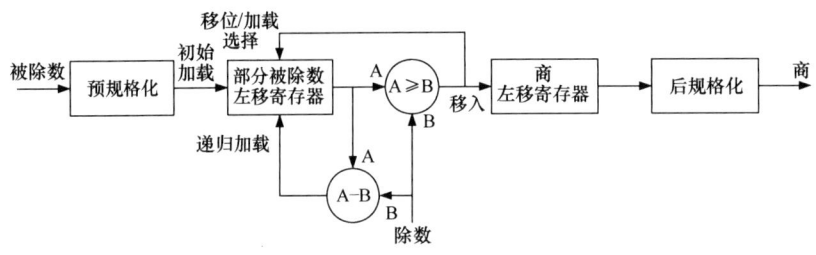

图 8.4 简化的定点除法结构

的技术，如下一节所述。

### 8.1.3 Goldschmidt 方法

当需要流水线化高速除法运算以最大限度地提高吞吐量时，可以使用 Goldschmidt 方法。这种方法属于一类逐次逼近算法（有时称为迭代算法，但不要与上一节的实现混淆），它通过算法的每次递归来接近真正的商。Goldschmidt 算法的优点是它可以以高效的方式进行流水线处理。换句话说，这种硬件结构可以在每个时钟沿完成一次除法运算，并且可以用比上一节讨论的迭代方法所需更小的面积来实现。

Goldschmidt 方法提供了一种比展开迭代方法更高效的方式，即采用流水线来实现除法运算。

Goldschmidt 算法背后的思想是通过近似值 $1/D$ 与 $N$ 相乘来计算 $Q = N/D$，然后通过逐次近似来接近真商。这对于 IEEE 754 浮点标准所表示的很多数字非常有用，该标准具有 64 位操作数。显然，$2^{50}$ 位阶的查找表（浮点尾数的潜在大小）是不可行的，但大幅减少到 $2^{10}$ 位阶的查找表（Goldschmidt 实现的典型值）是可行的。

许多论文为 Goldschmidt 算法提供了理论基础，设计工程师特别感兴趣的是在可接受的范围内产生误差所需的迭代次数。使用 Goldschmidt 算法计算 $Q = N/D$ 的步骤如下：

1) 移动 $N$ 和 $D$ 定点的位置，使得 $N \geq 1$ 和 $D < 2$。在浮点运算中，这被称为对分子和分母进行规格化。

2) 使用查找表从 $1/D$ 的初始近似值开始，并将其称为 $L_1$。根据应用的不同，8~16 位的精度通常就足够了。

3) 计算 $q_1 = L_1 N$ 的第一近似值和误差项 $e_1 = L_1 D$（当迭代接近无穷大时，误差项将接近 1）。

4) 迭代从分配 $L_2 = -e_1$（2 的补码）开始。

5) $e_2 = e_1 L_2$ 和 $q_2 = q_1 L_2$。

6) $L_3 = -e_2$ 类似于步骤 4）并继续进行连续迭代。

在该算法的每次迭代后，$e_i$ 接近 1（分母 $D$ 乘以 $1/D$），$q_i$ 接近真商 $Q$。要根据系统中的迭代次数和位数计算有界误差值，请参阅从更严格意义上讨论该算法的论文。在实践中，4~5 次迭代通常为 64 位浮点（53 位定点）计算提供了足够的精度。

下面的例子说明了 Goldschmidt 算法的使用。

```verilog
module div53(
  output [105:0] o,   // 商
  input          clk,
  input  [52:0]  a, b);  // 被除数和除数
  reg    [261:0] mq5;
  reg    [65:0]  k2;
  reg    [130:0] k3;
  reg    [130:0] k4;
  reg    [130:0] k5;
  reg    [52:0]  areg, breg;
  reg    [65:0]  r1, q1;
  reg    [130:0] r2, q2;
  reg    [130:0] r3, q3;
  reg    [130:0] q4;
  wire   [13:0]  LutOut;
  wire   [13:0]  k1;
  wire   [66:0]  mr1, mq1;
  wire   [131:0] mr2, mq2;
  wire   [261:0] mr3, mq3;
  wire   [261:0] mr4, mq4;

  gslut gslut(.addr(b[51:39]),
              .clk(clk),
              .dout(LutOut));

  assign k1  = LutOut;

  assign o   = mq5[261-1:261-1-105];

  assign mr1 = breg * k1;
  assign mq1 = areg * k1;

  assign mr2 = r1   * k2;
  assign mq2 = q1   * k2;

  assign mr3 = k3   * r2;
  assign mq3 = k3   * q2;

  assign mr4 = k4   * r3;
  assign mq4 = k4   * q3;
  always @(posedge clk) begin
    areg <= a;
    breg <= b;

    r1   <= mr1[65:0];
    k2   <= ~mr1[65:0] + 1;
    q1   <= mq1[65:0];

    r2   <= mr2[130:0];
    k3   <= ~mr2[130:0] + 1;
    q2   <= mq2[130:0];

    r3   <= mr3[260:130];
    k4   <= ~mr3[260:130] + 1;
    q3   <= mq3[260:130];

    k5   <= ~mr4[260:130] + 1;
    q4   <= mq4[260:130];
```

```
    mq5     <= k5 * q4;
  end
endmodule
```

在上述示例中，使用全流水线架构执行 53 位除法（与 IEEE 754 标准对 64 位浮点数的要求一样）。假设输入是规格化的（在层次结构中的某个地方实例化），并且不执行溢出检查。值得注意的是，这是为了最大速度（每个时钟进行一次操作）而完全扩展的，但在综合时的面积也会相对比较大。可以通过使用状态机迭代乘积系数的单个乘法器和/或使用重复移加操作的紧凑乘法器，来对面积进行优化。

## 8.2　Taylor 和 Maclaurin 级数展开

Taylor 和 Maclaurin 级数展开可用于将指数、三角函数和对数等运算分解为更适合硬件实现的简单乘法和加法运算。Taylor 展开的一般形式如式（8.1）所示。

$$T(x) = \sum_0^\infty \frac{f^{(n)}(a)(x-a)^n}{n!} \tag{8.1}$$

式中，$f^{(n)}$ 是 $f$ 的 $n$ 阶导数。通常在实践中，$a = 0$，上述展开式简化为 Maclaurin 级数如式（8.2）所示。

$$M(x) = \sum_0^\infty \frac{f^{(n)}(0)(x)^n}{n!} \tag{8.2}$$

创建扩展函数的方法在许多论文中都有提到，在实践中，已经定义好了一些最常见的函数。图 8.5 列出了一些有用的扩展函数。

图 8.6 显示了随着级数展开的阶数增加，正弦波的近似值。显然，所需的精度范围将决定近似值的阶数。

从图 8.5 的展开式可以明显看出 Taylor 和 Maclaurin 级数展开式的有用性。所有分母都是定点数，可以提前计算出其倒数，并应用于定点乘法，如前几节所述。

Taylor 和 Maclaurin 级数展开可用于将复杂函数分解为易于在硬件中实现的乘法和加法运算。

$\sin(x) = x - \frac{x^3}{3!} + \frac{x^5}{5!} - \cdots$

$\cos(x) = 1 - \frac{x^2}{2!} + \frac{x^4}{4!} - \cdots$

$\ln(1+x) = x - \frac{x^2}{2} + \frac{x^3}{3} - \cdots$

$e^x = 1 + x + \frac{x^2}{2!} + \frac{x^3}{3!} + \cdots$

图 8.5　有用的扩展函数

级数展开算法的主要缺点是所需的乘法次数和正确迭代所需的时间。这两者通常是相关的，因为非常紧凑的架构需要移加乘法器，使用该算法可能需要数百个时钟周期进行计算。下一节将介绍一种通过矢量旋转使用二进制近似的算法，该算法可以显著提高近似计算的速度。

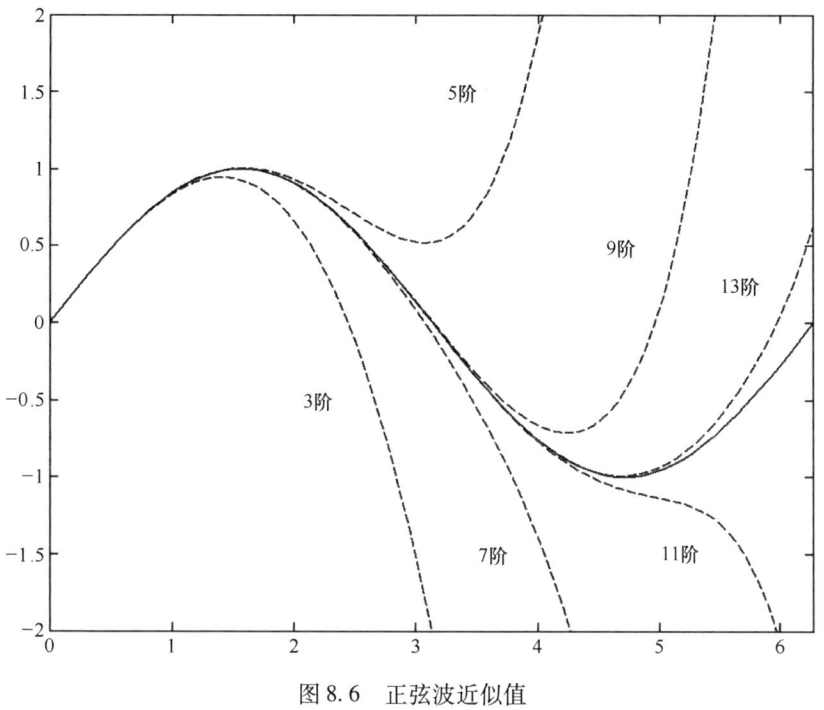

图 8.6 正弦波近似值

## 8.3 CORDIC 算法

CORDIC（坐标旋转数字计算机）算法是一种逐次逼近算法，对于计算三角函数正弦和余弦非常有效。CORDIC 使用一系列矢量旋转来计算逐次逼近的三角函数。为了讲清楚概念，考虑以下基于图的计算正弦和余弦的技术：

1）在 $x$-$y$ 平面上绘制一个长度为 1、相位为 0 的矢量，如图 8.7 所示。
2）开始逆时针旋转矢量，直到达到所需的角度。如图 8.8 所示，保持长度为 1。

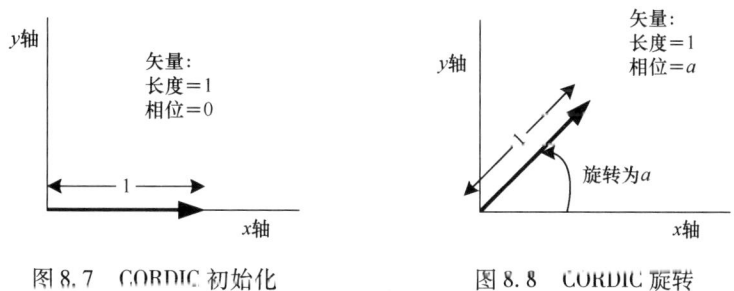

图 8.7 CORDIC 初始化  图 8.8 CORDIC 旋转

3）记下所需角度的 $(x, y)$ 坐标。正弦是 $y$ 值，余弦是 $x$ 值（斜边是 1，所以 $\sin = y/1$ 和 $\cos = x/1$），如图 8.9 所示。

在硬件实现中，矢量旋转是通过以 90° 为增量除以连续较大的 2 次幂（连续较小的角度增量）进行调整，并更新每一跳的 $x$-$y$ 坐标来实现的。增加或减去当前增量值，取决于算法相对于目标角度的位置。因此，以逐渐减小的增量逐步接近所需的角度。迭代方程定义如下：

$$x_{i+1} = K_i[x_i - y_i d_i 2^{-i}]$$
$$y_{i+1} = K_i[y_i + x_i d_i 2^{-i}]$$
$$K_i = (1 + 2^{-2i})^{-1/2}$$

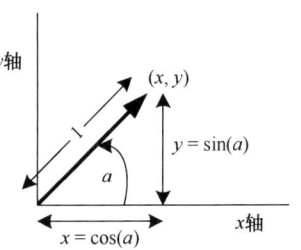

图 8.9 正弦和余弦对应的最终 CORDIC 角度

注意，$K_i$ 是由迭代阶段确定的固定值，当 $i$ 接近无穷大时，$K_i$ 接近于 0.60725…。如果目标角度大于累计角度（通过增加 $y$ 和减小 $x$ 来增加角度），则决策项 $d_i$ 为 1。类似地，如果目标角度小于累计角度（通过减小 $y$ 和增加 $x$ 来减小角度），则 $d_i$ 为 $-1$。在实际应用中，设计工程师将根据迭代次数提前计算 $K_i$，并在计算结束时将其作为常数因子使用。对于这些方程的理论证明，可以参考关于 CORDIC 理论主题的论文。

对于大多数实现，递归的加/减和比较操作都可以在单个时钟周期内执行完成。因此，该算法运行得更快，或者在给定速度下，可以用比 Taylor 近似所需更少的门来实现。唯一的乘法操作只在计算结束时发生一次，并且是可以进一步优化的常数因子乘法。

对于正弦和余弦运算，CORDIC 算法优于 Taylor 展开法。

## 8.4 要点总结

- 乘移法是一种简单的实现除法运算的方法，但只能在除数以特定形式表示时使用。
- 对于能够忍受迭代除法过程相对较大延迟的定点除法，展开迭代除法这种紧凑的结构非常有用。
- Goldschmidt 方法提供了一种采用流水线来实现除法运算的方法，这种方法比展开迭代方法更高效。
- Taylor 和 Maclaurin 级数展开可用于将复杂函数分解为易于在硬件中实现的乘法和加法运算。
- 对于正弦和余弦运算，CORDIC 算法优于 Taylor 展开法。

# 第 9 章 设计示例：浮点单元

上一章主要描述了定点运算的实现。然而，如果要在非常宽的数字范围内进行运算，则需要浮点表示。本章中描述的浮点单元（FPU）是 IEEE 754-1985 浮点标准的硬件模型。本章的目标是描述一种用于实现加法和减法运算的流水线架构，并对其实现进行分析。

## 9.1 浮点格式

根据 IEEE 标准，浮点包含符号位、指数和尾数。对于 32 位标准，格式如图 9.1 所示。

当不考虑边界条件或给定浮点表示的全数值范围的最大化时，通过操作尾数和指数可以很容易地实现浮点加减运算。然而，为了符合 IEEE 标准，必须考虑上述因素。特别地，标准中有一个称为"非规格化"的区域，为数值表示最小值附近的数字提供额外的精度。表 9.1 定义了"规格化"（normal）和"非规格化"（subnormal）区域。

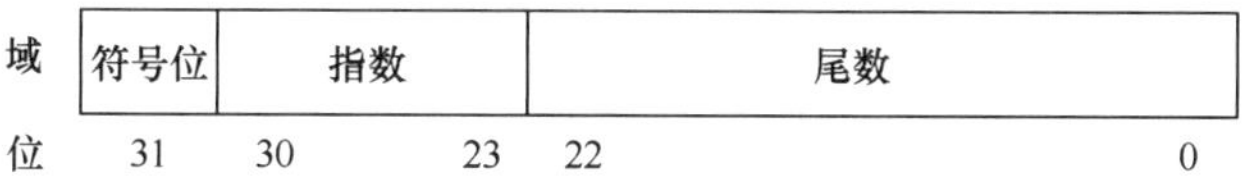

| 域 | 符号位 | 指数 | 尾数 |
|---|---|---|---|
| 位 | 31 | 30    23 | 22    0 |

图 9.1 32 位浮点表达格式

表 9.1 规格化和非规格化的表示范围

| 区域 | 条件 | 表示值 |
|---|---|---|
| 规格化 | 0 < 指数 < 255 | $(-1)^S \times 2^{e-127} \times 1.m$ |
| 非规格化 | 指数 = 0 | $(-1)^S \times 2^{-126} \times 0.m$ |

注意，还有许多其他条件，包括无穷大、NaN（非数字）等。我们不会在本章中讨论这些格式。

## 9.2 流水线架构

FPU 采用全流水线架构实现，这种架构最大限度地提高了高速应用程序的性能，允许用户在每个时钟沿使用新的输入。图 9.2 显示了各个功能块和各级流水线。

第一步是检测操作是否发生在"非规格化"区域（指数为 0）。如图 9.3 所示，如果操作数在"规格化"区域，将逻辑 1 附加到尾数的 MSB，如果操作数在"非规格化"区域，

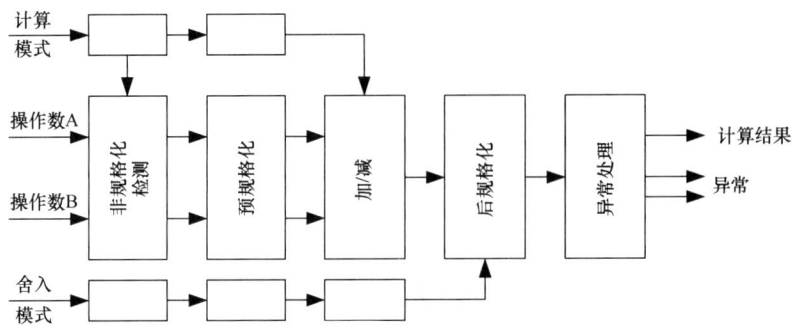

图 9.2 全流水线 FPU

则将逻辑 0 附加到尾数的 MSB。

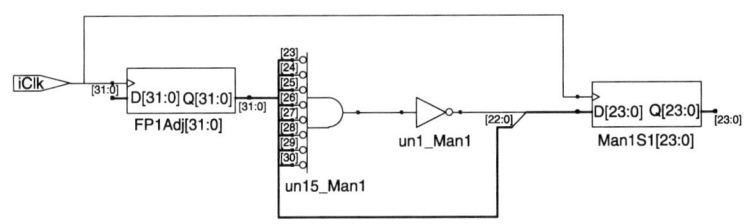

图 9.3 非规格化检测

接下来，必须对两个操作数中较小的一个进行规格化，使尾数的指数相等。

在图 9.4 中，较小操作数的尾数依据两个指数之间的差值进行移位操作。这样，加法/减法运算可以对两个尾数进行操作。如果两个浮点数的符号位相同，则尾数相加，否则将相减，逻辑如图 9.5 所示。

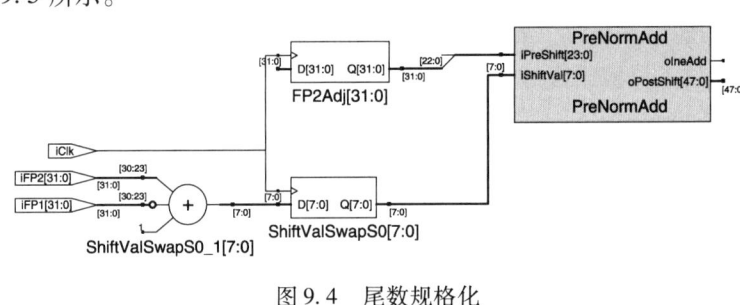

图 9.4 尾数规格化

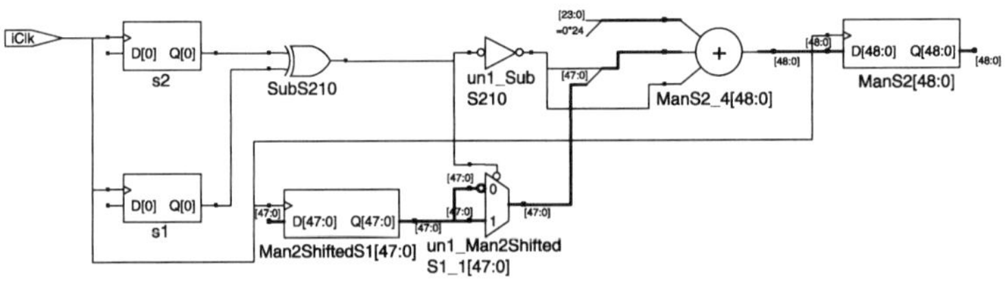

图 9.5 符号位检测

最后，必须将得到的尾数转换为正确的浮点格式（1.xxx 用于规格化表示，0.xxx 用于非规格化表示）。尾数规格化后，从指数中减去由此产生的移位，如图 9.6 所示。

# 第 9 章 设计示例：浮点单元

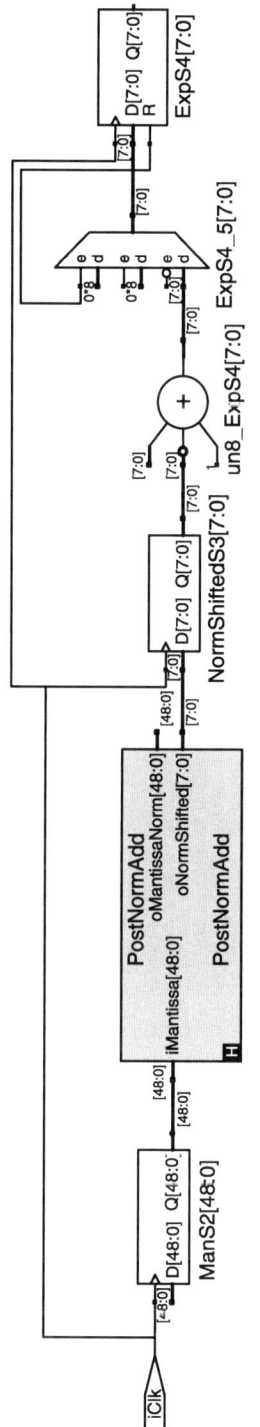

图 9.6 后规格化

所有溢出和特殊条件操作都是用比较器和多路复用器执行的，如最终 Verilog 实现所示，但这些在逻辑图中没有显示。最后，由于设计是流水线的，因此每个时钟沿都可能发生新的浮点运算。下面描述执行浮点加法所需的步骤：

1) 将操作数 OpA 和 OpB 施加到输入端，它们将在 Clk 的下一个上升沿被采样。

2) 与 OpA 和 OpB 同步向输入端施加控制信号 AddSub 和 Rmode（舍入模式）。这四个输入定义了一次操作，该操作将在 Clk 的下一个上升沿开始执行。

3) 当加/减操作完成时，输出将与所有条件标志同时有效。

## 9.2.1 Verilog 实现

```verilog
// 遵循IEEE 754标准的浮点加法
//
`define ROUNDEVEN    2'b00
`define ROUNDZERO    2'b01
`define ROUNDUP      2'b10
`define ROUNDDOWN    2'b11

// 其他
`define INF          31'b1111111100000000000000000000000
`define INDVAL       31'b1111111110000000000000000000000
`define LARGESTVAL   31'b1111111011111111111111111111111

module FPAdd(
    output [31:0] oFPSum,              // 浮点数和

    output        oIneAdd,             // 不精确加法

    output        oOverflowAdd,        // 加法溢出

    input         iClk,
    input  [31:0] iFP1, iFP2,          // 浮点输入

    input  [1:0]  iRMode,              // 舍入模式

    // "非数字"的输入
    input         iSNaNS5);
    wire   [47:0] Man2Shifted;         // 移位的尾数

    wire   [48:0] ManS2Norm, ManS2SubnormalNorm; // 规格化尾数

    // 规格化过程中的移位量
    wire   [7:0]  NormShiftedS2;
    // 如果结果为非规格化数，尾数移位的次数
    wire   [7:0]  ShiftSubNormalS2;
    // 舍入调整时要减去的值
    wire          RoundAdjS2;
    // 第二个尾数的移位量
    wire   [7:0]  ShiftVal;
    // 阶段0输入尾数
```

```
wire    [23:0] Man1, Man2;
wire           IneAddS0;
wire    [22:0] ManS4p1;
// 阶段3调整指数
wire    [7:0]  ExpOutS4;
wire           coS4:
// 分段符号位
reg            Sign1S2, Sign2S2, SignS3, SignS4, SignS5;
// 规格化尾数
reg     [48:0] ManS3Norm, ManS3SubnormalNorm, ManSubNormAdjS3;
// 分段指数位
reg     [7:0]  ExpS2, ExpS3, ExpS4;
// 分段尾数值
reg     [48:0] ManS2, ManS3, ManS4, ManS5;
// 分段不精确标记
reg            IneAddS1, IncAddS2, IneAddS3, IneAddS4, IneAddS5;
// 分段舍入模式值
reg     [1:0]  RModeS0, RModeS1, RModeS2, RModeS3, RModeS4,
  RModeS5;

// 标记减法操作
reg            SubS2, SubS3, SubS4;
// 标记尾数0
reg            ManZeroS3;
// 输入符号位
reg            s1, s2;
// 输入指数
reg     [7:0]  e1, e2;
// 输入尾数
reg     [22:0] f1, f2;
// 标记舍入调整
reg            ExpAdjS4;
reg            ManZeroS2;
reg     [7:0]  NormShiftedS3;
// 移位尾数
reg     [47:0] Man2ShiftedS1;
reg     [23:0] Man1S1;
// 调整浮点输入: 交换, 所以第一个数更大
reg     [31:0] FP1Adj, FP2Adj;
// 阶段3尾数, 阶段3尾数加1
reg     [22:0] ManS5Out, ManS5p1;
// 从加1操作并始执行
reg            coS5;
// 阶段3调整指数
reg     [7:0]  ExpOutS5;
// 标记一次输入操作数交换
reg            SwapS0;
reg     [7:0]  ShiftValSwapS0, ShiftValNoSwapS0;
reg            RoundAdjS3;

assign  Man1          = (FP1Adj[30:23] == 0) ? {1'b0,
                         FP1Adj[22:0]} :
```

```verilog
                                    // if e1=0, then it is subnormal
                                    {1'b1, FP1Adj[22:0]}};
assign    Man2              = (FP2Adj[30:23] == 0) ? {1'b0,
                                    FP2Adj[22:0]} :
                                    {1'b1, FP2Adj[22:0]};
```

// 如果较小的数为非规格化数，而较大的数不是，则移位小于1

```verilog
assign    ShiftVal          = SwapS0 ? ShiftValSwapS0 :
                                    ShiftValNoSwapS0;
```

// 阶段3尾数加1
```verilog
assign {coS4, ManS4p1} = ManS4[47:25] + 1;
assign ExpOutS4             = ExpS4 - ExpAdjS4;
```
// 调整舍入模式
// 如果从无穷大取整，那么最终会得到最大值

```verilog
assign oFPSum               = ((ExpOutS5 == 8'hff) & !iSNaNS5 &
                                    (RModeS5 == `ROUNDEVEN )) ?
                                    {SignS5, `INF } :
                                    ((ExpOutS5 == 8'hff) & !iSNaNS5 &
                                    (RModeS5 == `ROUNDZERO )) ?
                                    {SignS5, `LARGESTVAL } :
                                    ((ExpOutS5 == 8'hff) & !iSNaNS5 &
                                    (RModeS5 == `ROUNDUP ) & !SignS5) ?
                                    {1'b0,`INF } :
                                    ((ExpOutS5 == 8'hff) & !iSNaNS5 &
                                    (RModeS5 == `ROUNDUP ) & SignS5) ?
                                    {1'b1, `LARGESTVAL } :
                                    ((ExpOutS5 == 8'hff) & !iSNaNS5 &
                                    (RModeS5 == `ROUNDDOWN ) & !SignS5) ?
                                    {1'b0,   `LARGESTVAL } :
                                    ((ExpOutS5 == 8'hff) & !iSNaNS5 &
                                    (RModeS5 == `ROUNDDOWN ) & SignS5) ?
                                    {1'b1,`INF } :
                                    ((ExpOutS5 == 8'hff) && iSNaNS5) ?
                                    {SignS5, ExpOutS5, 1'b1,
                                    ManS5Out[21:0]} :
                                    {SignS5, ExpOutS5 + (coS5 &
                                    (ManS5Out == ManS5p1)), ManS5Out};
                                    // 如果存在结转，则调整指数
```

// 如果达到最大值，则溢出
```verilog
assign oOverflowAdd         = ((oFPSum[30:0] == `LARGESTVAL) &
                                    ({ExpOutS5, ManS5Out} !=
                                    `LARGESTVAL) );
```
// 如果存在溢出或者截断位，则不精确
```verilog
assign oIneAdd              = IneAddS5 | oOverflowAdd |
                                    (|ManS5[24:0]);
```
// 如果结果为非规格化数，尾数移位的次数

```verilog
assign ShiftSubNormalS2 = ExpS2 + (ExpS2 == 0); // 至少移位一次


// 舍入条件从结果中减去1
assign RoundAdjS2        = ((RModeS2 == 'ROUNDZERO ) &
                            IneAddS2 & SubS2 & ManZeroS2) |
                           ((RModeS2 == 'ROUNDDOWN ) &
                            IneAddS2 &
                            !Sign1S2 & SubS2 & ManZeroS2) |
                           ((RModeS2 == 'ROUNDUP ) &
                            IneAddS2 & Sign1S2 & SubS2 &
                            ManZeroS2);
// 预规格化第二个操作数，以便小数对齐

PreNormAdd PreNormAdd    ( iPreShift(Man2),
                           .iShiftVal(ShiftVal),
                           .oPostShift(Man2Shifted),
                           .oIneAdd(IneAddS0));

// 通过NormShifted调整指数和移位尾数对结果进行规格化
PostNormAdd PostNormAdd (.iMantissa(ManS2),
                         .oMantissaNorm(ManS2Norm),
                         .oNormShifted(NormShiftedS2));
//   如果结果为非规格化数，则进行规格化
NormSubNormalAdd NSNA    (.iPreShift(ManS2),
                          .oPostShift(ManS2SubnormalNorm),
                          .iShiftVal(ShiftSubNormalS2));
always @(posedge iClk) begin
  // 阶段 0
  // 第一个FP必须大于第二个，否则进行交换
  if(iFP1[30:0] > iFP2[30:0]) begin
    FP1Adj            <= iFP1;
    FP2Adj            <= iFP2;
    SwapS0            <= 0;
  end
  else begin
    FP1Adj            <= iFP2;
    FP2Adj            <= iFP1;
    SwapS0            <= 1;
  end
  ShiftValNoSwapS0    <= iFP1[30:23]-iFP2[30:23] -
                         ((iFP2[30:23] == 0) &
                         (iFP1[30:23] != 0));
  ShiftValSwapS0      <= iFP2[30:23]-iFP1[30:23] -
                         ((iFP1[30:23] == 0) &
                         (iFP2[30:23] != 0));

  RModeS0 <= iRMode;
```

```verilog
// 阶段1
{s1, e1, f1}           <= FP1Adj; // 从原始FP中挑选字段

{s2, e2, f2}           <= FP2Adj;
RModeS1                <= RModeS0;
IneAddS1               <= IneAddS0;
Man2ShiftedS1          <= Man2Shifted;
Man1S1                 <= Man1;
// 阶段2
Sign1S2                <= s1;
Sign2S2                <= s2;
ExpS2                  <= e1;
RModeS2                <= RModeS1;
IneAddS2               <= IneAddS1;
ManZeroS2              <= (Man2ShiftedS1 == 0); // 标记加法为0


// 尾数值相加或相减
if(s1 == s2) begin // 如果符号位相同，则尾数相加
    ManS2              <= {Man1S1, 24'b0} + Man2ShiftedS1;
    SubS2              <= 0;
end
else begin  // 如果符号位相反，则尾数相减
    ManS2              <= {Man1S1, 24'b0} - Man2ShiftedS1;
    SubS2              <= 1;
end
// 阶段3
SignS3                 <= Sign1S2;
ExpS3                  <= ExpS2;
IneAddS3               <= IneAddS2;
RModeS3                <= RModeS2;
ManZeroS3              <= ManZeroS2;
SubS3                  <= SubS2;
ManS3                  <= ManS2;
ManS3Norm              <= ManS2Norm;
ManS3SubnormalNorm     <= ManS2SubnormalNorm;
NormShiftedS3          <= NormShiftedS2;
ManSubNormAdjS3        <= ManS2SubnormalNorm - RoundAdjS2;
RoundAdjS3             <= RoundAdjS2;

// 阶段4
RModeS4                <= RModeS3;
// 尾数中的第0位移位，如果为1，则不精确
IneAddS4               <= IneAddS3;
SubS4                  <= SubS3;

if(ManS3 == 0) begin
// 符号取决于舍入模式
SignS4                 <= ((RModeS3 == `ROUNDDOWN) &
                          (SubS3 | SignS3)) |
                         ((RModeS3 == `ROUNDEVEN) &
```

```verilog
                            (!SubS3 & SignS3)) |
                            ((RModeS3 == 'ROUNDZERO) &
                            (!SubS3 & SignS3)) |
                            ((RModeS3 == 'ROUNDUP) &
                            (!SubS3 & SignS3));
// 如果总的尾数为0，则结果为0，并且指数为0
    ExpS4               <= 0;
    ExpAdjS4            <= 0;
    ManS4               <= ManS3Norm;   // 规格化结果
end
else if((ExpS3 < NormShiftedS3) & (NormShiftedS3 != 1)) begin
    // 结果是一个非规格化数
    SignS4              <= SignS3;
    ExpS4               <= 0;
    ExpAdjS4            <= 0;
    ManS4               <= ManSubNormAdjS3; // 调整舍入模式

end
else begin
    // 否则，最终的指数被减去尾数规格化时移位的次数
    SignS4              <= SignS3;
    ExpS4               <= ExpS3 - NormShiftedS3 + 1 +
                           (ExpS3 == 0);
    ExpAdjS4            <= (RoundAdjS3 &
                           (ManS3Norm[47:24] == 0));
    ManS4               <= ManS3Norm - {24'b0, RoundAdjS3,
                           24'b0};
end

// 阶段5
SignS5                  <= SignS4;
RModeS5                 <= RModeS4;
ManS5p1                 <= ManS4p1;
IneAddS5                <= IneAddS4;
ManS5                   <= ManS4;
coS5                    <= coS4;
// 调整舍入模式
// 舍入时的各种条件
ManS5Out                <= (RModeS4 == 'ROUNDEVEN &((ManS4[24]&
                           |ManS4[23:0])|(ManS4[24] & ManS4[25]&
                           ((SubS4 & !IneAddS4)|!SubS4)))?
                           ManS4p1:
                           (RModeS4 == 'ROUNDUP)&((( |ManS4[24:0]&
                           !SignS4)|(IneAddS4 & !SignS4 &
                           !SubS4))?
                           ManS4p1 : (RModeS4 == 'ROUNDDOWN ) &
                           ((( |ManS4[24:0] & SignS4) | (IneAddS4 &
                           SignS4 & !SubS4))?  ManS4p1 :
```

```
                              ManS4[47:25];
  ExpOutS5                 <= ExpOutS4;
 end
endmodule
```

### 9.2.2 资源和性能

本节报告了针对各种架构的加/减模块的资源利用率以及性能。流水线架构旨在实现最大吞吐量,因此具有许多流水线寄存器和并行逻辑,实现结果见表 9.2。

表 9.2 在 Xilinx Spartan-3 中的实现

| 频率 | 65MHz | 110MHz |
|---|---|---|
| 触发器 | 538 | 1087 |
| 查找表（LUT） | 2370 | 2363 |

最大频率下的吞吐量为 3.52Gbit/s。注意,可以通过降低频率来避免寄存器重复。在较低频率下,可以实现 2.08Gbit/s 的吞吐量。

真正的 IEEE 浮点计算中,大部分区域与非规格化区域、溢出条件以及输入/输出的各种条件（包括无穷大、非数字等）的检测有关。如果给定的应用不需要符合 IEEE 标准,并且数值范围可以限定在浮点表示的规格化区域内,则可以用表 9.2 所示的大约一半的资源来实现该设计。

# 第10章 复位电路

尽管复位电路在 FPGA 设计中具有至关重要的地位，但它们往往是设计工程师们最容易忽视的方面之一。FPGA 设计工程师们普遍存在一个误解，即认为复位同步只在 ASIC 设计中才重要，而 FPGA 中的全局复位资源能够处理所有同步问题。然而，这并非事实。大多数 FPGA 供应商都提供了同时支持同步复位和异步复位的库元件，并且可以实现任何一种拓扑结构。FPGA 中的复位电路至关重要，因为设计不当的复位电路可能会导致无法重现的逻辑错误。正如前几章所提到的，最糟糕的错误类型就是那种无法重现的错误。这类错误难以调试和修复，因为它们可能在测试或使用过程中仅出现一次或几次，之后就再也无法复现，从而给 FPGA 的设计和应用带来极大的挑战。因此，在 FPGA 设计中，给予复位电路足够的重视，并确保其设计正确无误，是至关重要的。

本章讨论了复位设计不当所带来的问题，以及如何正确设计复位逻辑结构。要了解复位对面积的影响，请参阅第 2 章。

在本章中，我们将讨论以下主题：
- 异步复位与同步复位的讨论。
  - 完全异步复位的问题。
  - 完全同步复位的优点和缺点。
  - 异步置位、同步撤销的优点。
- 混合复位类型所涉及的问题。
  - 无法复位的触发器。
  - 处理内部生成的复位。
- 管理多个时钟域中的复位。

## 10.1 异步复位与同步复位

### 10.1.1 完全异步复位的问题

完全异步复位是指触发器的置位和撤销都是异步进行的。在这里，异步复位指的是复位线连接到触发器的异步复位引脚的情况。此外，复位的置位和撤销操作是在没有任何时钟信息的情况下进行的。图 10.1 展示了一个示例电路。

图 10.1 中异步复位的代码如下：

```verilog
module resetff(
 output reg   oData,
 input        iClk, iRst,
 input        iData);

always @(posedge iClk or negedge iRst)
 if(!iRst)
    oData <= 0;
 else
    oData <= iData;
endmodule
```

上述触发器的编码非常常见，但如果模块边界代表 FPGA 边界，则非常危险。复位控制器通常关注的是它们所监测的电压。在电源上电过程中，复位控制器会保持复位信号有效，直到电源电压达到某个阈值。达到这个阈值后，逻辑电路被认为有足够的功率以有效的方式运行，因此复位信号会被撤销。同样，在电源下电或发生电源电压不足的情况下，当电源电压降至相应的阈值以下时，复位信号会被再次置为有效。这一操作通常不会考虑被复位设备的系统时钟。

上述电路的最大问题是，它大多数时候都能正常工作。但是，偶尔复位撤销的沿会太靠近下一个时钟沿，从而违反复位恢复时间。复位恢复时间是一种触发器上的建立时间条件，它定义了复位撤销和下一个上升时钟沿之间的最小时间，如图 10.2 所示。

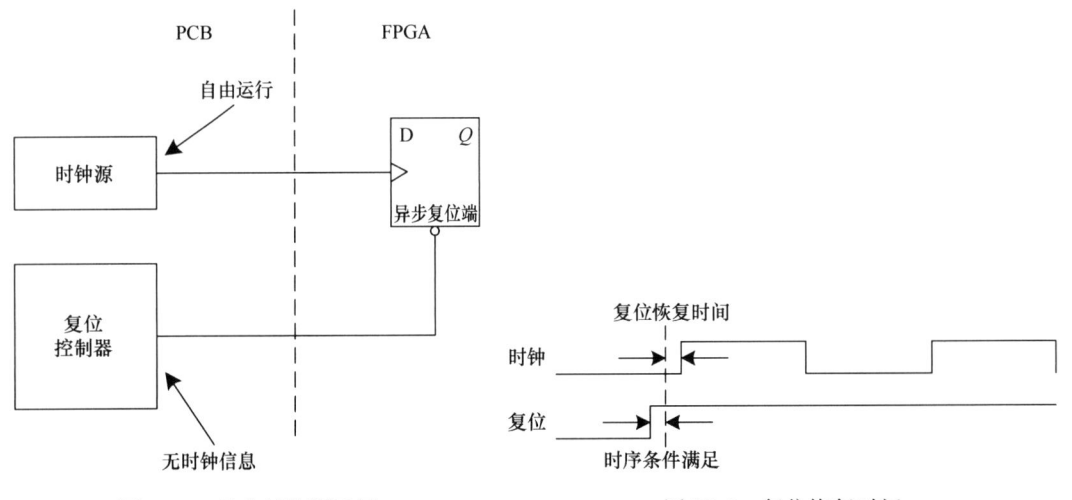

图 10.1　异步复位源示例　　　　　　图 10.2　复位恢复时间

从图 10.2 的波形可以看出，当复位在时钟上升沿之前以一个适当的裕量撤销时，就满足了复位恢复条件。图 10.3 展示了复位恢复时间违例的情况，这会导致输出产生亚稳态，并随后出现不可预测的行为。

复位恢复时间违例发生在复位撤销时。

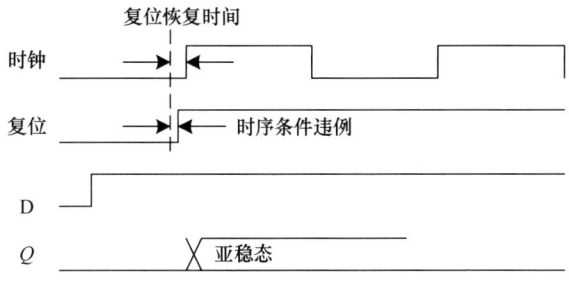

图 10.3 复位恢复时间违例

需要注意的是,复位恢复时间违例仅发生在复位撤销时,而不是复位置位时。因此,不建议使用完全异步复位。本章后面提供的关于复位恢复合规性的解决方案将集中在从复位状态到功能状态的转换上。

## 10.1.2 完全同步复位

针对上一节中提到的问题,最明显的解决方案是将复位信号像其他异步信号一样完全同步,如图 10.4 所示。

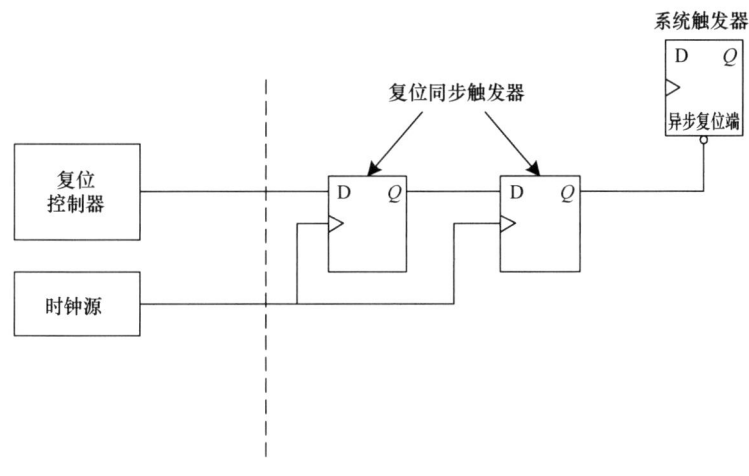

图 10.4 完全同步复位

实现完全同步复位的代码类似于用于异步数据信号的双触发器技术。

```
module resetsync(
  output reg   oRstSync,
  input        iClk, iRst);
  reg          R1;
always @(posedge iClk) begin
  R1          <= iRst;
  oRstSync    <= R1;
 end
endmodule
```

这种拓扑结构的优点是，提供给所有功能触发器的复位是完全同步于时钟的，并且只要为同步复位信号的高扇出提供了适当的缓冲，就总是能满足复位恢复时间条件。这种复位拓扑结构实际上有趣的地方并不是为了符合复位恢复时间而撤销复位（如上一节所述），而是复位的置位（或更具体地说，是复位的持续时间）。在上一节中，我们注意到复位的置位并不值得关注，但这仅适用于异步复位，而不一定适用于同步复位。考虑图 10.5 所示的场景。

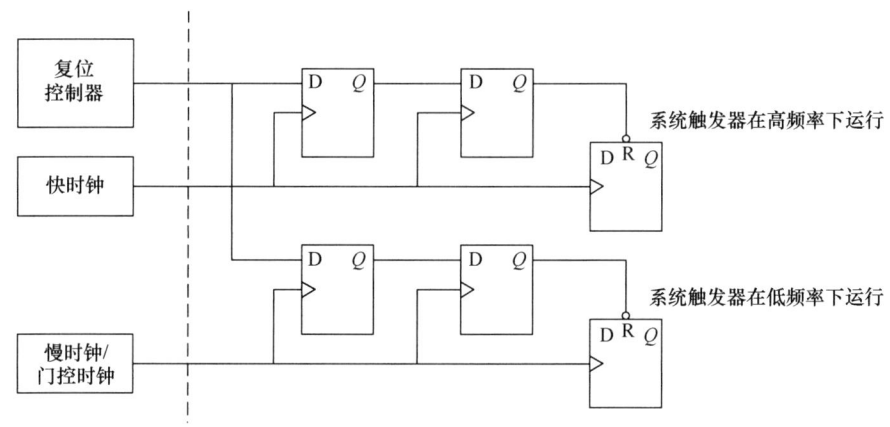

图 10.5　使用慢时钟或门控时钟的完全同步复位

在这个场景中，单个复位信号被同步到一个快时钟域和一个相对较慢的时钟域。为了便于说明，这也可以是一个非周期性的使能时钟。在时钟不运行的情况下，电路捕获复位的能力会发生什么变化？考虑图 10.6 所示的波形。

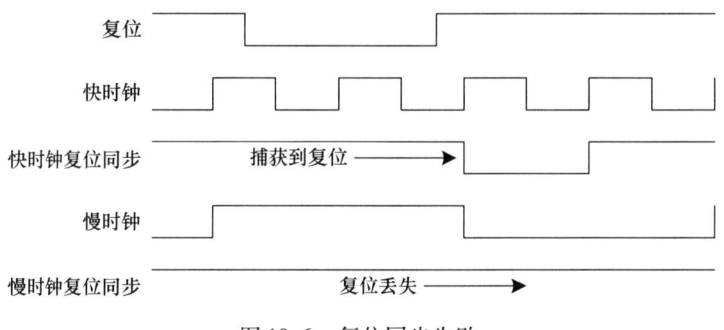

图 10.6　复位同步失败

在时钟运行足够慢（或时钟被关断）的情况下，由于在复位信号置位期间没有时钟的上升沿，因此无法捕获复位。结果是，此时钟域内的触发器永远不会被复位。

完全同步复位可能会因时钟的性质而无法捕获复位信号本身（复位置位失败）。

出于这个原因，除非设计上能保证捕获复位信号（复位置位），否则不建议使用完全同步复位。将最后两种复位类型组合成一种混合解决方案，以异步方式置位复位，以同步方式撤销复位，将提供最可靠的解决方案。这将在下一节中讨论。

## 10.1.3 异步置位，同步撤销

第三种方法结合了前两种技术的优点，即异步地置位所有复位信号，但同步地撤销它们。

在图 10.7 中，复位电路中的寄存器通过外部信号异步复位，同时所有功能寄存器也会被复位。这一过程与时钟异步发生，复位时不需要时钟运行。当外部复位信号撤销时，该域内的本地时钟必须翻转两次，功能寄存器才会退出复位状态。需要注意的是，功能寄存器只有在时钟开始翻转时才会同步退出复位状态。

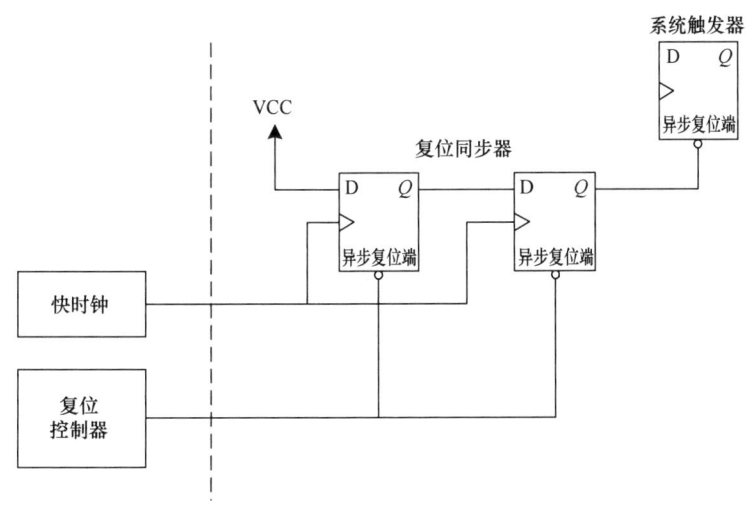

图 10.7 异步置位，同步撤销

异步置位、同步撤销的复位电路通常比完全同步或完全异步的复位方式更可靠。

以下是此同步器的代码示例：

```
module resetsync(
  output reg  oRstSync,
  input       iClk, iRst);
  reg         R1;

always @(posedge iClk or negedge iRst)
  if(!iRst) begin
    R1        <= 0;
    oRstSync  <= 0;
  end
  else begin
    R1        <= 1;
    oRstSync  <= R1;
  end
endmodule
```

上述复位实现允许一组触发器独立于时钟被置于复位状态，但是按照与时钟同步的方式退出复位状态。作为一种良好的设计实现,推荐在系统复位时采用异步置位、同步撤销的方法。这种方法结合了异步复位的快速响应特性和同步撤销的稳定性,从而提高了系统的可靠性和性能。

## 10.2 混合复位类型

### 10.2.1 不可复位的触发器

作为一种良好的设计习惯,不同复位类型的触发器不应该被组合到单个 always 块中。以下代码展示了一个场景,其中一个可复位的触发器向一个不可复位的触发器提供输入:

```
module resetckt (
  output reg oDat,
  input      iReset, iClk,
  input      iDat);
  reg datareg;

always @(posedge iClk)
  if(!iReset)
    datareg <= 0;
  else begin
    datareg <= iDat;
    oDat    <= datareg;
  end
endmodule
```

在图 10.8 所示的场景中,第二个触发器(oDat)将被综合成一个带有负载或时钟使能输入的触发器,这个输入由第一个触发器的复位信号驱动。

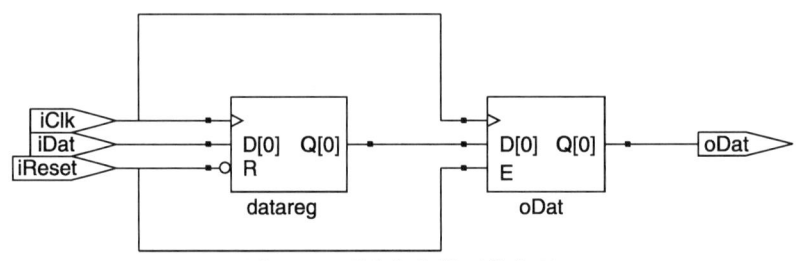

图 10.8　混合复位类型的实现

这种情况需要更大的时序元件以及额外的布线资源。为了避免这种资源浪费和潜在的设计问题,建议将两个触发器分开编写代码,如下所示:

```
module resetckt(
  output reg oDat,
  input      iReset, iClk);
  input      iDat);
  reg        datareg;

  always @(posedge iClk)
```

```
    if(!iReset)
      datareg <= 0;
    else
      datareg <= iDat;
  always @(posedge iClk)
    oDat      <= datareg;
endmodule
```

在图 10.9 中，第二个触发器没有不必要的电路。

**不同类型的复位不应在单个 always 块中使用。**

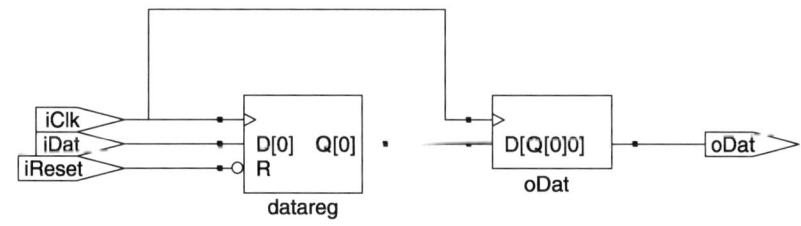

图 10.9　混合复位类型的最佳实现

## 10.2.2　内部生成的复位

在某些设计中，存在内部事件导致芯片部分区域进入复位状态的情况。此时有两种选择：
- 使用异步复位，并设计无静态冒险的复位逻辑。
- 使用同步复位。

对于异步复位上的静态冒险的主要问题是，由于传播延迟的差异，即使逻辑正在从一个无效状态切换到另一个无效状态，也可能发生复位脉冲。假设是一个低电平有效的复位信号，那么在一个无效状态上的毛刺会被定义为静态-1 冒险。例如，考虑图 10.10。

以图 10.10 中的电路为例，静态-1 冒险可能在 (a, b, c) 从 (1, 0, 1) 转变到 (0, 0, 1) 时出现，如图 10.11 所示。

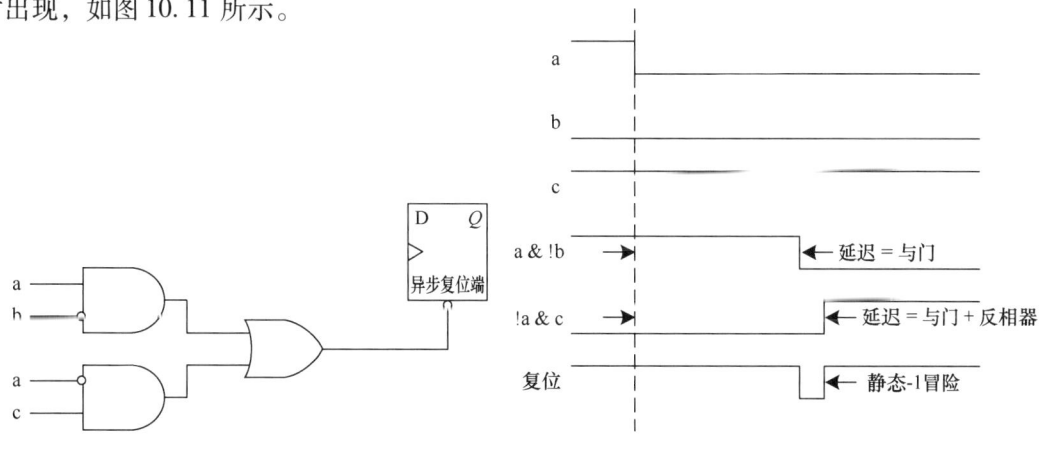

图 10.10　复位引脚上潜在的冒险　　　图 10.11　复位冒险的波形示例

从图 10.11 中的波形可以看出，当输出为无效状态（逻辑-1）的条件项在下一条件项将复位设置为高之前变得无效时，复位线上可能会出现静态-1 毛刺。回顾逻辑设计的基础知识，这可以在卡诺图格式中表示，如图 10.12 所示。

图 10.12 中的每个圆圈区域表示一个将复位置为无效的乘积项。当输入的状态从一个相邻的乘积项变为另一个时，就会发生静态-1 冒险。如果第一个乘积项在第二个乘积项被设置之前变为无效状态，就会发生毛刺。为了解决这个问题，可以创建一个冗余的质蕴含项来桥接这两个乘积项，如图 10.13 所示。

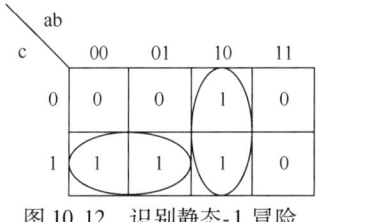
图 10.12　识别静态-1 冒险

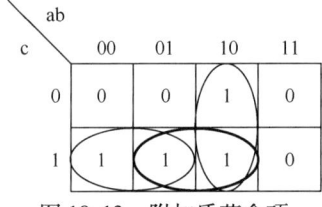
图 10.13　附加质蕴含项

通过添加新的乘积项（如冗余逻辑映射所示），我们可以消除在复位处于无效状态时由于冒险而产生的毛刺。

一般来说，消除静态-1 冒险的技术可以防止内部生成的复位线上出现毛刺。然而，在实际应用中，通常建议使用完全同步的复位同步器。这有助于保持完全同步的设计，并消除维持无毛刺复位信号所需的冗余逻辑。

## 10.3　多时钟域

我们已经确定，复位撤销必须始终是同步的，并且异步复位信号必须在撤销时重新进行同步。作为这一原则的延伸，要为每个异步时钟域独立地同步复位非常重要。

如图 10.14 所示，每个时钟域都使用单独的复位同步电路。这是必要的，因为在一个时钟域上的同步复位撤销不会解决另一个异步时钟域上的时钟恢复问题。换句话说，一个同步

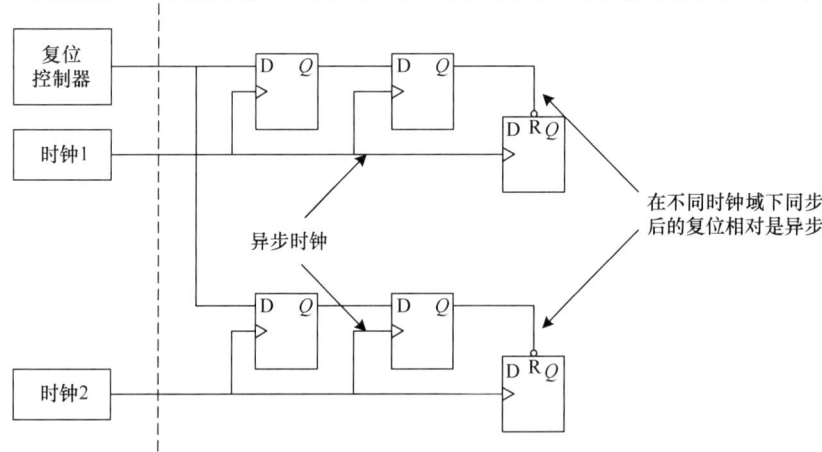
图 10.14　多时钟域复位同步

的复位信号相对于来自独立时钟域的同步复位仍然是异步的。

每个独立的时钟域都必须使用单独的复位同步器。

## 10.4 要点总结

- 复位恢复时间违例发生在复位撤销时。
- 完全同步复位可能会因时钟的性质而无法捕获复位信号本身（复位置位失败）。
- 异步置位、同步撤销的复位电路通常比完全同步或完全异步的复位方式更可靠。
- 不同类型的复位不应在单个 always 块中使用。
- 每个独立的时钟域都必须使用单独的复位同步器。

# 第 11 章 高级仿真

由于快速实现、FPGA 编程和系统内调试方面的最新进展,许多 FPGA 设计工程师在创建综合仿真测试平台方面所花费的时间越来越少,而更多地依赖硬件调试来验证他们的设计。许多当代 FPGA 设计工程师的一种趋势是只为单个模块编写"快速而粗糙"的仿真,忽略顶层仿真,并急于直接跳转到硬件。当然,在医疗或航空等受监管的行业并不是这样,但在最近引入 FPGA 能力的数千个新兴的非受监管行业中,情况确实如此。尽管系统内调试方法已经变得非常先进,且专注于此类调试和设计验证的设计方法也日趋成熟,但创建一个全面、完全自动化的仿真环境却总是值得的,因为这样的环境能带来诸多益处。

本章讨论了许多涉及为验证 FPGA 设计创建有效仿真环境的技术,并描述了许多已被证明适用于众多行业的启发式方法。在本章中,我们将讨论以下主题:
- 测试平台的架构设计。
  - 测试平台的组件。
  - 测试平台的正确流程,包括主线程、时钟生成和测试用例。
- 使用 MATLAB 等工具创建系统激励。
- 常见接口的总线功能模型。
- 了解激励的整体覆盖率。
- 运行门级仿真以进行验证、调试和功耗估算。
- 常见的测试平台陷阱和设备建模的正确方法。

## 11.1 测试平台架构

创建有效仿真环境的第一步是正确设置和组织测试平台。测试平台是仿真中的顶层模块,负责将所有模块组织在一起。通常,根据设计的大小和复杂程度,测试平台会提供部分激励。一个设计糟糕的测试平台,通常是一个最初因为快速设计而变得粗糙的平台,可能后续会发展成一个离散行为的结构和激励组成的庞大"怪物",无人能读懂或完全理解。

## 11.1.1 测试平台组件

顶层测试平台可以根据图 11.1 进行抽象建模。

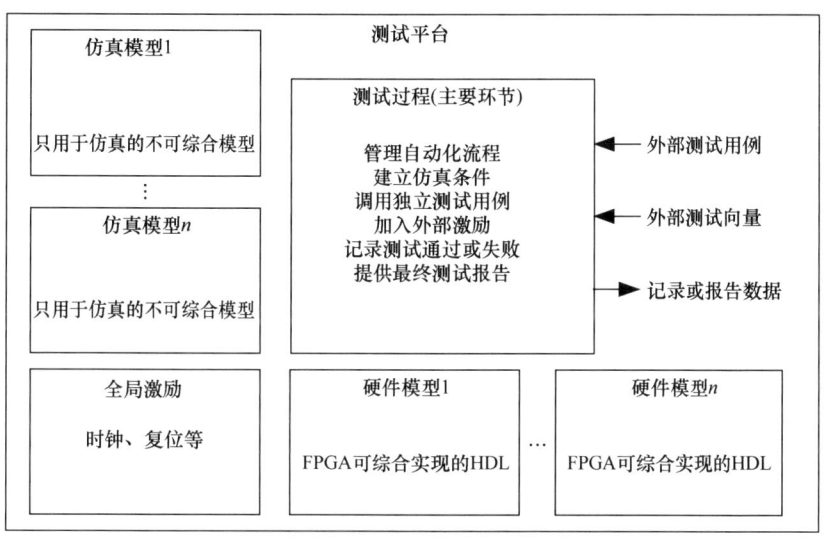

图 11.1 顶层测试平台组件

测试平台是仿真中的顶层模块，它将系统模型中的所有子组件组合在一起。测试程序通常驻留在测试平台内，管理仿真的主线程和测试流程。此过程定义运行哪些测试、使用哪些向量以及如何记录和报告数据。

全局激励代表适用于整个系统的基本向量。这些通常包括系统时钟、复位或任何将系统设置为适当状态的初始条件，以便进行仿真。

硬件模型也在测试平台中调用。这些是仿真中的被测设备，也是最终将在 FPGA 中实现的模块。通常，测试平台中只有一个硬件模型，即 FPGA 中的顶层模块。

最后，测试平台调用任意数量的仿真模型。这些模块代表系统中 FPGA 将与其交互但不会在 FPGA 中实现的其他组件。这些可以是存储器、微处理器、模拟组件或任何与 FPGA 交互的其他系统组件的模型。

## 11.1.2 测试平台流程

仿真的流程通常与硬件描述本身有很大的不同。在最基本的层面上，硬件是以并发的方式描述的，而仿真则是以过程化的方式运行的。换句话说，硬件的描述是基于由同步事件触发的逻辑操作。在可综合的硬件中对没有按照时间顺序执行的有效描述，综合将简单地忽略写入代码中的时序信息。这是软件设计和硬件设计之间的主要概念差异。仿真代码与软件设计类似，主要基于过程运行。换句话说，仿真将按照特定的顺序和特定的时序施加激励 a，然后是 b，然后是 c。因此，仿真更接近于软件设计，而不是硬件设计。

#### 11.1.2.1 主线程

为了在测试平台中为过程行为建模，使用了某些不会用于硬件设计的行为构造。在 Verilog 中，主仿真线程通常用一个包含一系列阻塞表达式的 initial 语句来建模。考虑以下代码示例。

```
initial begin
 errors = 0; // 复位错误计数

 // 复位电路输入
 chipin1 = 0;
 chipin2 = 16'ha5;

 // 复位仿真参数
 resetsim();

 // 复位电路
 reset_fpga();

 //
 // 添加验证用例
 //
 `include "test1.v"
 `include "test2.v"
 $display("\nSimulation completed with %d errors\n", errors);
 $stop;
end
```

从上面的代码中，我们可以观察到一些有趣的现象。首先，所有的赋值操作都是阻塞性质的。这意味着它们将按照序列一个接一个地执行，类似于软件中的执行方式。其次，主仿真线程仅包含全局初始化赋值，而所有特定的功能测试都写入到单独的测试用例 "test1.v" 和 "test2.v" 中。第三，主执行路径保持简洁和模块化。换句话说，主 initial 语句不包含大量的初始化数据，以保持可读格式。

将各个测试用例与主线程分开是良好的设计实现。

最后，测试平台是自检的。假设每个单独的功能测试都会全面检查硬件模型内的条件，将任何不匹配的情况报告给标准输出或日志文件，并增加错误计数。当仿真完成时，最后一条语句将指示成功或失败。这种基本的自动化大大减少了验证向量所花费的时间。

创建自动化、自检的测试平台是一种良好的设计实现。随着测试平台的扩大，这将节省大量的时间。

在测试平台的开发初期，人们很容易跳过这一自动化步骤。然而，这种做法通常会在后续阶段引发严重的可移植性问题，尤其是当新的设计工程师开始分析系统时。如果新的设计工程师专注于某个特定模块，他们可能需要验证这些模块中的特定更改是否对系统产生了影响，以确保修改没有破坏其他部分。一个完全自动化的测试平台将极大地加速这一过程，因为它允许在不完全理解整个系统的情况下进行适当的验证。

#### 11.1.2.2 时钟和复位

测试平台的时钟和复位应该在全局层面进行建模。主 initial 语句不应该定义时钟和复位的起始点或转换点。相反，一个独立于主循环之外的 initial 语句应该生成时钟初始条件和振荡。

```
`timescale 1ns/1ns

`define PERIOD 5 // 100MHz时钟

initial begin
 clk <= 0;
 forever #(`PERIOD) clk = ~clk;
end
```

在上面的代码中，timescale 被设置为 1ns，这意味着任何由"#"符号定义的时序信息都将是 1ns 的量级。此外，通过定义周期为 5ns，我们实际上是在定义时钟信号上转换之间的时间（在一个 10ns 的周期内将发生两次转换）。在上面的例子中，信号 clk 将在时间等于 0 时为逻辑 0，在时间等于 5ns 时为逻辑 1，在时间等于 10ns 时再次回到逻辑 0，以此类推，贯穿整个仿真过程。

对于复位信号，也可以用类似的方式来建模，如下所示。

```
initial begin
 reset <= 0;
 @(posedge clk);  //可能需要多个时钟周期进行复位
 @(negedge clk) reset = 1;
end
```

关于这些初始块的一个有趣的点是，我们混合使用了非阻塞赋值和阻塞赋值，这在后续章节中被指出是一种不良的编码风格。尽管对于可综合的 always 块来说，这种混合使用确实是一种糟糕的编码风格，但对于仅用于仿真的 initial 块来说，情况就不一定了。在这种情况下，逻辑 0 的初始值使用了非阻塞赋值。这确保了设计中的所有 always 块都在此赋值之前进行评估。换句话说，这保证任何可以从初始赋值触发的 always 块被正确地评估。如果使用了异步复位，那么这也适用于初始复位置位（假设它在时间 0 时被置位）。

使用非阻塞赋值初始化测试平台的时钟和复位信号，并使用阻塞赋值进行更新。

### 11.1.2.3 测试用例

尽可能使测试用例本身模块化是一种良好的设计实现。这意味着可以从测试平台中移除任何测试用例的调用、重新排序或插入新的测试用例。这很重要，因为它清晰地定义了特定测试的条件边界，使仿真更加易于理解。此外，在调试阶段，通常会运行特定的测试来尝试重现问题。

创建测试用例，使它们能够在主线程中独立存在。

如果整个测试套件庞大且耗时，那么就希望快速移除所有与当前问题不相关的测试用例。这时，模块化设计就变得非常有用。

考虑在测试平台中定义的第一个测试用例的以下代码。

```
// test1.v
// 测试场景1
resetsim();
reset_fpga();
$display("Begin testing scenario 1... \n");
...
//  对比输出值与期望值，如果有不匹配，则产生报告
```

```
verify_output(output_value, expected_value);
$display("\nCompleted testing scenario 1 with %d errors",
         errors);
```

上述示例测试用例有许多值得注意的方面。首先，测试用例通过重置仿真参数以及复位 FPGA 来确保模块化。如果每个测试用例都重置仿真，那么就可以确保模块化。在大多数情况下，这会对仿真的运行时间产生影响，但作为良好的设计实现，这通常是推荐的。其次，注意到复位总是在时钟的下降沿被撤销。由于正在运行的时钟可能不会使用其他仿真参数来复位，因此使用一个一致的方法来释放复位以避免任何复位恢复时间的问题是很重要的（尽管一个好的复位电路会消除这个问题）。最后，在所有测试用例中都使用了一个名为"verify_output（）"的通用函数，作为比较仿真值与预期值的一种手段。这个函数通常定义在测试平台本身中，但在特定的测试用例中使用。这个检查函数可以作为 Verilog 中的一个任务来实现。

```
task verify_output;
  input [23:0] simulated_value;
  input [23:0] expected_value;
  begin
   if (simulated_value[23:0] != expected_value[23:0])
      begin
      errors = errors + 1;
      $display("Simulated Value = %h, Expected Value = %h,
      errors = %d,
      at time = %d\n", simulated_value, expected_value,
      errors, $time);
     end
  endtask
```

上面展示的任务只是简单地将仿真值与预期值（这两者都是从测试用例传递进入）进行比较，并报告任何不匹配的情况。

在创建测试用例时，还需要注意尽量引用模块端口的信号。换句话说，当将 FPGA 层次结构内部的信号与预期向量进行比较时，良好的设计实现是引用在层次结构中某处定义为输入或输出的端口信号。这样做的原因是，在调试阶段，设计工程师通常会将网表反标到仿真环境中，以调试特定问题，或者只是根据特定组织的验证标准，在整个测试套件中对最终实现（已经布局和布线的设计）进行测试。当用所有低级组件和时序信息反标网表时，保持层次结构是相当容易的，但要保留模块内部所有网线和寄存器的结构和命名约定却相当困难。如果综合工具执行了某些优化，如资源共享或寄存器平衡，那么在保留名称时就会存在特别的冲突。

尽可能地引用模块最外围的端口信号。

如果设计被妥善划分，并且在实现过程中保持了层次结构，那么一个仅引用模块端口的测试平台将更容易映射反标环境。

## 11.2 系统激励

生成测试平台的激励可能是仿真开发中最繁琐和耗时的任务之一。在非常低的层次（通常是模块级仿真）上，很容易使用硬编码的值对输入进行"位操作"，以测试设计的基本功能。例如，对于 FIR 滤波器，直接地提供十几个输入，以测试边界条件下的基本乘法和累加功能可以相当简单。然而，在系统级上，生成激励并分析结果以测量滤波器的特性（如频率和相位响应）并不容易。同样，当与 PCI 或 SDRAM 设备等标准化接口通信时，生成一组硬编码向量来模拟设备的响应也并非易事。

### 11.2.1 MATLAB

MATLAB 是一种高级的数学建模和分析工具，在生成具有某种规律模式或数学描述的向量集时非常有用。对于前面描述的 DSP 滤波器的情况，很难生成适当的信号叠加以允许进行正确的滤波器仿真。然而，使用 MATLAB 这样的工具，这变得非常简单。

```
clear;
% generate 100Hz wave sampled at 40kHz
sinewave = sin(10.*(1:4000).*2.*pi./4000); % 10 periods
sinehalfamp = sinewave * hex2dec('3fff'); % for normalization
fid = fopen('100hz.vec', 'w'); % file containing sim vectors
% normalize for 2's complement
for i=1:length(sinehalfamp)
  if(sinehalfamp(i) < 0)
    sinehex(i) = floor(hex2dec('ffff') + sinehalfamp(i) + 1);
  else
    sinehex(i) = floor(sinehalfamp(i));
  end
  fwrite(fid, dec2hex(sinehex(i), 4));
  fprintf(fid, '\n');
end
fclose(fid);
```

上面的 MATLAB 脚本生成了以 40kHz 采样率采样的 100Hz 正弦波的 10 个周期（每个向量代表一个样本）。数据被归一化为 16 位 2 的补码十六进制格式，可以轻松地读入 Verilog 仿真中。

在创建大型或复杂的仿真模式时，MATLAB 非常有用。

### 11.2.2 总线功能模型

在系统级仿真中，某些组件非常重要但难以建模。虽然 HDL 网表或 Spice 模型能提供高精度和可靠性，但它们的仿真性能较差。对于现成的组件，如存储器、微处理器，甚至标准总线接口（如 PCI），总线功能模型（BFM）可以提供一种方法，允许我们在模型定义的接口上进行仿真，而不需要整个设备的模型。例如，PCI 接口的总线功能模型将提供所有时序信息和功能检查，以验证 PCI 协议是否正常运行。然而，它不一定包含 PCI 总线后面的微处理器或其他设备的模型。

BFM 因其简洁性而具有显著优势。设计工程师无需为整个器件模拟底层模型，即可满足时序或协议的验证需求。当然，其劣势在于模型的可靠性完全取决于实现该模型的工程师水平。通常建议在器件供应商提供总线功能模型时使用。例如，图 11.2 所示示例中，FPGA 通过 PCI 总线与支持突发传输的 Flash 器件进行接口的场景就适用于这种情况。

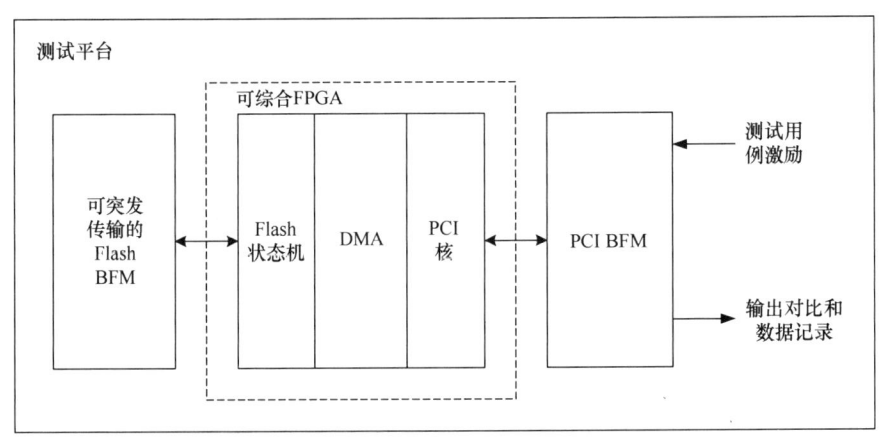

图 11.2　带总线功能模型的测试平台

在这个例子中，可综合的 FPGA 设计位于 PCI 总线接口 BFM 和可突发传输的 Flash BFM 之间。BFM 只是接口的高级描述，用于检查 PCI 核的时序和协议，以及控制 Flash 的状态机。大多数 PCI 核供应商（如 Quicklogic）都会提供 PCI 总线的 BFM，这样用户就可以在测试平台级别应用读写命令。此外，出售具有任何复杂性的大型 Flash 设备的供应商，如 Intel，也会提供 BFM 来验证握手、缓冲等操作。

## 11.3　代码覆盖率

代码覆盖率是一种非常强大的仿真技术。简单来说，代码覆盖率是仿真工具的一个功能，它提供关于仿真的统计信息，包括执行了哪些结构和转换，以及它们被执行的频率。最常见的数据包括被覆盖的行（已覆盖与未覆盖）及其对应的"代码覆盖率"数字；状态机覆盖率，以验证所有状态和转换；翻转覆盖率，以估算设计中不同区域的活动量等。代码覆盖率通常用于 ASIC 设计中，因为验证在该过程中重要性极高（每次 ASIC 的迭代都相对昂贵，因此在流片之前必须对 ASIC 进行彻底的仿真）。

近年来，由于高端 FPGA 在尺寸和密度方面取得了巨大进步，设计已经变得非常复杂，以至于代码覆盖率在这些设计的验证中也扮演着越来越重要的角色。仅仅运行一个快速且粗糙的仿真，然后在硬件中进行调试，往往已经不够好了。设计变得越来越复杂，调试方法也越来越耗时。代码覆盖率提供了一种快速确定设计中哪些部分尚未被仿真的方法。这可以揭示设计中的弱点，并有助于识别新的验证任务。

代码覆盖率检查设计的仿真程度，并识别任何未仿真的结构。

## 11.4 门级仿真

在典型的设计流程中，门级仿真的实用性一直是一个争论的话题，特别是近年来随着 Xilinx 的 Chipscope 或 Synplicity 的 Identify 等系统内调试工具的进步。尽管这些工具可以实时速度提供对设计的可见性，但它们无法提供以特定精度观察每个元件和每个网线所需的所有观测点。此外，门级仿真是调试某些类型异常行为的唯一方法，特别是在复位释放等不容易通过静态时序分析或系统内调试工具进行分析的条件下。

一个设计良好的测试平台通常可以轻松地迁移到门级仿真。图 11.3 展示了门级仿真中的各种组件。

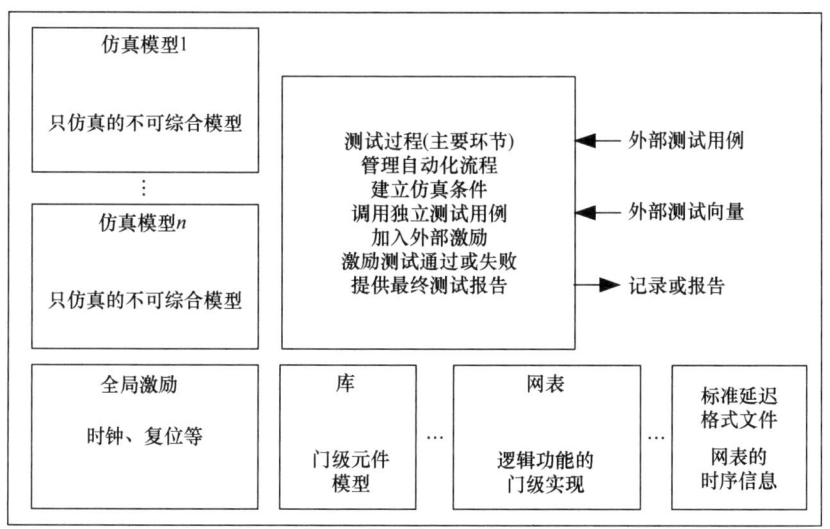

图 11.3 带门级模块的测试平台

注意，与 RTL 仿真环境相比，仿真模型、测试程序、全局元素、外部向量等基本上没有变化。主要的变化是移除了可综合的 RTL 文件，并添加了一个带有支持库和时序信息的网表。

网表是设计实现后的门级表示。网表包含 FPGA 中的基本元件列表以及相关的连接信息。相对于逻辑和逐周期功能，它应该与 RTL 描述相同。例如，考虑以下 Verilog 模块。

```verilog
module andor (
 output oDat,
 input   iDat1, iDat2, iDat3);
 wire    ANDNET;

 assign ANDNET = iDat1 & iDat2;
 assign oDat = ANDNET | iDat3;
endmodule
```

这段代码简单地将三个输入组合成一个 AND-OR 操作。尽管我们认为这是一个包含两个门的操作，但低级的 FPGA 结构允许我们将整个操作组合成一个单一的查找表（LUT）。在

Xilinx 设备中的物理实现如下面的网表所示。
```
X_LUT4 #(.INIT(16'hFCF0)) oDat1 (
  .ADR0(VCC),
  .ADR1(iDat2_IBUF_1),
  .ADR2(iDat3_IBUF_2),
  .ADR3(iDat1_IBUF_0),
  .O(oDat_OBUF_3)
);
```

从上面的 LUT 实例化可以看出，所有的输入/输出（I/O）都连接到一个单一的 LUT 上，这个 LUT 负责处理两个逻辑门的操作。更大的设计将会有多个 LUT 实例化，并通过线路互联来表示逻辑的物理实现。注意，LUT 是通过 INIT 语句配置的，以确保逻辑操作与我们的 RTL 描述相同。

库文件是 FPGA 供应商提供的低层次技术模型，它们定义了 FPGA 中的单元。在我们上面的 Xilinx 实现中，库文件将包含 X_LUT4 元件的定义。注意，在所有单元都被定义到只包含通用 Verilog 构造的抽象级别之前，我们无法模拟这个网表。上面显示的 Xilinx 单元的库文件包含以下定义。
```
o_out = INIT[{a3, a2, a1, a0}];
```

这里，信号 a0 ~ a3 是 LUT 的输入，而 INIT 是由网表中的 defparam 语句定义的 16 位数组。由于 Xilinx 是基于 SRAM 的 FPGA，因此所有逻辑都被打包到作为 SRAM 实现的小 LUT 中。上面关于 LUT 的描述与我们对其工作原理的理解是一致的，并且是用任何仿真器都可以解释的通用 Verilog 构造构建的。

反标后网表的最终组成部分是时序信息。在 ASIC 设计领域，设计工程师会关注快速和慢速极端情况下的保持时间和建立时间违例。然而，在 FPGA 领域，我们通常不担心由于通过布线矩阵和低偏移时钟线引起的内置信号延迟导致的保持延迟。因此，我们只需关注慢速情况，即电源电压处于最低水平且温度处于最高值的极端条件。SDF（标准延迟格式）文件中的以下条目说明了这一点。
```
(VOLTAGE 1.14)
(TEMPERATURE 85)
(TIMESCALE 1 ps)
```

上面的条目表明，此 SDF 文件中定义的时序是基于我们想要在允许的最小电压（1.14V）和该设备额定的最高温度（85℃）下进行仿真的假设。此外，所有时序信息都以 ps（皮秒）为单位定义。单个 LUT 的时序信息如下所示。
```
(CELL (CELLTYPE "X_LUT4")
  (INSTANCE oDat1)
    (DELAY
      (ABSOLUTE
        (PORT ADR1 ( 499 ))
        (PORT ADR2 ( 291 ))
        (PORT ADR3 ( 358 ))
        (IOPATH ADR0 O ( 519 ))
        (IOPATH ADR1 O ( 519 ))
        (IOPATH ADR2 O ( 519 ))
        (IOPATH ADR3 O ( 519 ))
      )
    )
)
```

这个 SDF 条目同时包含了互联延迟和设备延迟。SDF 规范允许将互联延迟抽象为端口延迟，即仅发生在设备的输入端口。此 LUT 的 PORT 条目包含了从输入缓冲区到 LUT 各个输入的互联延迟。IOPATH 条目包含了通过 LUT 的时序信息。具体来说，这是从输入到输出的延迟，在此定义为 519ps。

包含所有这些组件的仿真将提供一个非常准确的 FPGA 内部工作模型，如同给设计使用了真实的激励向量。这不仅在调试设计时非常有用，而且还可以用来揭示关于设计的其他重要信息，如下面几节所示。

## 11.5 翻转覆盖率

在 FPGA 设计验证中，节点覆盖率并不常用于门级网表。由于 FPGA 能够快速原型化设计并在硬件中实时运行测试向量，因此很少有必要花费时间开发门级代码覆盖率。尽管如此，代码覆盖率在门级仍然像在 RTL 级一样有用。在运行门级仿真时，代码覆盖率分析将提供一个覆盖率数字，这个数字不是相对于逻辑构造，而是相对于物理元件本身。

在门级代码覆盖率的一个方面中，翻转覆盖率（toggle coverage）经常能提供通过快速原型无法获得的有用信息。翻转覆盖率不仅以"已覆盖"和"未覆盖"的形式提供覆盖率统计数据，还以与频率相关的信息的形式提供。在没有更复杂的功耗分析工具的情况下，设计工程师可以使用翻转覆盖率来根据每个时钟周期的平均翻转次数、系统电压和平均门电容来估算功耗。

$$P_{\text{dynamic}} = CV_{\text{dd}}^2 f \tag{11.1}$$

在动态功耗方程（11.1）中，$C$（电容）和 $V_{\text{dd}}$（电源电压）的统计值由硅片制造商提供，而频率 $f$ 则取决于设计和激励。如果没有来自仿真环境的特定统计信息，很难找到 $f$ 的准确值。

为了查看不同的激励如何影响动态功耗，Xilinx 工具可以为设计生成一个测试平台外壳，这可以作为起点使用。

```
`include "C:/Xilinx/verilog/src/glbl.v"
`timescale 1 ns/1 ps

// Xilinx 生成的测试平台外壳
module testtb;
 reg iDat1;
 reg iDat2;
 reg iDat3;
 wire oDat;
 test UUT (
   .iDat1 (iDat1),
   .iDat2 (iDat2),
   .iDat3 (iDat3),
   .oDat  (oDat)
 );
```

```
initial begin
  $display("     T iiio");
  $display("     i DDDD");
  $display("     m aaaa");
  $display("     e tttt");
  $display("      123 ");
  $monitor("%t",$realtime,,iDat1,iDat2,iDat3,oDat);
end
initial begin
  $display("     T iiio");
  $display("     i DDDD");
  $display("     m aaaa");
  $display("     e tttt");
  $display("      123 ");
  $monitor("%t",$realtime,,iDat1,iDat2,iDat3,oDat);
end
initial begin
  #1000 $stop;
  // #1000 $finish;
end
endmodule
```

上面的测试平台外壳包括了全局元素的库文件，实例化了所考虑的设计（实例"test"被自动赋予名称"UUT"），并初始化了一个基于文本的向量变化日志。我们可以初始化数据并为周期性事件提供激励。

```
initial begin
$dumpfile("test.vcd");
$dumpvars(1, testtb.UUT);
$dumpon;

#1000 $dumpoff;
#10 $stop;
end
initial begin
  iDat1 <= 0;
  forever #5 iDat1 = ~iDat1;
end
initial begin
  iDat2 <= 0;
  forever #10 iDat2 = ~iDat2;
end
initial begin
  iDat3 <= 0;
  forever #15 iDat3 = ~iDat3;
end
```

在上述仿真中，所有输入都被初始化为逻辑 0，而在 10ns 时，iDat3 转变为逻辑 1，这意味着输出随后将变为逻辑 1。"dump"命令定义了仿真向量将如何记录在 VCD（向量变化转储）文件中。这个 VCD 文件（test.vcd）包含向量格式的激励，并可用于估计翻转活动和功耗。

在进行动态功耗估算时，门级仿真很有用。

旁注：在 FPGA 设计领域，更复杂的功耗估算工具通常与实现工具捆绑在一起。Xilinx 提供了一个名为 XPower 的工具，它可以为给定的网表和激励提供功耗估算。在读取上述 VCD 文件后，XPower 提供了以下动态功耗估算。

```
功耗统计：                           I(mA)      P(mW)
-----------------------------------------------------
总估算功耗：                                    36
                                    ——
              Vccint 1.20V:           6          7
              Vccaux 2.50V:           7         18
              Vcco25 2.50V:           5         12
```

XPower 提供的数字与通过运行翻转覆盖率并将平均翻转率插入到我们的动态功耗方程中生成的数值相似。

## 11.6 运行时陷阱

### 11.6.1 时间精度

时间精度指令定义了仿真时间的单位以及仿真的分辨率。考虑以下时间精度指令：
`timescale 1ns/100ps
这个指令定义了绝对时间单位为 1ns，精度定义为 100ps。以下赋值将解析为 1.1ns：
assign #1.1 out = in;
如果单位设置为 100ps，分辨率设置为 10ps，则上述语句中的延迟将解析为 110ps。仿真中的一个潜在危险是没有为仿真器提供足够的分辨率。如果执行没有反标时序信息的 RTL 仿真，并且系统时钟的周期是时间精度的整数倍，那么精度基本上不会对结果产生影响。然而，如果定义了分数时序（通常带有 SDF 时序信息），则必须将分辨率设置得足够高以解析该数字。如果在第一个示例中将分辨率设置为 1ns，则 1.1ns 的延迟将解析为 1ns，并可能导致仿真错误。

除了由于分辨率过粗而导致的危险外，分辨率过细也将直接影响仿真时间。如果选择的分辨率为 1ps，而最细的时序精度为 100ps，则仿真将比必要的慢得多。由于仿真运行时间通常很长（特别是带有反标时序网表的情况），这种速度的急剧下降将直接影响设计工程师的生产效率。

必须选择时间精度，以平衡仿真准确性和运行时间。

同样重要的是要注意，尽管时间精度是仿真中的重要指令，但综合工具完全忽略了它。因此，任何绝对时序信息仅用于测试平台和仅用于仿真模块，而不应定义可综合硬件的特定行为。

### 11.6.2 毛刺抑制

门级仿真中的一个常见陷阱是仿真算法中内置的自动毛刺抑制。如果一个脉冲（任意宽度）能从输入传播到输出，那么该器件就被定义为具有传输延迟（见图 11.4）。

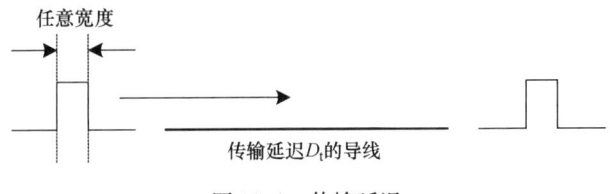

图 11.4　传输延迟

导线是一种表现为传输延迟的器件。导线模型上没有要求通过的最小脉冲宽度。相比之下，如果一个器件从输入到输出传播需要最小脉冲宽度，那么该器件就被定义为具有惯性延迟。

逻辑门是一种具有惯性延迟的器件。从图 11.5 可以看出，如果逻辑门输入的脉冲宽度小于门的惯性延迟，那么脉冲（毛刺）将在输出端被过滤。这说明了获得正确的仿真模型并为门级仿真提供准确的激励的重要性。如果逻辑驱动的异步电路不具有内部寄存器进行毛刺抑制的优势，那么这一点尤为重要。

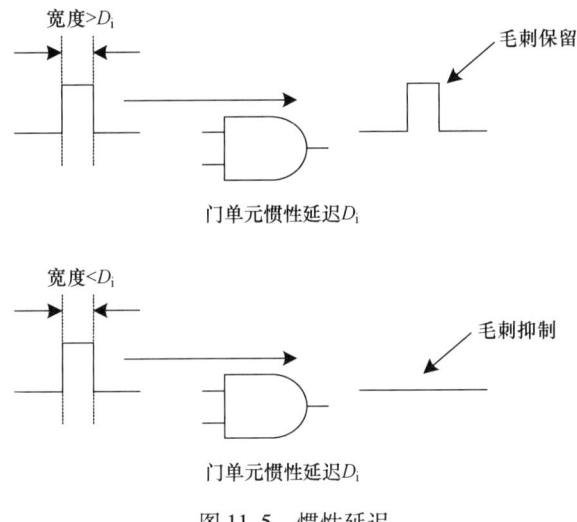

图 11.5　惯性延迟

当设计工程师需要模拟逻辑元件的延迟时，毛刺抑制就成了一个问题。下一节将讨论正确的延迟建模的相关内容。

### 11.6.3　组合延迟建模

延迟建模是为不可综合元件和接口创建行为模型时的一个常见问题。通常，不应向可综合构造中添加延迟以解决竞争条件或改变电路的逐周期行为。综合工具总是忽略延迟，并且这种类型的建模很容易在仿真和综合之间产生不匹配。也就是说，对于仅用于仿真的模型，硬编码延迟可用于近似某些类型的行为。

由于 Verilog 语言的特性，组合延迟永远不应添加到阻塞赋值中。考虑以下 8 位加法器的

代码:
```verilog
// 错误的延迟建模
module delayadd(
 output reg [8:0] oDat,
 input [7:0] iDat1, iDat2);

 always @*
    #5 oDat = iDat1 + iDat2;
endmodule
```

这里的危险在于,一个非常简单的仿真可能会对延迟赋值起作用。如果两个输入在 T0 时刻改变,输出将在 T0 +5 时刻改变。然而,使用这种类型的建模方案,输出将在自上次更新输出以来第一次触发 always 块后的 5ns 改变。换句话说,如果 iDat1 和 iDat2 在 T0 时刻改变,iDat1 在 T0 +2 时刻再次改变,输出将在 T0 +5 时刻更新,并使用 iDat1 和 iDat2 的最新值。这如图 11.6 所示。

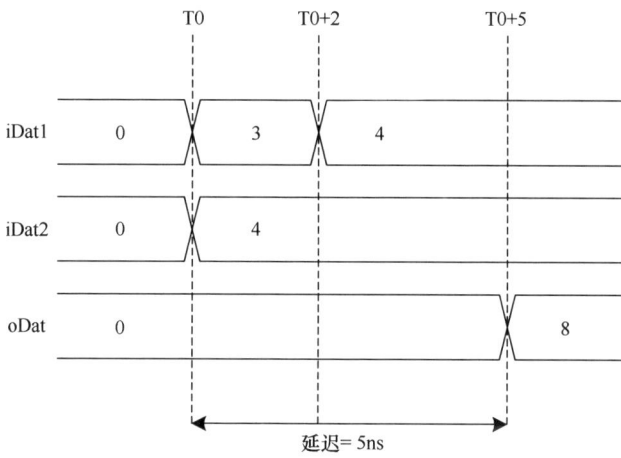

图 11.6 错误延迟模型产生的结果

这种方法并没有模拟具有 5ns 传输延迟的组合逻辑,而且很可能也不是预期的行为。为了模拟纯传输延迟,设计工程师可以使用如下的非阻塞赋值。

```verilog
// 错误的编码风格
// 模拟传输延迟
module delayadd(
output reg [8:0] oDat,
input [7:0] iDat1, iDat2);

// 非阻塞赋值通常不应用于组合逻辑
 always @*
   oDat <= #5 iDat1 + iDat2;
endmodule
```

如图 11.7 所示,准确地模拟了上例中的传输延迟场景。

在模拟传输延迟行为时,如使用行为模型或总线功能模型,这种方法是足够的。然而,在模拟真正组合逻辑的行为时,最好使用表示惯性延迟的编码风格。这是通过连续赋值来实

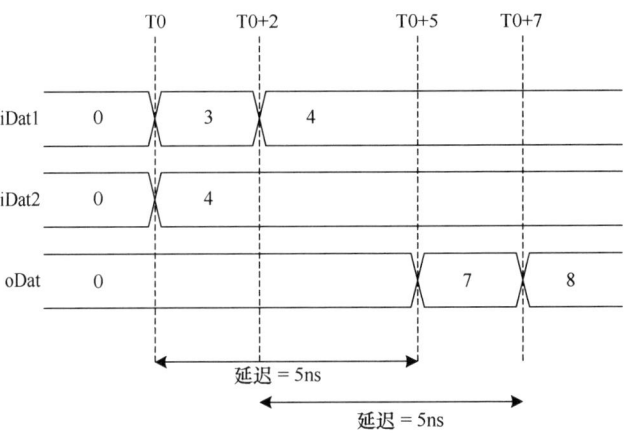

图 11.7　传输延迟产生的结果

现的，如下所示。

```
module delayadd(
 output [8:0] oDat,
 input [7:0] iDat1, iDat2);
 assign #5 oDat = iDat1 + iDat2;
endmodule
```

这种类型的表示如图 11.8 所示。

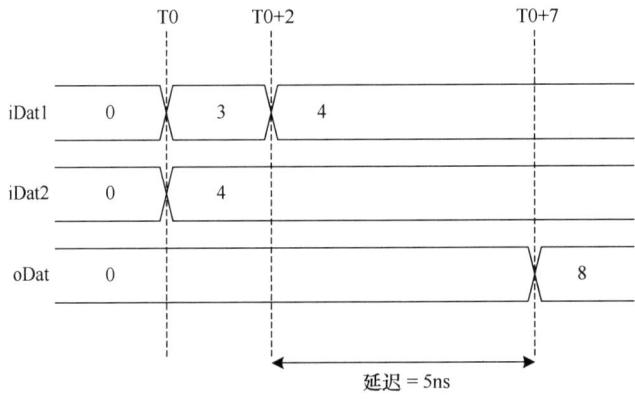

图 11.8　惯性延迟产生的结果

从图 11.8 的波形可以看出，输出过滤了 2ns 的脉冲，其中 iDat1 保持值为 3。在两个输入都稳定在 4 之后 5ns 输出变为最终值 8。因此，连续赋值模型表示惯性延迟，并应用于组合逻辑的模拟。如果组合逻辑复杂且需要 always 块，则输出应驱动连续赋值以模拟延迟。

由于组合逻辑而产生的惯性延迟应使用连续赋值进行模拟。

## 11.7 要点总结

- 将各个测试用例与主线程分开是良好的设计实现。
- 创建自动化、自检的测试平台是一种良好的设计实现。随着测试平台的扩展，这将节省大量的时间。
- 使用非阻塞赋值初始化测试平台的时钟和复位信号，并使用阻塞赋值进行更新。
- 创建测试用例，使它们能够在主线程中独立运行。
- 尽可能地引用模块最外围的端口信号。
- 在创建大型或复杂的仿真模式时，MATLAB 非常有用。
- 代码覆盖率检查设计的仿真程度，并识别任何未仿真的结构。
- 在进行动态功耗估算时，门级仿真很有用。
- 必须选择时间精度，以平衡仿真准确性和运行时间。
- 由于组合逻辑而产生的惯性延迟应使用连续赋值进行模拟。

# 第 12 章　面向综合的编码

在抽象层面上，逻辑是用硬件描述语言（HDL）编码的，综合优化只能在满足设计要求时，帮助设计工程师实现这一目标。在最根本的层面上，综合工具会遵循编码结构，并根据 RTL（寄存器传输级）中设定的架构来映射逻辑。只有对于非常规则的结构，如有限状态机（FSM）、RAM 等，综合工具才能提取功能，识别替代架构，并据此实现。

除了优化之外，在编写综合代码时的一个基本指导原则是尽量减少，甚至消除所有可能导致仿真与综合之间不匹配的结构和指令。良好的编码风格通常确保 RTL 仿真与综合后的网表行为一致。有一类偏差是供应商提供的指令，这些指令可以以特殊注释的形式添加到 RTL 代码中（这些注释被仿真工具忽略），从而导致综合工具以一种从 RTL 代码本身不明显的方式解释逻辑结构。

在本章中，我们将讨论以下主题：
- 创建高效的决策树。
  - ➢ 优先级与并行结构之间的权衡。
  - ➢ "parallel_case" 和 "full_case" 指令的风险。
  - ➢ 多控制分支的风险。
- 编码风格陷阱。
  - ➢ 阻塞和非阻塞赋值的使用。
  - ➢ 正确与不当使用 for 循环。
  - ➢ 组合逻辑环和锁存器的推论。
- 设计划分与组织。
  - ➢ 组织数据路径和控制结构。
  - ➢ 模块化设计。
- 参数化复用设计。

## 12.1　决策树

在 FPGA 设计中，决策树指的是用于决定逻辑将采取什么行动的条件序列。这些条件通常通过 if/else 和 case 结构来实现。以下是一个非常简单的寄存器写入示例。

```
module regwrite(
  output reg   rout,
  input        clk,
  input [3:0]  in,
  input [3:0]  ctrl);

 always @(posedge clk)
   if(ctrl[0])      rout <= in[0];
   else if(ctrl[1]) rout <= in[1];
   else if(ctrl[2]) rout <= in[2];
   else if(ctrl[3]) rout <= in[3];
endmodule
```

这种类型的 if/else 结构可以根据图 12.1 所示的多路选择器（mux）结构进行概念化。

这种类型的决策结构可以根据速度/面积权衡和所需的优先级以多种方式实现。本节描述了如何以实现不同的综合架构为目标，来对各种决策树进行编码和约束。

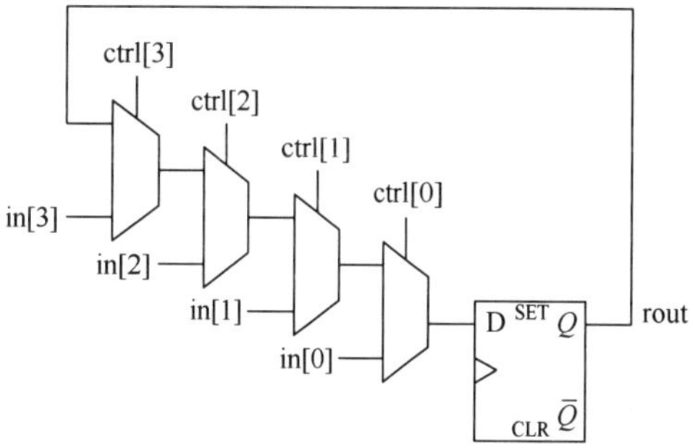

## 12.1.1 优先级与并行性

if/else 结构中本身就包含了优先级的概念。在 if/else 语句中首先出现的条件在决策树中具有比其他条件更高的优先级。在上述结构中，更高的优先级对应于链末端且更接近寄存器的多路选择器。

图 12.1 串行多路选择器结构的简单优先级

在图 12.2 中，如果控制字的位 0 被置位，那么 in [0] 将被寄存，而不管控制字中其他位的状态如何。如果控制字的位 0 没有被置位，那么将使用其他位的状态来确定传递给寄存器的信号。一般来说，只有当它前面的所有位（在这种情况下是 LSB）都没有被置位时，该位才会被用来选择输出。优先级多路选择器的正确实现如图 12.3 所示。

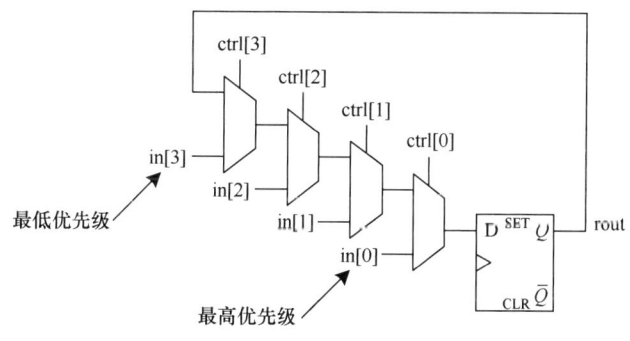

图 12.2 优先级布局

无论 if/else 结构的最终实现方式如何，对于任何给定的条件，在它之前出现的条件语句都具有更高的优先级。

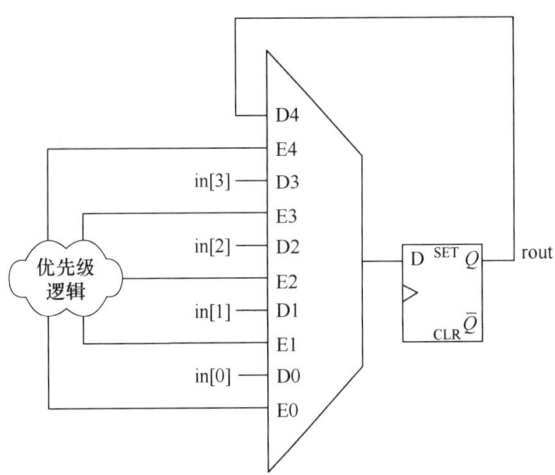

图 12.3 优先级多路选择器

当决策树具有优先级编码时，应使用 if/else 结构。

另一方面，case 结构通常（但并非总是）在所有条件互斥的情况下使用。换句话说，当在任何给定时间只能有一个条件为真时，它们可以用来优化决策树。例如，在根据其他多位网线或寄存器的值（如地址解码器）做出决策时，一次只能有一个条件为真。这与使用 if/else 结构实现的解码操作相同。为了在 Verilog 中实现完全相同的功能，可以使用 case 语句：

```
case(1)
 ctrl[0]: rout <= in[0];
 ctrl[1]: rout <= in[1];
 ctrl[2]: rout <= in[2];
 ctrl[3]: rout <= in[3];
endcase
```

由于 case 语句可以作为 if/else 结构的一种替代方案，许多新手设计工程师误以为它会自动实现一个无优先级的决策树。对于更为严谨的 VHDL 来说，这确实是事实，但在 Verilog 中并非如此，如图 12.4 中 case 语句的实现所示。

如图 12.4 所示，默认情况下，优先级被编码以设置多路选择器上相应的使能引脚。这导致许多设计工程师陷入陷阱。为了去除优先级编码，可以使用综合指令 "parallel_case"来实现一个真正的并行结构。下面展示的语法将与 Synplicity 和 XST 综合工具配合使用。

```
// DANGEROUS CASE STATEMENT
case(1) // synthesis parallel_case
```

此指令通常可以添加到综合约束中。如果使用此指令，最好将其添加到约束中，以便在设计工程师需要移植到新工具时，它不会"隐藏"在代码中。此指令通知综合工具，各情况是互斥的，并且它可能会放弃如图 12.5 所示的任何优先级编码。

这里，所有输入都是基于假定为互斥的使能位来选择的。这种实现速度更快，并且消耗的逻辑资源更少。

注意，parallel_case 指令是仅用于综合的指令，因此可能会出现仿真与实际实现之间的不匹配。一般来说，频繁使用综合指令是不良的设计实现。更好的做法是编写 RTL 代码，以

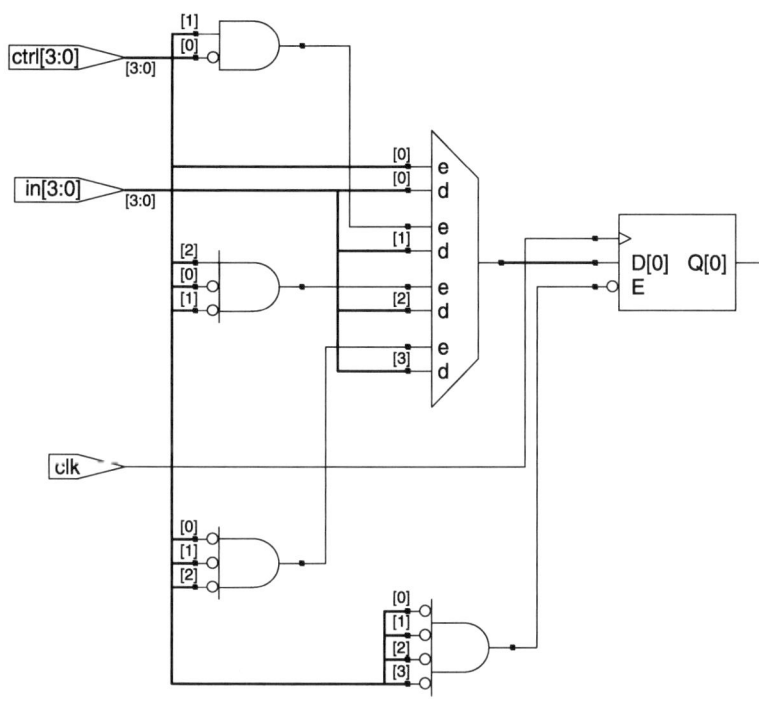

图 12.4 优先级编码逻辑

便综合和仿真工具都能识别并行架构。

使用 parallel_case 指令通常被认为是不良的设计实现。

良好的编码实现要求使用 if/else 语句来实现优先级编码器，而设计并行的结构则应该使用 case 语句来编码。通常没有充分的理由使用 parallel_case 指令。尽管一些设计工程师可能会成功地使用这些语句来优化独热解码器，但由于涉及的风险，最好完全避免使用这些语句。如果综合工具报告 case 结构不是并行的，那么必须修改 RTL 以使其并行。如果它确实是一个优先级条件，那么应该使用 if/else 语句来代替。

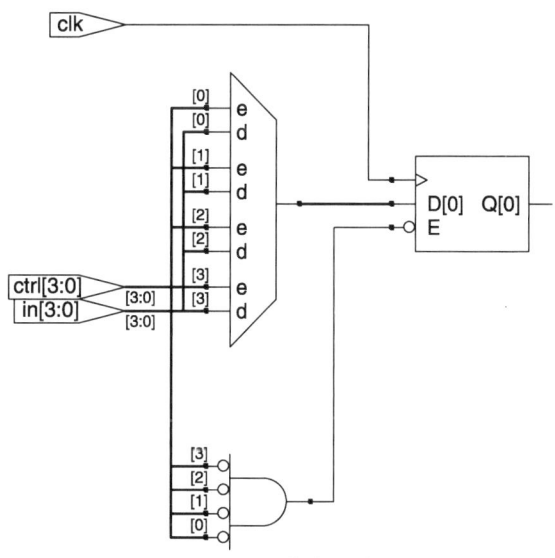

图 12.5 无优先级编码

### 12.1.2 完整条件

在迄今为止检查的决策树中，如果 case 语句的所有条件都不为真，综合工具会将寄存器的输出作为缺省条件反馈回决策树（当然，这种行为将取决于综合工具的默认实现方式，但在本节中我们将假设它是成立的）。即使在"full_case"实现中，也存在如果所有选择位都未置位，则会禁用寄存器的逻辑。这个假设是如果没有满足任何条件，则值不会改变。

设计工程师的一个可选方案是添加一个缺省条件。这可能是当前值，也可能不是，但它避免了工具自动锁定当前值的情况，假设在每个 case 条件下都为输出赋了一个值。随着这个缺省条件的添加，寄存器的使能将被消除，如下面对 case 语句的修改所示。

```
// DANGEROUS CASE STATEMENT
module regwrite(
  output reg  rout,
  input       clk,
  input [3:0] in,
  input [3:0] ctrl);
 always @(posedge clk)
   case(1) // synthesis parallel_case
     ctrl[0]: rout <= in[0];
     ctrl[1]: rout <= in[1];
     ctrl[2]: rout <= in[2];
     ctrl[3]: rout <= in[3];
     default: rout <= 0;
   endcase
endmodule
```

如图 12.6 所示，缺省条件现在已明确，并作为多路选择器的另一种输入来实现。虽然触发器不再需要使能，但总逻辑资源并不一定会减少。另外要注意，如果并非每个条件都为寄存器定义了输出（这通常发生在单个 case 语句中赋多个输出值时），那么无论是缺省条件还是任何综合标签都无法阻止锁存器的产生。为了确保始终为寄存器赋一个值，可以在 case 语句之前使用初始赋值来为寄存器赋一个值。这在以下示例中有所展示。

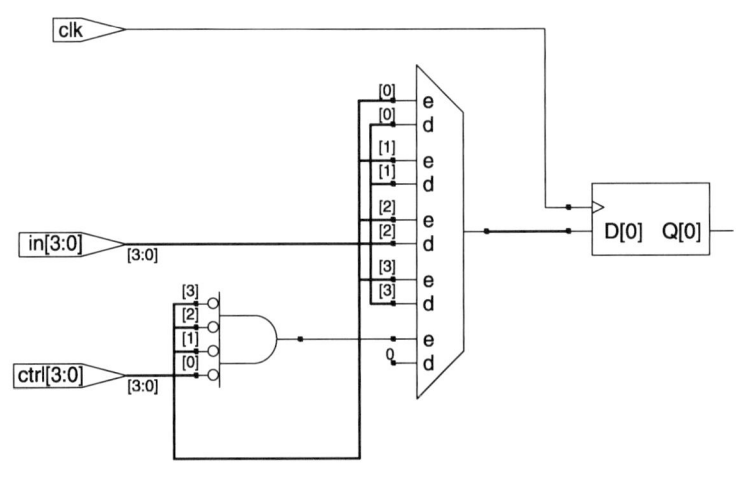

图 12.6　缺省条件编码

```
module regwrite(
  output reg   rout,
  input        clk,
  input [3:0]  in,
  input [3:0]  ctrl);

  always @(posedge clk) begin
    rout <= 0;
    case(1)
      ctrl[0]: rout <= in[0];
      ctrl[1]: rout <= in[1];
      ctrl[2]: rout <= in[2];
      ctrl[3]: rout <= in[3];
    endcase
  end
endmodule
```

这种编码风格消除了对默认 case 的需要，并确保如果没有定义其他赋值，则寄存器将被赋予默认值。

与 parallel_case 语句类似的综合指令是 full_case 指令。此指令通知综合工具所有情况都已涵盖，因此不需要隐式缺省条件。一般来说，full_case 指令是危险的，可能会引发一系列陷阱，导致综合不正确或效率低下，以及与仿真的不匹配。

使用 full_case 指令通常是不良的设计实现。

完整条件可以通过适当的编码风格来设计，从而完全避免这个指令，如下例所示。

full_case 指令的添加方式与 parallel_case 指令类似，以下是一个示例。

```
// DANGEROUS CASE STATEMENT
case(1) // synthesis full_case
```

图 12.7 展示了使用 full_case 指令实现的情况。

full_case 语句向综合工具表明，case 语句已经涵盖了所有可能的条件，不论工具如何解释这些条件。这意味着保持当前值这样的缺省条件是不必要的。从上面的实现中可以看出，所有用于保持当前值的逻辑都已被移除。假设所有情况都已被覆盖，因此剩下的唯一逻辑就是多路选择器本身。

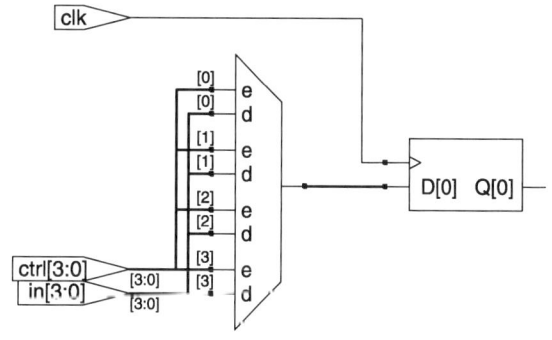

图 12.7　无缺省条件

full_case 指令与 parallel_case 指令一样，是仅用于综合的，这意味着仿真工具会忽略它。这使得 full_case 指令具有危险性，因为它可能导致仿真和综合之间出现不匹配。具体来说，如果每个条件都没有提供输出值，仿真工具将锁定当前值，而综合工具则将其视为"don't care（不关心）"的情况。

parallel_case 和 full_case 可能会导致仿真和综合之间的不匹配。

推荐的做法是避免这种限制并通过设计来保证全面覆盖，即通过使用缺省条件并在 case

语句之前设置默认值（如上所示）。这将使代码更具可移植性，并减少出现不良的不匹配的可能性。

在设置 FPGA 综合选项时，最大的危险之一是允许默认设置，该设置自动假定所有 case 语句都是 full_case、parallel_case 或两者兼有。坦率地说，任何供应商实际上都提供这样的选项，这是令人震惊的。在实现中，这个选项永远不应该被使用。这种类型的选项只会创建隐藏的危险，以不当综合的代码的形式出现，这些代码可能无法通过基本的系统内测试来发现，当然也无法在仿真中发现。

### 12.1.3 多个控制分支

一个常见的错误（在不良的编码风格形式中出现）是将单个寄存器的控制分支分开。在以下示例中，oDat 在两个不同的决策树中被赋予了两个不同的值。

```verilog
// 不良的编码风格
module separated(
  output reg oDat,
  input      iClk,
  input      iDat1, iDat2, iCtrl1, iCtrl2);

 always @(posedge iClk) begin
   if(iCtrl2) oDat <= iDat2;
   if(iCtrl1) oDat <= iDat1;
 end
endmodule
```

由于无法确定 iCtrl1 和 iCtrl2 是否互斥，这种编码方式是有歧义的，综合工具必须为实现做出某些假设。具体来说，当两个条件同时为真时，没有明确的方式来处理优先级。因此，综合工具必须根据这些条件出现的顺序来分配优先级。在这种情况下，如果某个条件最后出现，它将优先于第一个条件。

根据图 12.8，iCtrl1 优先于 iCtrl2。如果这两个条件的顺序被交换，优先级也会相应地被交换。这与 if/else 结构的行为相反，后者会优先处理第一个条件。

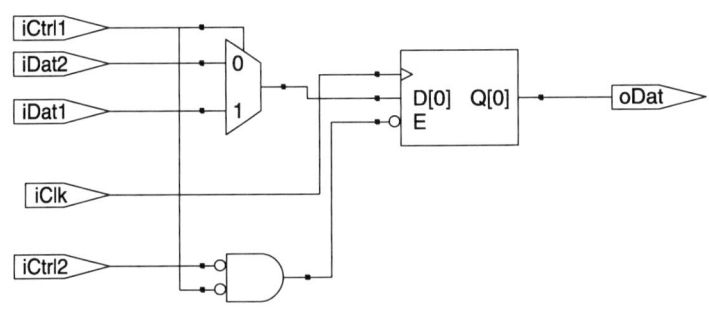

图 12.8　实现中隐含的优先级

将所有寄存器赋值放在单个控制结构内部是良好的设计实现。

## 12.2 陷阱

由于行为级 HDL 在描述功能方面相对于带约束的可综合 RTL 具有更高的灵活性，因此当设计工程师不了解综合工具如何解释各种结构时，他们自然会遇到许多陷阱。本节将识别一些陷阱，并讨论避免这些陷阱的设计方法。

### 12.2.1 阻塞与非阻塞

在软件设计领域，功能是通过定义按预定顺序执行的操作来创建的。在 HDL 设计领域，这种类型的执行可以被认为是阻塞的。这意味着未来的操作被阻塞（不执行），直到当前操作完成后。所有未来的操作都基于这样一个假设：所有之前的操作都已经完成，并且内存中的所有变量都已更新。非阻塞操作与顺序无关。更新由指定的事件触发，当触发事件发生时，所有更新都同时发生。

Verilog 和 VHDL 等 HDL 提供了阻塞和非阻塞赋值的构造。不了解何时以及如何使用这些构造不仅会导致意外的行为，还会导致仿真和综合之间的不匹配。例如以下代码。

```
module blockingnonblocking(
  output reg out,
  input      clk,
  input      in1, in2, in3);
  reg        logicfun;

  always @(posedge clk) begin
  logicfun <= in1 & in2;
  out      <= logicfun | in3;
  end
endmodule
```

逻辑的实现方式如图 12.9 所示，这是逻辑设计工程师所期望的。

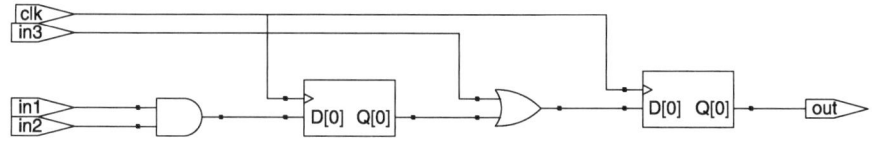

图 12.9 非阻塞赋值的简单逻辑实现方式

在图 12.9 所示的实现中，"logicfun" 和 "out" 都是触发器，而 "in1" 或 "in2" 上的任何变化都需要两个时钟周期才能传播到 "out"。将非阻塞赋值改为阻塞赋值似乎只是一个细微的变化。

```
// 不良的编码风格
logicfun = in1 & in2;
out      = logicfun | in3;
```

在上述修改中，非阻塞语句已被更改为阻塞语句。这意味着 "out" 不会在 "logicfun" 更新之前更新，并且这两个更新都必须在一个时钟周期内发生。

从图 12.10 可以看出，通过将赋值更改为阻塞赋值，我们实际上已经消除了"logicfun"的寄存器，并改变了整个设计的时序。这当然不是说不能用阻塞赋值来实现相同的功能。考虑以下修改。

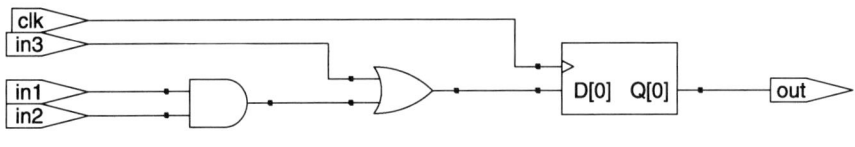

图 12.10　错误的阻塞赋值实现

```
// 不良的编码风格
out      = logicfun | in3;
logicfun = in1 & in2;
```

在上述修改中，我们强制"out"寄存器在"logicfun"之前更新，这迫使输入"in1"和"in2"到"out"的传播产生两个时钟周期的延迟。这将给我们提供预期的逻辑实现，但方法不那么直接。事实上，对于许多具有大量复杂性的逻辑结构来说，这不是一个清晰甚至可行的方法。另一个可能的陷阱诱惑是为每个赋值使用独立的 always 语句。

```
// 不良的编码风格
always @(posedge clk)
 logicfun = in1 & in2;

always @(posedge clk)
 out      = logicfun | in3;
```

尽管这些赋值被拆分成了看似并行的块，但它们并不会按照这种方式进行模拟。应避免使用这种编码风格。

阻塞赋值经常出现在需要相对较多缺省条件的情况下。在以下使用非阻塞赋值的代码示例中，控制信号 ctrl 定义了哪个输入被赋给相应的输出，其余输出被赋为零。

```
// 常见的编码风格
module blockingnonblocking(
  output reg [3:0] out,
  input            clk,
  input      [3:0] ctrl, in);

  always @(posedge clk)
    if(ctrl[0]) begin
      out[0]   <= in[0];
      out[3:1] <= 0;
    end
    else if(ctrl[1]) begin
      out[1]   <= in[1];
      out[3:2] <= 0;
      out[0]   <= 0;
    end
    else if(ctrl[2]) begin
      out[2]   <= in[2];
      out[3]   <= 0;
      out[1:0] <= 0;
```

```verilog
      end
    else if(ctrl[3]) begin
      out[3]   <= in[3];
      out[2:0] <= 0;
    end
  else
    out       <= 0;
endmodule
```

在上述实现的每个决策分支中，所有未赋值的输出都必须设置为零。每个分支都包含一个输入的单个输出赋值和三个零赋值语句。为了简化代码，有时会将初始赋值与阻塞语句一起使用，如下例所示。

```verilog
// 不良的编码风格
module blockingnonblocking(
  output reg [3:0] out,
  input            clk,
  input      [3:0] ctrl, in);

  always @(posedge clk) begin
    out                    = 0;
    if(ctrl[0])      out[0] = in[0];
    else if(ctrl[1]) out[1] = in[1];
    else if(ctrl[2]) out[2] = in[2];
    else if(ctrl[3]) out[3] = in[3];
  end
endmodule
```

由于最后一个赋值结果会被保留，因此上述修改会为所有输出位设置一个初始值，然后只在必要时更改一个输出。虽然这段代码将综合成与更复杂的非阻塞结构相同的逻辑结构，但在仿真中可能会出现竞争条件。尽管不那么直观，但非阻塞赋值可以使用类似的编码风格来完成相同的事情，如下所示。

```verilog
module blockingnonblocking(
  output reg [3:0] out,
  input            clk,
  input      [3:0] ctrl, in);

  always @(posedge clk) begin
    out                    <= 0;
    if(ctrl[0])      out[0] <= in[0];
    else if(ctrl[1]) out[1] <= in[1];
    else if(ctrl[2]) out[2] <= in[2];
    else if(ctrl[3]) out[3] <= in[3];
  end
endmodule
```

这种编码风格更优越，因为非阻塞赋值消除了竞争条件。在编写综合代码时，关于阻塞赋值和非阻塞赋值有一些广泛接受的准则：

使用阻塞赋值来模拟组合逻辑。

使用非阻塞赋值来模拟时序逻辑。

永远不要在一个 always 块中混合使用阻塞赋值和非阻塞赋值。

违反这些准则很可能会导致仿真与综合之间的不匹配、可读性差、仿真性能下降以及难以调试的硬件错误。

## 12.2.2 for 循环

在 HDL 中，类似于 C 语言的循环结构（如 for 循环）可能会给具有软件设计背景的设计工程师带来陷阱。这是因为与 C 语言不同，这些循环在可综合代码中通常不能用于算法迭代。相反，HDL 设计工程师通常会利用这些循环结构来减少编写大量对相似元素执行相似赋值操作的代码量。例如，软件设计工程师可能会使用 for 循环来计算 X 的 N 次幂，如以下代码片段所示。

```
PowerX = 1;
for(i=0;i<N;i++) PowerX = PowerX * X;
```

这个算法循环使用迭代来执行 N 次乘法操作。在每次循环中，运行变量都会被更新。这在软件中运行得很好，因为对于每次循环迭代，内部寄存器都会用当前的 PowerX 值进行更新。

相比之下，可综合的 HDL 在迭代循环过程中不会隐含地进行任何寄存器操作。相反，所有的寄存器操作都需要明确地定义。如果设计工程师尝试以类似的方式在可综合的 HDL 中创建上述结构，他们最终可能会得到一个类似于下面的代码段。

```verilog
// 不良的编码风格
module forloop(
  output reg [7:0] PowerX,
  input      [7:0] X, N);
  integer          i;

  always @* begin
    PowerX = 1;
    for(i=0;i<N;i=i+1)
      PowerX = PowerX * X;
  end
endmodule
```

在行为级仿真中，这段代码可以工作，并且根据综合工具的不同，可能会被综合成门电路。但是，XST 在没有固定 N 值的情况下是不会综合这段代码的，而 Synplify 则会根据 N 的最坏情况值来综合这个循环。如果这段代码确实被综合了，最终的结果将是一个完全展开的循环，形成一个庞大的逻辑块，运行起来会非常慢。在循环的每次迭代中管理寄存器可以使用控制信号，如下例所示。

```verilog
module forloop(
  output reg [7:0] PowerX,
  output reg       Done,
  input            Clk, Start,
  input      [7:0] X, N);
  integer          i;

  always @(posedge Clk)
    if(Start) begin
```

```
        PowerX <= 1;
        i      <= 0;
    Done       <= 0;
  end
  else if(i < N) begin
      PowerX <= PowerX * X;
      i      <= i + 1;
    end
  else
      Done   <= 1;
endmodule
```

在上述设计中，幂函数将比"类似软件"的实现小一个数量级，并且运行速度也会快一个数量级。

**不应使用 for 循环来实现类似软件的迭代算法。**

与之前的例子相比，理解 for 循环的正确使用可以帮助我们创建出可读又高效的 HDL 代码。正如之前提到的，for 循环经常被用作一种简写形式，以减少重复但并行的代码段的长度。例如，以下代码通过对 X 中的每一位与 Y 中的每一位偶数位的异或操作来生成输出。

```
Out[0]  <= Y[0]  ^ X[0];
Out[1]  <= Y[2]  ^ X[1];
Out[2]  <= Y[4]  ^ X[2];
...
Out[31] <= Y[62] ^ X[31];
```

以长格式编写这个 out 将需要 32 行代码和大量重复的键入。为了简化并使其更易于阅读，可以使用 for 循环来复制每个位的操作。

```
always @(posedge Clk)
   for(i=0;i<32;i=i+1) Out[i] = Y[i*2] ^ X[i];
```

从上面的例子可以看出，循环中没有反馈机制。相反，for 循环被用来压缩相似的操作。

### 12.2.3 组合逻辑环

组合逻辑环是包含反馈但没有中间同步元件的逻辑结构。如图 12.11 所示，当一组组合逻辑的输出直接反馈回自身，且中间没有寄存器时，就会发生组合逻辑环。这种类型的行为很少是期望的，并且通常表明设计或实现中存在错误。在第 18 章中，我们将讨论如何对此类结构进行时序分析，但在目前的讨论中，我们将讨论可能产生此类结构的陷阱以及如何避免它们。考虑以下代码段。

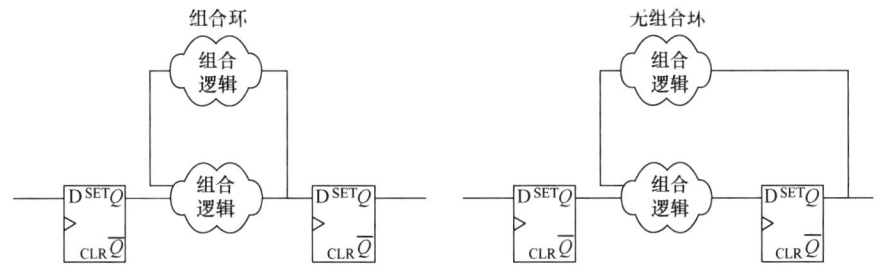

图 12.11　组合电路与时序电路

```
// 不良的编码风格
module combfeedback(
  output out,
  input a);
  reg b;

  // 不良的编码风格：b本身会反馈给b
  assign out = b;

  // 不良的编码风格：敏感列表不全
  always @(a)
    b = out ^ a;
endmodule
```

上述模块代表了一个行为描述，在仿真中可能表现如下：当导线"a"变化时，输出被赋值为当前输出与"a"的异或结果。输出仅在"a"变化时变化，并且不会表现出任何反馈或振荡行为。然而，在 FPGA 综合中，always 结构描述的是寄存器逻辑或

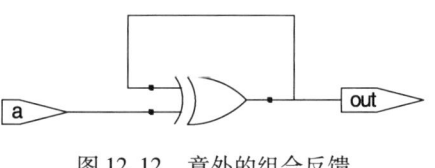

图 12.12　意外的组合反馈

组合逻辑的行为。在这种情况下，综合工具很可能会扩展敏感列表（当前仅包含"a"），以包括所有输入，假设该结构是组合逻辑。当这种情况发生时，反馈环将被闭合，并且将被实现为一个自反馈的异或门。这如图 12.12 所示。

这种类型的结构有非常大的问题，因为当"a"任何时刻输入为逻辑 1 时都会导致电路的振荡。上面列出的 Verilog 代码描述了一个编码风格非常不良的电路。显然，设计工程师没有考虑到硬件，并且会在仿真和综合之间看到巨大的不匹配。作为良好的编码实现，所有组合逻辑结构都应该将 always 块中包含的表达式的所有输入都列在敏感列表中。如果在前面的例子中这样做了，那么这个问题就会在综合之前被发现。

## 12.2.4　推断锁存器

特殊类型的组合逻辑反馈实际上可以推断出时序元件。以下模块以典型方式模拟了一个锁存器。

```
// 锁存器推断
module latch (
  input      iClk, iDat,
  output reg oDat);

  always @*
    if(iClk) oDat <= iDat;
endmodule
```

每当控制信号被置位时，输入被直接传递到输出。当控制信号被释放时，锁存器被禁用。一个非常常见的编码错误是，创建了一个 if/else 判断条件，但忘记了为每个条件定义输出。实现中将产生锁存器，并且通常指示一个编码错误。

在 FPGA 设计中通常不推荐使用锁存器，但可以使用这些器件进行设计和时序分析（带有锁存器的时序分析将在后续章节中讨论）。注意，还有其他方法可以意外地推断出锁存器，

而这些通常是意外的。在以下赋值中，缺省条件是信号本身。

```
// 不良的编码风格
assign O = C ? I : O;
```

有些综合工具不会选择推断一个带有反馈到其输入之一的多路选择器（这通常不是所希望的），而是会推断出一个锁存器。这个锁存器在控制信号被激活时允许输入信号直接通过。问题在于，这会在原本可能没有包含中间时序元件的电路设计中插入了一个时序元件（即锁存器）。这种类型的锁存器推断通常表明 HDL 描述中存在某种错误。

**函数**

在 FPGA 设计中通常不推荐使用锁存器，因为它们很容易实现不当或根本无法实现。一个例子是通过函数调用。例如，考虑将锁存器的典型实例化封装到一个函数中，如下所示。

```
// 不良的代码风格
module latch (
  input       iClk, iDat,
  output reg oDat);

  always @*
    oDat <= MyLatch(iDat, iClk);

  function MyLatch;
  input D, G;
    if(G) MyLatch = D;
  endfunction
endmodule
```

在这种情况下，将输入到输出的条件赋值放入了一个函数中。尽管这种表示方式看似准确地模拟了锁存器的行为，但实际上这个函数总是会被判定为组合逻辑，并直接将输入信号传递到输出。

## 12.3  设计组织

任何与工程师团队合作设计大型 FPGA 的人都明白将设计组织成有用的功能边界以及为可重用性和可扩展性进行设计的重要性。在组织顶层设计时，目标是创建一个更容易按模块管理的设计，创建可读且可重用的代码，并创建一个允许设计扩展的基础。本节讨论在构建设计时需要考虑的一些问题，这些问题将影响设计的可读性、可重用性和综合效率。

### 12.3.1  分区

分区是指根据模块、层次结构和其他功能边界来组织设计。设计的分区应该一开始就考虑好，因为随着项目的进展，对设计组织的重大更改将变得更加困难和昂贵。设计工程师可以很容易地围绕一个功能块进行思考，这将使他们能够以一种高效的方式设计、仿真和调试他们的模块。

#### 12.3.1.1  数据路径与控制

许多架构可以划分为数据路径和控制结构。数据路径通常是"管道"，它将数据从设计的输入传输到输出,并对数据进行必要的操作。控制结构则不携带或处理通过设计的数据,而是为各种操作配置数据路径。图 12.13 展示了数据路径和控制之间的逻辑分区。

根据图 12.13 所示的分区,将数据路径和控制结构放入不同的模块中,并明确界定各个设计工程师之间的接口,这在逻辑上是合理的。这样做不仅使不同的逻辑设计工程师更容易划分设计活动,而且也为后续可能需要的优化提供了便利。

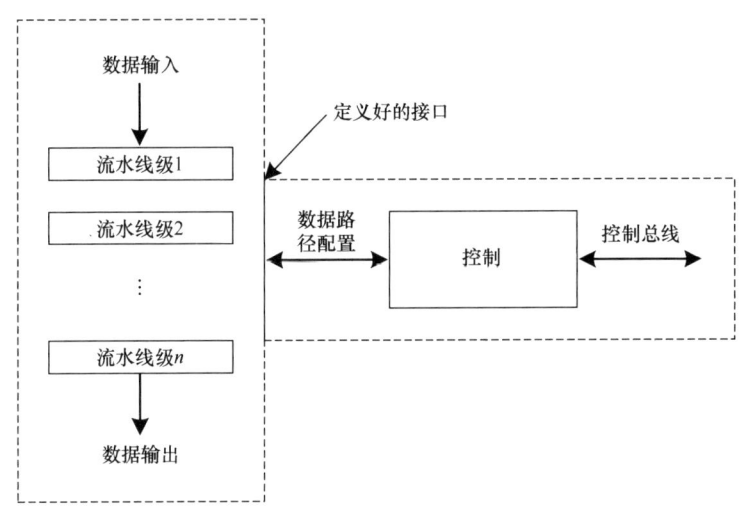

图 12.13　数据路径和控制之间的逻辑分区

**数据路径和控制块应该被划分到不同的模块中。**

因为数据路径通常是设计的关键路径(设计的吞吐量将与流水线的时序相关),因此可能需要为这条路径设计一个布图规划以达到最大性能。另一方面,控制逻辑的时序要求往往较低,因为它不是主要数据路径的一部分。

例如,在设计中设置一个简单的 SPI(串行外设接口)或 $I^2C$(集成电路间接口)类型的总线来控制寄存器是非常常见的。如果流水线以数百兆赫的速度运行,那么在这两种接口时序要求之间肯定会有很大的差异。因此,如果数据路径需要布图规划,则控制逻辑通常可以保持不受空间约束,并分散在流水线的任何地方,具体取决于自动布局和布线工具。

#### 12.3.1.2　时钟和复位结构

良好的设计实现要求任何给定的模块都只能有一种类型的时钟和一种类型的复位。在许多设计中,如果存在多个时钟域和/或复位结构,那么重要的是要在层次结构中进行分区,以便它们被不同的模块分隔开。

**在每个模块中只使用一个时钟和一种类型的复位是良好的设计实现。**

其他章节讨论了在过程描述中混合使用时钟和复位类型所涉及的风险,但如果给定模块只有一个时钟和复位,则这些问题就不太可能发生。

#### 12.3.1.3　多次实例化

如果在特定模块(或跨多个模块)中某些逻辑操作发生多次,一种自然的设计分区方法是将这些块组合成一个单独的模块，并将其放入层次结构中以便多次实例化。

图 12.14 中描述的分区有许多优点。首先，它更容易将功能块分配给彼此独立的设计工程师。一位设计工程师可以专注于顶层设计、组织和仿真，而另一位设计工程师可以专注于子模块特有的功能。如果接口定义明确，这种分组设计使设计工程师们可以很好地工作。然而，如果两位设计工程师都在同一模块内开发，则可能会产生更大的混淆和困难。此外，子模块可以在设计的其他区域或完全不同的设计中重复使用。通常，重新实例化现有模块比从较大模块中剪切和粘贴并重新设计相应接口要容易得多。

采用这种策略时可能会遇到的一个困难是，各个模块之间可能存在细微差异，如数据宽度、迭代次数等。这些情况可以通过一种称为参数化的设计方法来解决，即同类模块可以共享一个可参数化的公共代码库，基于每个实例进行参数化。下一节将更详细地讨论这一点。

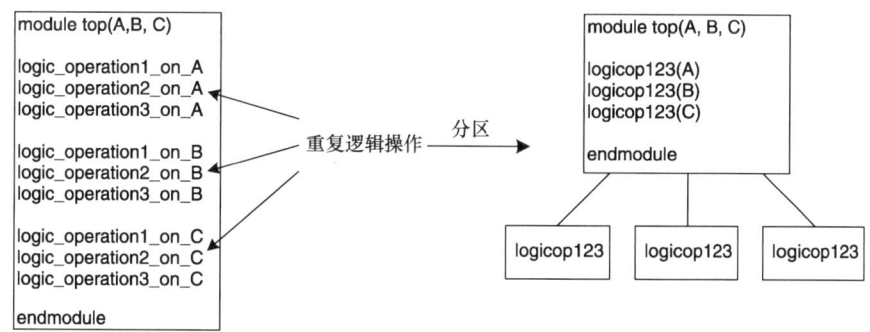

图 12.14　模块化设计

## 12.3.2　参数化

在 FPGA 设计中，参数是模块的一个属性，可以在全局范围内或逐个实例地更改，同时保持模块的基本功能。本节将描述参数化的形式以及如何利用它们进行高效的综合编码。

### 12.3.2.1　定义

参数和定义在某些方面是相似的，但在多数情况下，为了高效、可读和模块化的设计，其中一种比另一种更受欢迎。定义通常用于所有模块中保持不变的全局值，或者为代码的部分包含范围和剔除范围提供编译时指令。在 Verilog 中，定义通过 define 语句实现，而编译时控制则通过随后的 ifdef、ifndef、elsif、else 和 endif 语句实现。全局定义的例子可以是定义设计范围内的常量，例如：

```
`define CHIPID 8'hC9    // 全局电路ID
`define onems 90000 //   时钟为11ns下大约1ms的周期数

`define ulimit16 65535 // 一个16bit无符号字的上限
```

上述列出的定义是全局"不变真理"的示例，这些"真理"在子模块之间不会改变。全局定义的另一个用途是指定编译时指令以进行代码选择。一个非常常见的应用场景是在 FPGA 中进行 ASIC 的原型设计。在设计过程中（特别是在 I/O 和全局结构方面），ASIC 和

FPGA 之间经常会有细微的修改差异。例如，在定义文件中，可能会包含如下几行内容：
```
`define FPGA
//`define ASIC
```
在顶层模块中，可能包含如下条目：
```
`ifdef ASIC
input TESTMODE;
output TESTOUT;
`endif

`ifdef FPGA
output DEBUGOUT;
`endif
```
在上面的代码示例中，测试引脚必须包含在 ASIC 测试输入中，但在 FPGA 实现中没有意义。因此，设计工程师只会在 ASIC 综合中包括这些占位符。同样，设计工程师可能有用于 FPGA 原型调试的输出，但这些输出将不包括在最终的 ASIC 实现中。全局定义允许设计工程师维护一个结构可变化的单一代码库。

应使用 ifdef 指令进行全局定义。

为了确保定义在全局范围内应用且不会相互冲突，建议创建一个全局定义文件，该文件可以被包含在所有设计模块中。这样，任何全局参数的更改都可以在一个中枢位置进行修改。

#### 12.3.2.2 参数

与全局定义不同，参数通常局限于特定的模块，并且可以从一个实例化到另一个实例化有所不同。一个非常常见的参数是大小或总线宽度，如下面的寄存器示例所示。
```
module paramreg #(parameter WIDTH = 8) (
  output reg [WIDTH-1:0] rout,
  input                  clk,
  input      [WIDTH-1:0] rin,
  input                  rst);

  always @(posedge clk)
    if(!rst) rout <= 0;
    else     rout <= rin;
endmodule
```
上述代码示例展示了一个具有可变宽度的简单参数化寄存器。尽管参数的默认值是 8 位，但每个单独的实例化都可以仅修改该实例化的宽度。例如，在层次结构中更高级别的模块可以实例化以下 2 位寄存器：
```
// 正确，但是这种参数传递的方式已经过时
paramreg #(2) r1(.clk(clk), .rin(rin), .rst(rst),
.rout(rout));
```
或者以下 22 位寄存器：
```
// 正确，但是这种参数传递的方式已经过时
paramreg #(22) r2(.clk(clk), .rin(rin), .rst(rst),
.rout(rout));
```
从上面的实例化可以看出，使用了"paramreg"的相同代码库来实例化两个具有不同属性的寄存器。还要注意，在实例化之间，模块的基本功能（寄存器）没有改变，只是该功能

的一个特定属性（大小）发生了变化。

参数应该用于可能在模块之间发生变化的局部定义。

当需要具有相似功能但特性略有不同的不同模块时，这种参数化代码非常有用。如果没有参数化，设计工程师将需要为同一模块的变体维护一个庞大的代码库，其中变更将是繁琐且容易出错的。另一种选择是在特性不相同的实例化中使用相同的模块。

上述参数定义的另一种方法是使用 Verilog 中的 "defparam" 命令。这允许设计工程师在设计层次结构中的任何位置指定参数。但这里存在危险，因为参数通常是在特定的模块实例中使用的，并且这些参数值在该特定实例之外是不可见的（类似于软件设计中的局部变量），因此很容易让综合工具感到困惑，并导致与仿真不匹配的情况。一个展示不良设计实现的常见场景如图 12.15 所示。

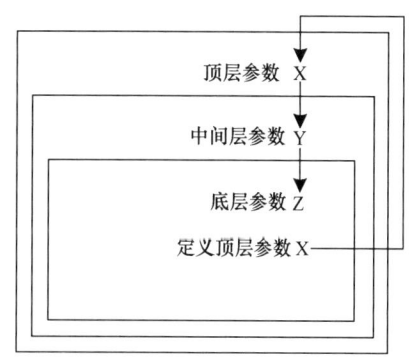

图 12.15 defparam 命令的滥用

图 12.15 展示了通过实例化在层次结构中从顶层到底层传递参数，但随后在层次结构的子模块中重新定义了顶层参数的做法。这种做法不仅从组织和可读性的角度来看是不良的设计实现，而且也存在仿真与综合之间不匹配的风险。尽管仿真工具可能会按照设计工程师的意图正确地进行仿真，但综合工具通常会从上到下评估参数，并据此构建物理结构。因此，如果使用了 defparam，建议始终在与所定义参数相对应的模块实例化中包含它们。

Verilog-2001 引入了一种更高级的参数化形式，这将在下一节中讨论。

#### 12.3.2.3 Verilog-2001 中的参数

Verilog-2001 引入了一种改进的参数化方法。在 Verilog 的旧版本中，参数值的传递要么难以捉摸，要么在使用位置参数传递时难以阅读，并且如上一节所述，使用 defparam 存在许多风险。理想情况下，设计工程师应该以一种类似于模块 I/O 之间传递信号的方式来向模块传递参数值列表。在 Verilog-2001 中，可以在模块外部通过名称引用参数，从而消除了可读性问题以及与 defparam 相关的风险。例如，上一节中 paramreg 的实例化将被修改为包括参数名称。

```
paramreg #(.WIDTH(22)) r2(.clk(clk), .rin(rin), .rst(rst),
.rout(rout));
```

这取消了位置要求，提高了代码的可读性，并降低了人为错误的可能性。因此，强烈推荐使用这种命名参数化的方式。

命名参数传递优于位置参数传递或 defparam 语句。

Verilog-2001 在参数化方面的另一项重大改进是 "localparam"。localparam 是局部变量的 Verilog 参数版本。localparam 可以从包含其他参数的表达式中派生出来，并且仅限于它所在的模块实例。例如，考虑以下参数化的乘法器。

```
// 本地参数的混合头定义风格
module multparam #(parameter WIDTH1 = 8, parameter WIDTH2 = 8)
                 (oDat, iDat1, iDat2);
    localparam              WIDTHOUT = WIDTH1 + WIDTH2;
    output [WIDTHOUT-1:0]   oDat;
    input  [WIDTH1-1:0]     iDat1;
    input  [WIDTH2-1:0]     iDat2;

    assign oDat = iDat1 * iDat2;
endmodule
```

在上面的例子中，唯一需要在外部定义的参数是两个输入的宽度。因为设计工程师总是假设输出的宽度是输入宽度之和，所以这个参数可以根据输入参数推导出来，而不需要在外部进行冗余计算。这简化了设计工程师的工作，并消除了输出大小与输入大小之和不匹配的可能性。

目前，localparam 不支持在模块头中使用，因此，如果 localparam 用于 I/O 列表中，则必须冗余地声明端口列表（Verilog-1995 风格）。不过，只要 localparam 可以从其他输入参数中派生出来，就推荐使用它，因为它将进一步减少人为错误的可能性。

## 12.4　要点总结

- 当决策树具有优先级编码时，应使用 if/else 结构。
- 使用 parallel_case 指令通常被认为是不良的设计实现。
- 使用 full_case 指令通常是不良的设计实现。
- parallel_case 和 full_case 可能会导致仿真与综合之间的不匹配。
- 将所有寄存器赋值放在单个控制结构内部是良好的设计实现。
- 使用阻塞赋值来模拟组合逻辑。
- 使用非阻塞赋值来模拟时序逻辑。
- 永远不要在一个 always 块中混合使用阻塞赋值和非阻塞赋值。
- 不应使用 for 循环来实现类似软件的迭代算法。
- 数据路径和控制块应该被划分到不同的模块中。
- 在每个模块中只使用一个时钟和一种类型的复位是良好的设计实现。
- 应使用 ifdef 指令进行全局定义。
- 参数应该用于可能在模块之间发生变化的局部定义。
- 命名参数传递优于位置参数传递或 defparam 语句。

# 第13章 设计示例：安全哈希算法

安全哈希算法（SHA）定义了一种创建信息压缩表示的方法（信息摘要），并且这种方法在计算上必须要信息本身参与运算。这一特性使得 SHA 在诸如数字签名等应用中非常有用，可以用于校验信息的真实性，或用于随机数生成等辅助应用。

由美国国家标准与技术研究院（NIST）定义的 SHA 的优点之一是它们易于在硬件中实现。所有操作的逻辑运算代码都相对简单，可在 FPGA 中高效实现。本章的目标是以参数化的方式实现 SHA-1 标准，并评估改变参数的影响。

## 13.1 SHA-1 架构

各种 SHA 标准与哈希大小相关，哈希大小直接对应于安全级别（特别是对于数字签名等应用）。本章中考虑的 SHA 标准是最基本的 SHA-1。SHA-1 算法在 32 位字上操作，每个中间哈希计算都是从 512 位块（16 个字）计算得出的。信息摘要是 160 位，这是原始信息的压缩表示。

为了举例说明，我们将假设初始信息已被正确填充和解析。160 位哈希用 SHA 标准定义的 5 个 32 位字初始化，并分别标记为 $H_0^{(i)}$、$H_1^{(i)}$、$H_2^{(i)}$、$H_3^{(i)}$ 和 $H_4^{(i)}$（初始值为 $H^{(0)}$）。信息调度表示为 80 个字 $W_0$、$W_1$……$W_{79}$，5 个工作变量由寄存器 A ~ E 表示，一个临时字表示为 T。基本架构如图 13.1 所示。

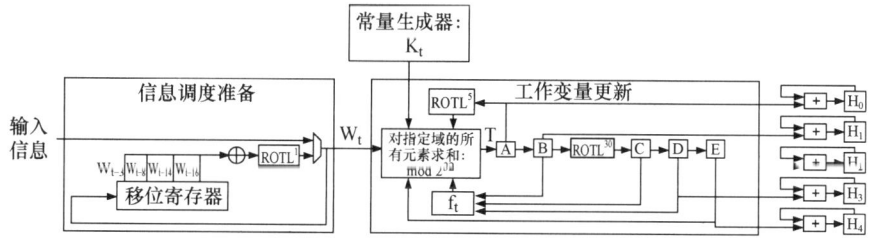

图 13.1 SHA-1 的基本架构

最初，工作变量使用当前的哈希值 $H_0^{(i)} \sim H_4^{(4)}$ 进行更新，其中初始哈希值本身在 SHA 规范中定义为常量。对于总共 80 个循环，信息调度必须生成一个唯一的 $W_t$，该 $W_t$ 被添加到有限域 mod $2^{32}$ 工作变量的函数中。常量生成器的定义见表 13.1。函数 $f_t$ (B、C 和 D) 的定义见表 13.2。在工作变量经过 80 次更新后，A ~ E 分别添加到 $H_0 \sim H_4$ 上，以得到最终的哈希值。

表 13.1 常量生成器的定义

| $K_t$ | 迭代次数 |
| --- | --- |
| 5a827999 | $0 \leq t \leq 19$ |
| 6ed9eba1 | $20 \leq t \leq 39$ |
| 8f1bbcdc | $40 \leq t \leq 59$ |
| ca62c1d6 | $60 \leq t \leq 79$ |

表 13.2 $f_t$ 的定义

| $f_t$ | 迭代次数 |
| --- | --- |
| (B & C) ∧ (~B & D) | $0 \leq t \leq 19$ |
| B ∧ C ∧ D | $20 \leq t \leq 39$ |
| (B & C) ∧ (C & D) ∧ (B & D) | $40 \leq t \leq 59$ |
| B ∧ C ∧ D | $60 \leq t \leq 79$ |

我们所考虑的实现是一个迭代地重用逻辑资源的紧凑设计，信息调度和工作变量更新都按照框图所示的方式迭代进行。只有在完成当前哈希计算后，才能开始新的哈希计算。注意，由于必须等待前一个哈希完成才能开始下一个，所以在设计中可以流水线化的部分非常少。代码如下所示。

```
`define H0INIT 32'h67452301
`define H1INIT 32'hefcdab89
`define H2INIT 32'h98badcfe
`define H3INIT 32'h10325476
`define H4INIT 32'hc3d2e1f0

`define K0 32'h5a827999
`define K1 32'h6ed9eba1
`define K2 32'h8f1bbcdc
`define K3 32'hca62c1d6
module sha1 #(parameter WORDNUM = 16, parameter WORDSIZE = 32,
            parameter WSIZE = 480)(
output [159:0]        oDat,
output reg            oReady,
input  [WORDSIZE-1:0] iDat,
input                 iClk,
input                 iInitial, iValid);
reg    [6:0]          loop;
reg    [WORDSIZE-1:0] H0, H1, H2, H3, H4;
reg    [WSIZE-1:0]    W;
reg    [WORDSIZE-1:0] Wt, Kt;
reg    [WORDSIZE-1:0] A, B, C, D, E;

// 哈希函数
wire   [WORDSIZE-1:0] f1,f2,f3, WtRaw, WtROTL1;
wire   [WORDSIZE-1:0] ft;
wire   [WORDSIZE-1:0] T;
wire   [WORDSIZE-1:0] ROTLB;  // 左旋转B位

// 基于循环迭代的SHA-1函数定义
assign f1     = (B & C) ^ (~B & D);
assign f2     = B ^ C ^ D;
```

```verilog
assign f3        = (B & C) ^ (C & D) ^ (B & D);
assign ft        = (loop < 21) ? f1:(loop < 41) ? f2:(loop < 61) ?
                   f3:f2;
// 在左旋转一位前，原始数据Wt的计算
assign WtRaw     = {W[(WORDNUM-2)*WORDSIZE-1:(WORDNUM-3)*WORDSIZE] ^
 W[(WORDNUM-7) * WORDSIZE-1:(WORDNUM-8) * WORDSIZE] ^
 W[(WORDNUM-13)* WORDSIZE-1:(WORDNUM-14)* WORDSIZE] ^
 W[(WORDNUM-15)* WORDSIZE-1:(WORDNUM-16)* WORDSIZE]};
// Wt左旋转一位
assign WtROTL1 = {WtRaw[WORDSIZE-2:0],
  WtRaw[WORDSIZE-1]};

assign T        ={A[WORDSIZE-6:0],A[WORDSIZE-1:WORDSIZE-5]} +
                  ft + E + Kt + Wt;

assign ROTLB    = {B[1:0],B[WORDSIZE-1:2]};

assign oDat     = {H0, H1, H2, H3, H4};

// 基于循环迭代的Kt变量定义
always @ (posedge iClk)
  if (loop < 20)        Kt <= `K0;
  else if (loop < 40) Kt <= `K1;
  else if (loop < 60) Kt <= `K2;
  else                 Kt <= `K3;

// 信息调度
always @(posedge iClk) begin
  // preparing message schedule
  if(loop < WORDNUM)  Wt <= iDat;
  else                Wt <= WtROTL1;

// 将iDat移位到MS的位置
if((loop < WORDNUM-1) & iValid)
  W[WSIZE-1:0]        <= {iDat, W[WSIZE-1:WORDSIZE]};
// 将Wt移位到MS的位置
else if(loop > WORDNUM-1)
  W[WSIZE-1:0]        <={Wt,W[(WORDNUM-1) * WORDSIZE-1:WORDSIZE]};
end

always @(posedge iClk)
  if(loop == 0) begin
    if(iValid) begin
      // 初试化工作变量
      if(!iInitial) begin
        A   <= `H0INIT;
        B   <= `H1INIT;
        C   <= `H2INIT;
        D   <= `H3INIT;
        E   <= `H4INIT;
        H0  <= `H0INIT;
        H1  <= `H1INIT;
        H2  <= `H2INIT;
        H3  <= `H3INIT;
        H4  <= `H4INIT;
      end
      else begin
        A   <= H0;
        B   <= H1;
```

```
            C       <= H2;
            D       <= H3;
            E       <= H4;
         end
         oReady <= 0;
         loop    <= loop + 1;
       end
     else
        oReady    <= 1;
    end
  else if(loop == 80) begin
    // 计算中间哈希值
    H0         <= T + H0;
    H1         <= A + H1;
    H2         <= ROTLB + H2;
    H3         <= C + H3;
    H4         <= D + H4;
    oReady <= 1;
    loop    <= 0;
  end
  else if(loop < 80) begin
    E       <= D;
    D       <= C;
    C       <= ROTLB;
    B       <= A;
    A       <= T;
    loop    <= loop + 1;
  end
  else
    loop    <= 0;
endmodule
```

函数 $f_t(B,C,D)$ 和 $K_t$ 都实现为根据当前迭代选择适当的输出的多路选择器。函数 $f_t(B,C,D)$ 选择如图 13.2 所示的适当变换。

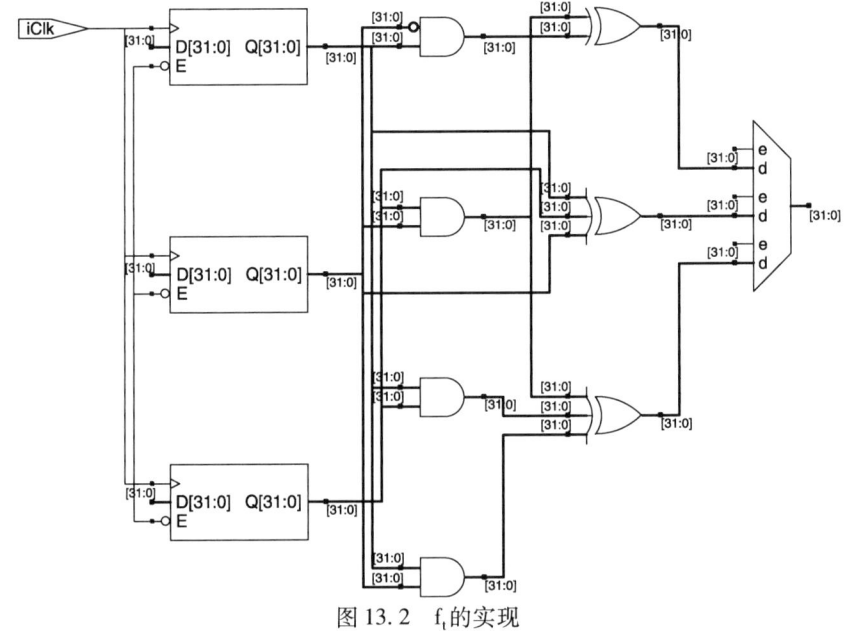

图 13.2　$f_t$ 的实现

同样,常量生成器只是根据当前迭代选择预定义的常量(见图 13.3)。

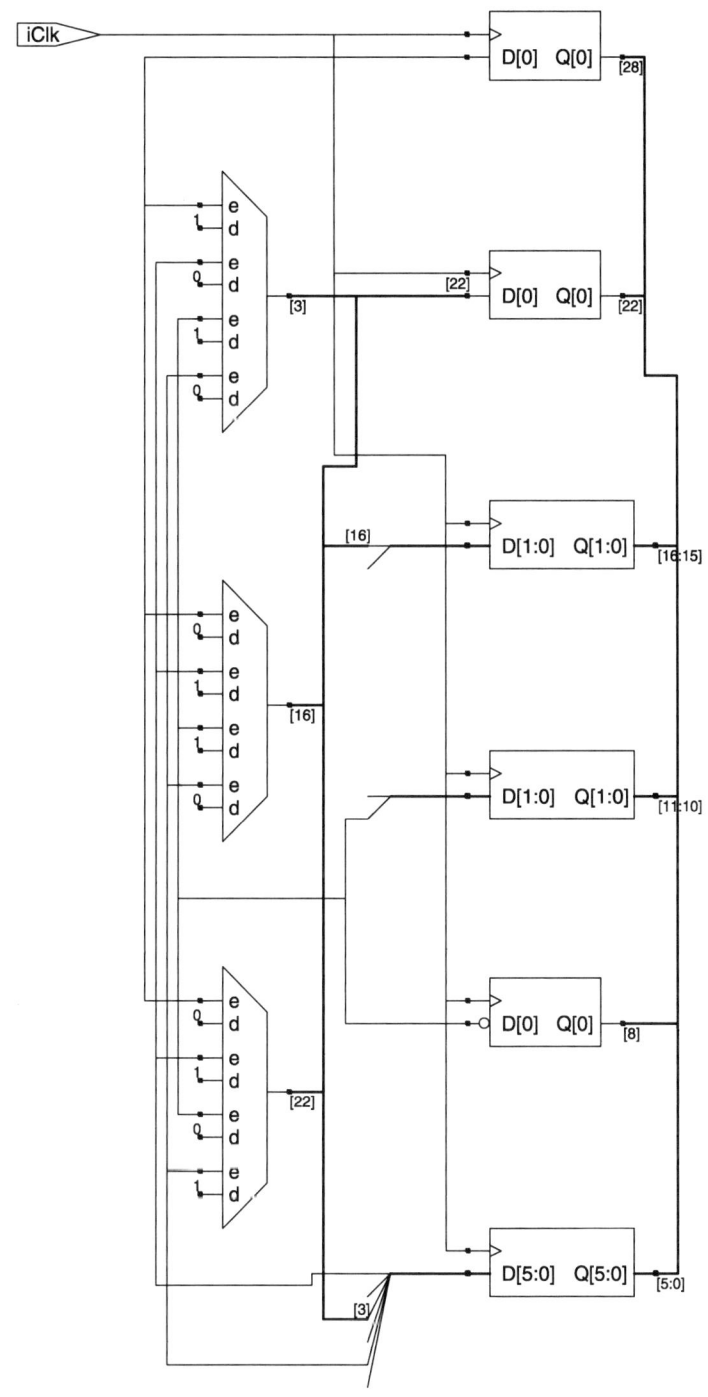

图 13.3　常量生成器的实现

注意，因为只选择常量，所以综合工具能够优化某些位。对于有限域加法，使用简单的加法器，如图 13.4 所示。

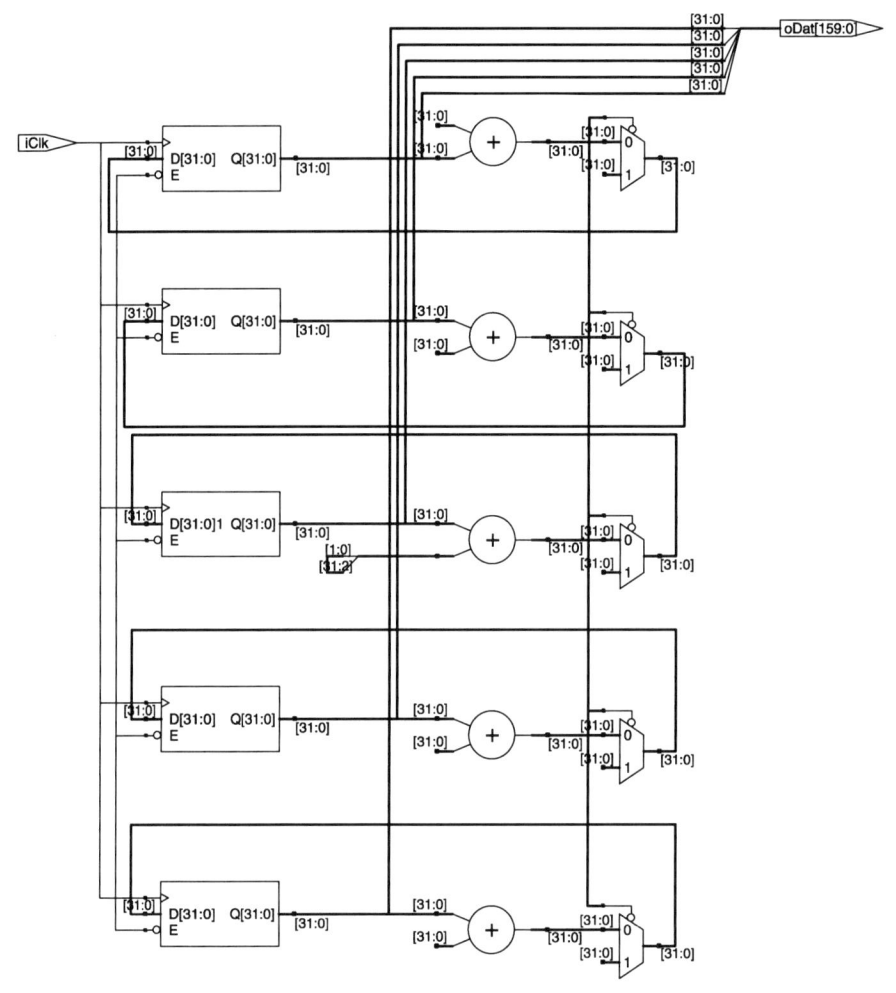

图 13.4　有限域加法

在硬件中，mod $2^{32}$ 的加法很简单，因为模数通过包含和的 32 位寄存器自动处理。因此，这种有限域的数学运算比标准算术更容易，因为不需要进行溢出检查。

注意，在示例中既使用了定义，也使用了参数。通常，定义会包含在单独的 defines.v 文件中，但为了便于说明，它们被包含在了模块的上方。注意，定义包含了全局或系统范围的常量。SHA 规范定义了初始哈希值和常量表，这两者都不会改变。参数用于模块特定的参数。SHA 规范定义了字大小为 32 位，块大小为 512 位（16 个字），但这里将它们列为参数以作为说明。总线向 SHA 核驱动的数据小于 32 位是可行的，那么就需要这样的参数以及一个可参数化的接口。注意，所有信号声明和位操作都是基于基本参数的。

使用这种方法，只需更改相应的参数即可创建不同宽度的数据路径，接下来将描述相应的实现结果。

## 13.2 实现结果

在本节中,我们基于 Xilinx Spartan-3 的实现讨论参数变化对速度/面积的权衡。所有变化均在同一代码库上进行,仅将参数定义作为独立变量。表 13.3 展示了数据路径宽度（WORDSIZE）和输入字数（WORDNUM）变化的影响。

表 13.3　基于 Xilinx Spartan-3 的速度/面积统计

| WORDNUM | WORDSIZE | 最大时钟频率/MHz | 占用面积（Xilinx LUT） |
| --- | --- | --- | --- |
| 16 | 32 | 86 | 858 |
| 32 | 32 | 86 | 860 |
| 16 | 64 | 78 | 1728 |

表 13.3 中的实现结果表明,小参数化设置可以产生巨大的差异。第一个参数 WORDNUM 几乎没有产生影响,因为它仅仅调整了初始选择进入信息调度的输入数量。这只会对比较和多路选择操作产生很小的影响,因此增加了很小的开销。另一方面,第二个参数 WORDSIZE 直接影响整个设计的数据路径。在这种情况下,将字大小加倍将直接加倍实现该设计所需的总资源。

# 第 14 章 综合优化

大多数 FPGA 综合的实现工具为设计工程师提供了数十种优化选项。大多数设计工程师遇到的主要问题是，并不清楚这些选项具体能做什么，特别是如何使用这些选项来实现优化设计。大多数设计工程师从未完全理解这些优化选项，经过数小时、数天或数周的尝试，他们找到了似乎能给他们带来最佳结果的方式。在经历了这样的过程之后，很少有设计工程师会超越过去他们对优化选项的理解和使用。因此，由于缺乏对于优化的基本理解和难以开发出一套完整解决方案库，大多数的优化选项都没得到使用。

本章基于过去的实践经验来描述综合优化最重要的方面，并将提供实用的实例方法，方便读者快速理解和使用。在本章中，我们将详细讨论以下主题：
- 速度与面积之间的权衡取舍。
- 用于面积优化的资源共享。
- 流水线、重定时和寄存器平衡的性能优化。
  - ➢ 复位对寄存器平衡的影响。
  - ➢ 处理重新同步寄存器。
- 优化有限状态机（FSM）。
- 黑盒处理。
- 用于性能优化的物理综合。

## 14.1 速度与面积的权衡

大多数综合工具都提供了有关速度与面积优化的选项开关。这看起来是显而易见的：如果你希望它运行得更快，则选择速度；如果你希望它更小，则选择面积。这个开关是有误导性的，因为它是一些算法的概括，这些算法有时会产生相反的结果（例如，在告诉它加快速度后反而变得更慢）。在理解为什么会发生这种情况之前，我们首先必须理解速度和面积优化对我们的设计产生的实际影响。

在综合层面，速度和面积优化决定了实现 RTL 时将使用的逻辑拓扑结构。在这个抽象层面上，人们对 FPGA 的物理性质知之甚少。具体到本次讨论，这将涉及基于布局和布线的互连延迟。综合工具使用所谓的线负载模型,这些模型是基于设计的各种标准对互连延迟的统计估计。在 ASIC 设计中,设计工程师可以访问这些模型,但在 FPGA 设计中,这些模型隐藏在幕后。综合工具在这里得出其估计值,这些估计值通常与最终结果有很大不同。由于缺乏后端知识,综合工具将主要执行门级优化。在高端 FPGA 设计工具中,存在一种称为基于布局的综合流程来弥合这一鸿沟,本章末尾将对此进行讨论。

基于综合的门级优化将包括诸如状态机编码、并行与交错多路复用、逻辑复制等策略。作为一般的经验法则(尽管不总是正确),更快的电路需要更多的并行结构,这等同于更大的电路。这里就存在速度与面积之间权衡的基本概念:更快的电路需要更多的并行性,因此会导致面积的增加。然而,由于 FPGA 版图的二阶效应,这并不总是如预期的那样工作。

只有在布局和布线完成后,工具才能真正知道器件的拥塞程度或布局和布线过程的难度。在这个流程阶段,综合工具已经确定采用特定的逻辑拓扑结构。因此,如果优化工作在综合级别设定了速度目标,而后端工具发现器件过于拥塞,它仍然必须尝试布局和布线所有额外的逻辑。当器件拥塞时,工具将别无选择,只能将组件放置在任何能容纳的地方,因此会引入由于布线不理想而导致的长延迟。由于设计工程师出于经济原因通常会使用尽可能小的 FPGA,因此,这种情况会经常发生。而这种情况引发出了一个通用设计规则:

随着资源利用率接近 100%,在综合层面上进行速度优化并不总是能产生更快的设计。实际上,面积优化可能会导致更快的设计。

图 14.1 所示为在 Virtex-II FPGA 中实现的 RISC 微处理器的实际速度与约束速度的关系。

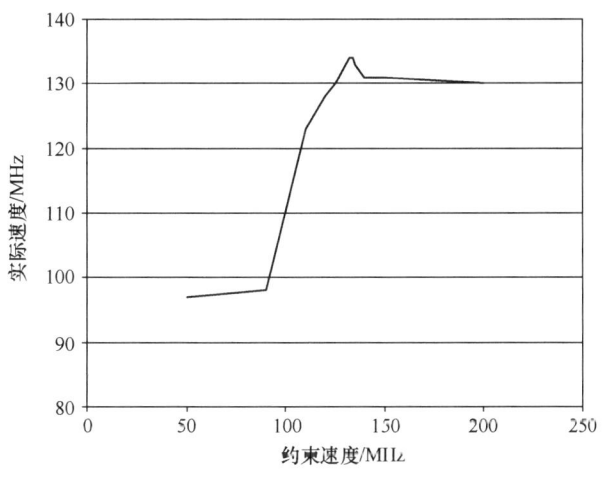

图 14.1 实际速度与约束速度

为了说明效果,关键路径通过布局约束被限制在一个紧密的物理区域内。

如图 14.1 所示,性能图可以分为四个区域:
- 未充分约束:这是底部附近的平坦区域,其中约束被定义为小于 95 MHz。在这个区域,逻辑的紧凑实现将以大约 95 MHz 的速度运行,而无需进行任何重大的时序优化。
- 优化区域:95~135 MHz 之间的线性区域代表了可以通过逻辑实现中相应的优化来满

足时序约束增加的范围。换句话说，可以通过综合出更高速度（以及相应更大面积）的逻辑结构来满足此区域中的时序约束。
- 峰值：上部峰值代表在给定了特定设计的并行架构和 FPGA 中可用的空间量的情况下，改进逻辑结构可以满足的最大约束频率。
- 过度约束：这是顶部附近的平坦区域，其中约束频率超过了最大可实现频率。

这个例子有助于说明与过度约束设计相关的问题。如果目标频率设置得过高（即比最终速度高出 15%～20% 以上），设计可能会以次优方式实现，实际上会导致最大速度的降低。在初始实现阶段，综合工具将根据时序要求创建逻辑结构。如果在初始时序分析阶段确定设计离满足时序要求太远，工具可能会过早放弃。然而，如果约束设置为正确的目标，并且不超过最终频率的 20%（假设最初没有满足时序要求），逻辑将以最小的面积实现以满足指定的时序要求，并且在时序关闭期间将具有更多的灵活性。同样重要的是要指出，由于 FPGA 实现的二阶效应，针对较小的设计可能会也可能不会根据具体情况改善时序。这个问题将在后面各节中讨论。

## 14.2 资源共享

在前面的章节中已经讨论了架构资源共享，即通过控制逻辑的复用，可将部分设计用于不同的功能块。从高层次来看，这种类型的架构可以大大减少总体面积，但如果操作不相互排斥，则可能会降低吞吐量。在综合优化层面上，资源共享通常在寄存器级之间的逻辑组上进行操作。这些更简单的架构可以归结为简单的逻辑和算术运算。

一个支持资源共享的综合引擎将识别出互斥的相似算术操作，并通过控制逻辑将这些操作结合起来。例如，考虑以下示例。

```
module addshare (
 output oDat,
 input iDat1, iDat2, iDat3,
 input iSel);

 assign oDat = iSel ? iDat1 + iDat2: iDat1 + iDat3;
endmodule
```

在上述示例中，输出 oDat 根据选择位的值，要么是前两个输入的和，要么是第一个和第三个输入的和。这种逻辑的直接实现如图 14.2 所示。

在图 14.2 中，两个和都独立计算，并根据输入 iSel 进行选择。这是直接从代码映射过来的，但可能不是最高效的方法。经验丰富的设计工程师会意识到输入 iDat1 在两个加法操作中都被使用，可以使用一个加法器，并将输入 iDat2 和 iDat3 通过多路选择器在输入端进行切换，如下面所示。

通过使用综合工具提供的资源共享选项也可以实现这一结果。资源共享会将两个加法操作识别为两个互斥事件。根据选择位（或其他条件操作符）的状态，要么更新一个加法器，要么更新另一个。然后综合工具能够合并加法器并将输入进行多路复用（见图 14.3）。

尽管上述实现中的最大延迟没有受到资源共享优化的影响，但在某些情况下，资源共享

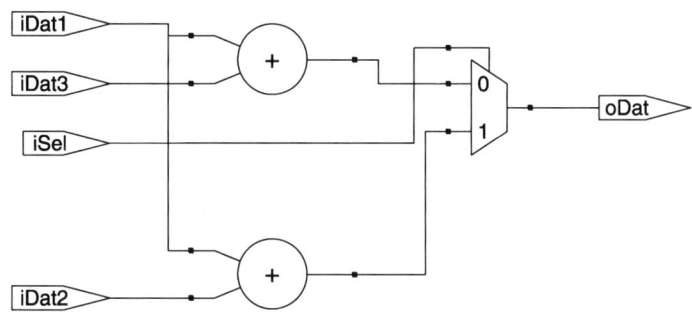

图 14.2 两个加法器的直接实现

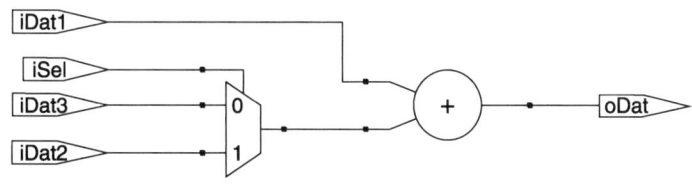

图 14.3 组合加法器资源

将需要在个别路径上增加额外的复用。考虑以下对前面例子的扩展。

```
module addshare (
 output      oDat,
 input       iDat1, iDat2, iDat3,
 input [1:0] iSel);

 assign oDat = (iSel == 0) ? iDat1 + iDat2:
               (iSel == 1) ? iDat1 + iDat3:
               iDat2 + iDat3;
endmodule
```

直接映射结构如图 14.4 所示。这种实现方式为所有加法器和选择逻辑创建了并行结构。最坏情况下的延迟将是通过一个加法器和一个选择器的路径。启用资源共享后，加法器的输入将如图 14.5 所示进行合并。在这种实现中，所有的加法器都被简化为一个带有多路选择器的加法器。然而，注意，关键路径现在跨越了三级逻辑。这实际上是否影响这条路径的时序，不仅取决于实现的逻辑的具体细节，还取决于 FPGA 中可用的资源。

如果路径为非关键路径，即操作不在最坏情况下的触发器到触发器时序路径中，智能综合工具通常会利用资源共享。如果综合工具具有此功能，那么该选项几乎总是有用的。如果不是非关键路径，那么设计工程师必须分析关键路径，看看这种优化是否增加了额外的延迟。

如果激活了资源共享，应确保它没有给关键路径增加延迟。

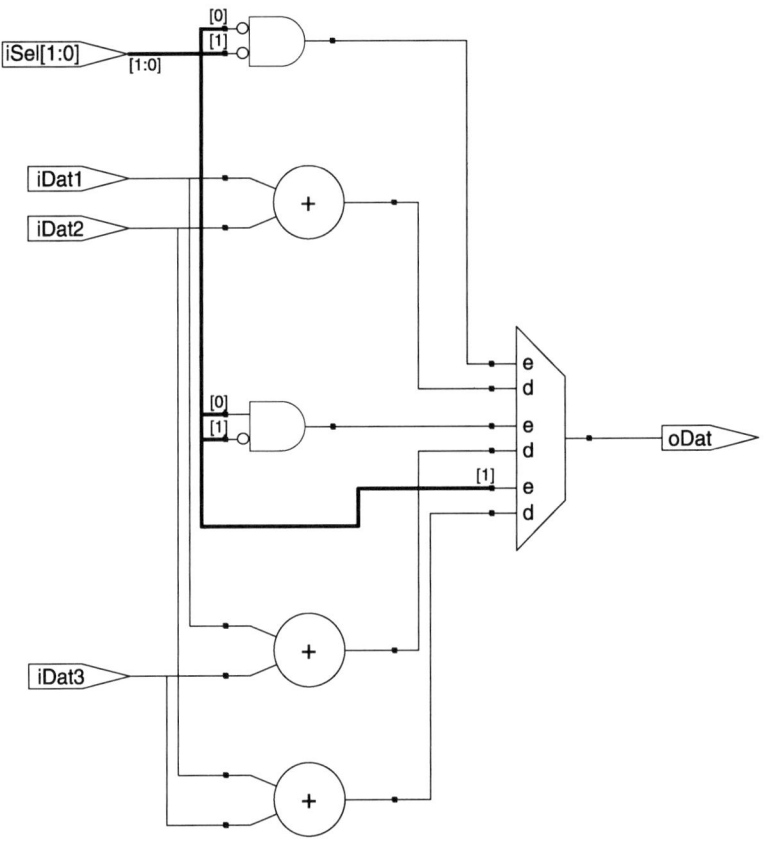

图 14.4　三个加法器的直接映射结构

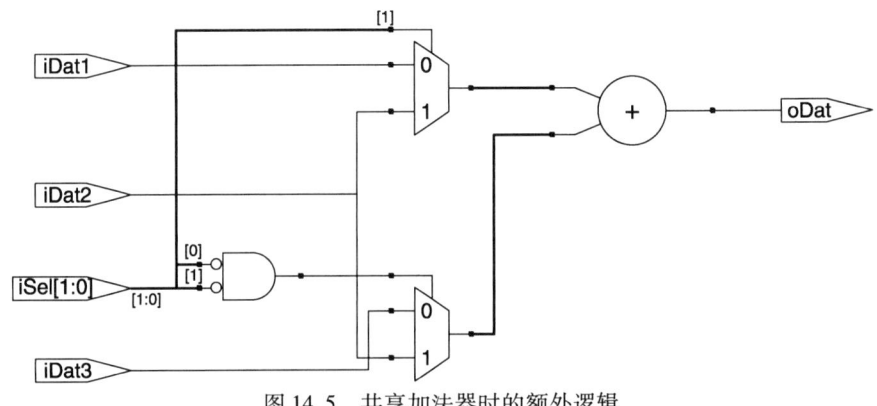

图 14.5　共享加法器时的额外逻辑

## 14.3　流水线操作、重定时和寄存器平衡

在之前讨论速度架构的章节中，流水线操作是一种通过在逻辑组之间添加寄存器级来增加吞吐量和触发器到触发器时序的方法。一个设计良好的模块通常可以通过添加额外的寄存

器级来实现流水线操作，并且只会在面积上带来很小的损失来影响总延迟。流水线操作、重定时和寄存器平衡的综合选项在相同的结构上运行，但不会添加或移除寄存器本身。相反，这些优化将触发器在逻辑中移动，以平衡任意两个寄存器级之间的延迟量，因此可以最大限度地减少最坏情况下的延迟。流水线设计、重定时和寄存器平衡的含义非常相似，通常仅在不同供应商之间略有差异。从概念上讲，其原理如图14.6所示。

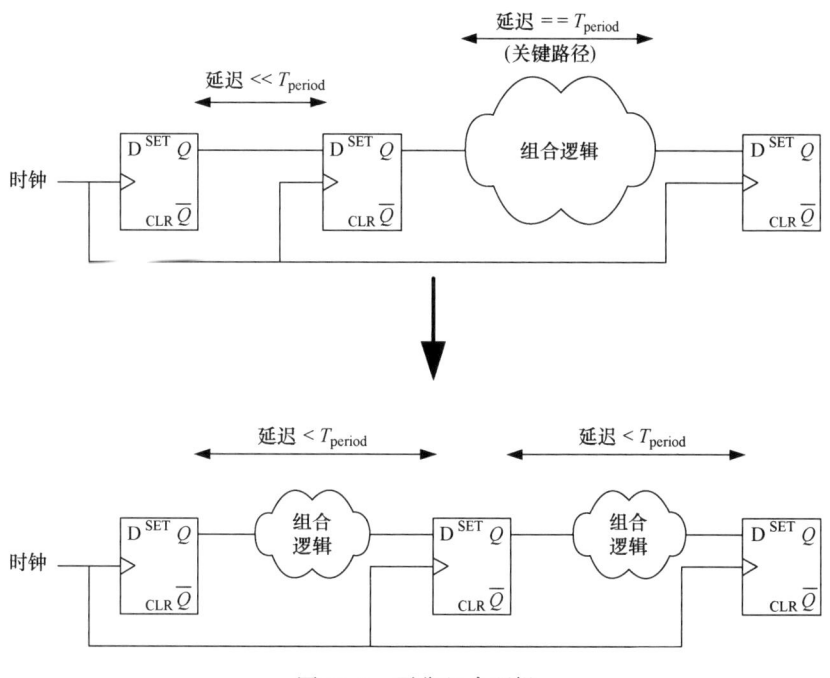

图14.6 平衡组合逻辑

流水线设计通常指的是最早广泛采用的负载均衡方法，通过这种方法，诸如流水线存储器或乘法器这样的规则结构可以被综合工具识别，并通过重新分配逻辑来重新架构。在这种情况下，流水线要求有一个规则的流水线，并且该流水线能够被工具轻松识别。例如，以下代码定义了一个可参数化的流水线乘法器：

```verilog
module multpipe #(parameter width = 8, parameter depth = 3) (
  output [2*width-1: 0] oProd,
  input  [width-1: 0]   iIn1, iIn2,
  input                 iClk),
  reg    [2*width-1: 0] ProdReg [depth-1: 0];
  integer               i;

  assign oProd       = ProdReg [depth-1];

  always @(posedge iClk) begin
    ProdReg[0]       <= iIn1 * iIn2;

    for(i=1;i <depth;i=i+1)
        ProdReg[i]   <= ProdReg [i-1];
  end
endmodule
```

在上述代码中，两个输入简单地相乘、寄存，并由参数 depth 定义的若干寄存器进行级联处理。图 14.7 所示的是未经自动流水线的直接映射。

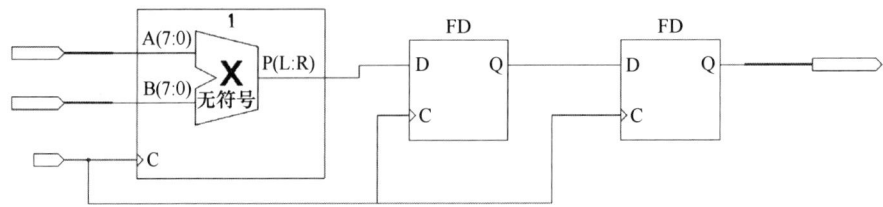

图 14.7 流水线后面的乘法器

在图 14.7 的例子中，只有一个寄存器被移入乘法器中作为输出寄存器（在乘法器块中用数字 1 表示）。其余的流水线寄存器保留在输出端，整体逻辑不平衡。通过启用流水线，我们可以将输出寄存器放进乘法器，如图 14.8 所示。符号中的数字"3"表示寄存器内部有三级流水线结构。

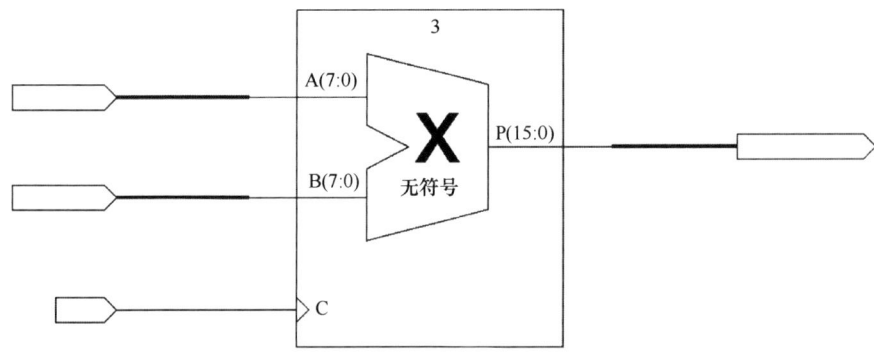

图 14.8 流水线移入乘法器

重定时和寄存器平衡通常指的是更通用的优化场景，即在保持对外界相同逻辑功能的同时，将触发器围绕逻辑移动。这种通用场景可用以下的例子说明。

```verilog
module genpipe (
 output reg   oProd,
input [7:0] iIn1,
input       iReset,
input       iClk);
reg   [7:0] inreg1;

always @(posedge iClk)
  if(iReset) begin
    inreg1  <= 0;
    oProd   <= 0;
  end
  else begin
    inreg1  <= iIn1;
    oProd <= (inreg1[0]|inreg1[1]) & (inreg1[2]|inreg1[3]) &
           (inreg1[4]|inreg1[5]) & (inreg1[6]|inreg1[7]);
  end
endmodule
```

一个精确的寄存器对寄存器的综合运行将生成如图 14.9 所示的实现。

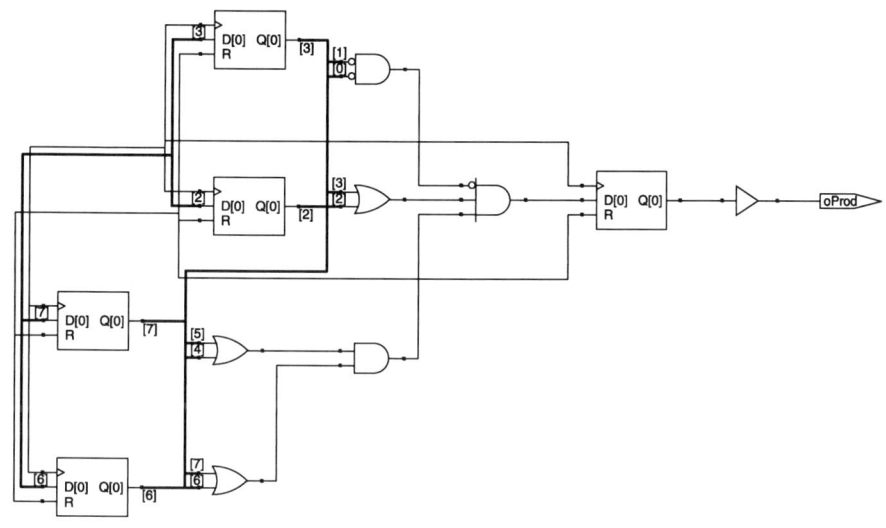

图 14.9　不平衡的逻辑

这里，所有的逻辑都被包含在两个不同的寄存器级之间，如上述代码所示。如果寄存器平衡使能，则可以通过将寄存器移动到关键路径逻辑中来改善整体时序，如图 14.10 所示。

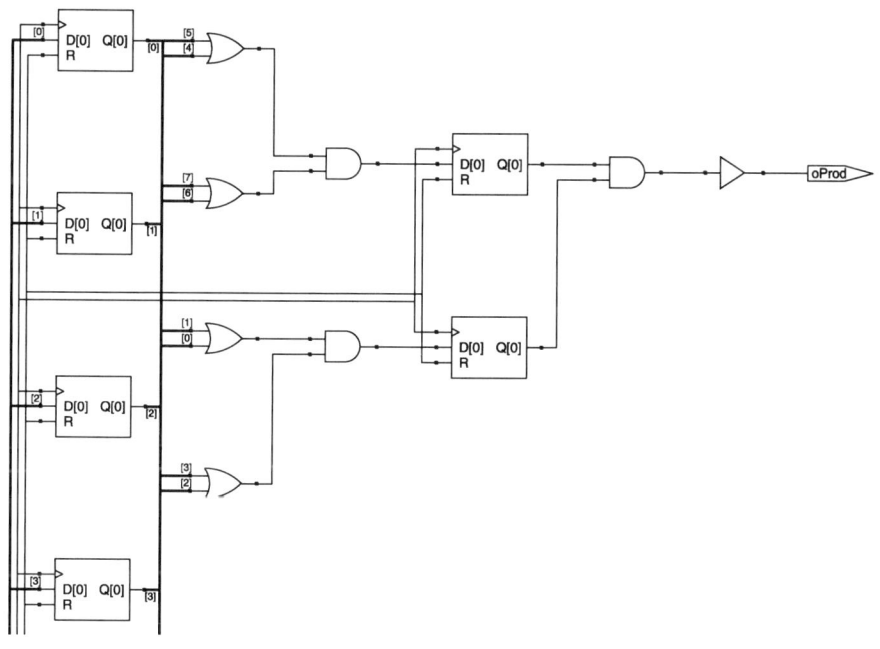

图 14.10　平衡逻辑

从图 14.10 中可以看出，使用寄存器平衡时，延迟或吞吐量没有损失。寄存器利用率可能会根据应用程序的需要增加或减少，运行时间也将延长。因此，如果重定时不是时序收敛的必要条件，那么智能综合工具将不会在非关键路径上执行此类操作。

不应将寄存器平衡应用于非关键路径。

### 14.3.1 复位对寄存器平衡的影响

就像许多其他优化一样，复位可以直接影响综合工具使用寄存器平衡的能力。具体来说，如果两个触发器要求结合以平衡逻辑负载，那么这两个触发器必须具有相同的复位状态。例如，如果一个具有同步复位，而另一个具有异步复位（这通常是不良的设计实现），或者如果一个具有置位而另一个具有复位，那么这两个触发器就不能结合，寄存器平衡将不起作用。如果前一个例子中存在这种情况，最终的实现将被阻止，如图 14.11 所示。在这种实现中，驱动逻辑门的寄存器被初始化为交替的 1-0-1-0 模式。这阻止了由于不兼容的寄存器类型而导致的任何寄存器平衡或重组。一个智能的综合工具可能会分析路径，并确定反转复位类型以及对相应的触发器输入和触发器输出进行相应的反转（对有问题的触发器的解决方法）将改善整体时序。然而，如果这种解决方法引入的延迟消除了寄存器平衡的整体效果，综合工具将使用直接映射，这种技术将不会带来显著的优化效果。

具有不同复位类型的相邻触发器可能会阻止寄存器平衡的发生。

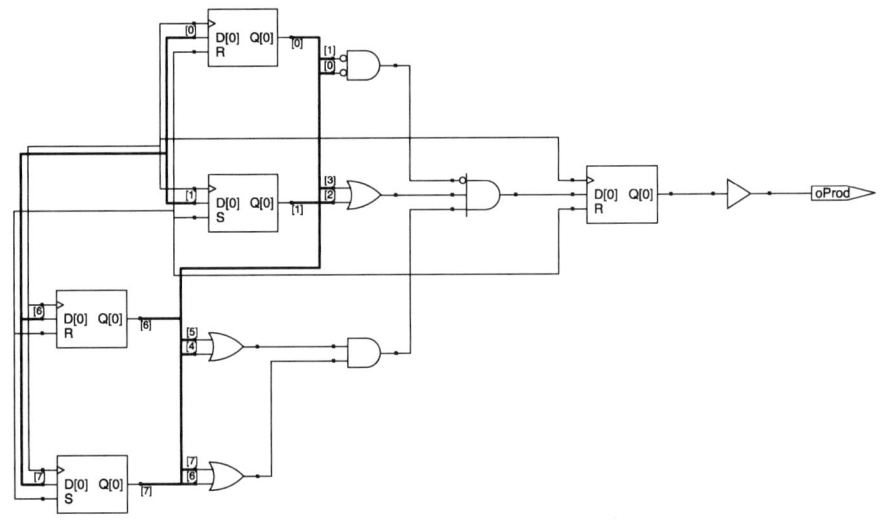

图 14.11　混合复位类型阻止寄存器平衡

### 14.3.2 重新同步寄存器

在信号重新同步区域，寄存器平衡会是一个问题。在前面的章节中，我们讨论了双触发器方法，用于从 FPGA 外部或另一个时钟域重新同步异步信号，如图 14.12 所示。

如果启用了寄存器平衡，如图 14.13 所示，逻辑可能会被推到这些重新同步寄存器之间。

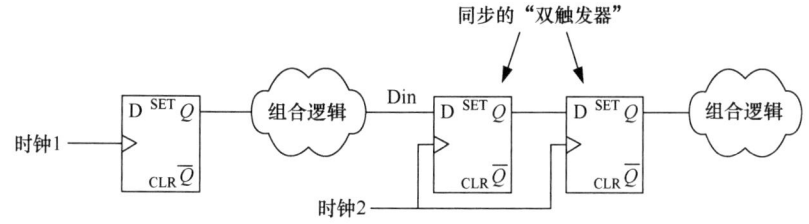

图 14.12　未进行平衡的重新同步寄存器

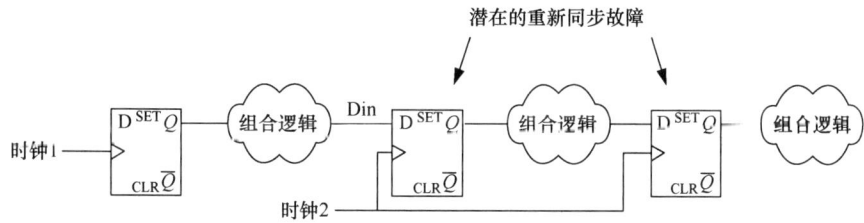

图 14.13　平衡应用于重新同步寄存器

因为不希望对潜在的亚稳态信号执行任何逻辑操作，同时为信号稳定提供尽可能多的时间，所以寄存器平衡不影响这些特殊的电路将非常重要。如果启用了寄存器平衡，必须分析这些电路以确保不会影响重新同步。大多数综合工具有此能力限制设计，以防止对个别寄存器进行寄存器平衡。

限制重新同步寄存器，使它们不受寄存器平衡的影响。

## 14.4　FSM 编译

FSM 编译指的是在 RTL 中自动识别 FSM，并根据速度/面积约束进行必要的重新编码。这意味着，只要使用标准的状态机架构，RTL 中的具体编码就不那么重要了。由于使用标准风格编码的状态机具有规则的结构，综合工具可以轻松提取状态转换和输出依赖关系，并将 FSM 转换为对给定设计和一组约束条件更优化的形式。

使用标准编码风格设计状态机，以便它们可以被综合工具识别并重新优化。

二进制和顺序编码将取决于状态表示中的所有触发器，因此需要进行状态解码。具有丰富逻辑或具有多个输入门解码逻辑的 FPGA 技术将最优地实现这类 FSM。

独热编码（one-hot encoding）的实现方式是为每个状态设置一个唯一的位。使用这种编码，不需要状态解码，FSM 通常会运行得更快。缺点是，独热编码通常需要较多寄存器资源。

格雷码是独热编码常见的替代方案，有两种主要应用：
- 异步输出。
- 低功耗设备。

如果状态机的输出，或者状态机操作的任何逻辑是异步的，通常更推荐使用格雷码。这是因为异步电路没有受到竞争条件和干扰的保护。因此，状态寄存器中两个比特之间的路径差异可能会导致意外的行为，并且将非常依赖于版图和寄生效应。考虑图 14.14 所示的摩尔

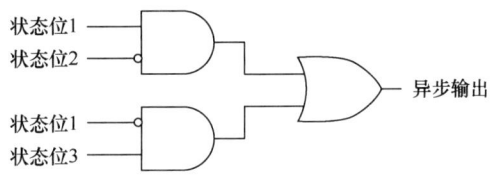

图 14.14　摩尔机输出编码示例

机的输出编码。在这种情况下，状态转换事件将发生，其中一位将被清除，而另一位将被置位，从而产生竞争条件的可能性。说明这种条件的波形图如图 14.15 所示。

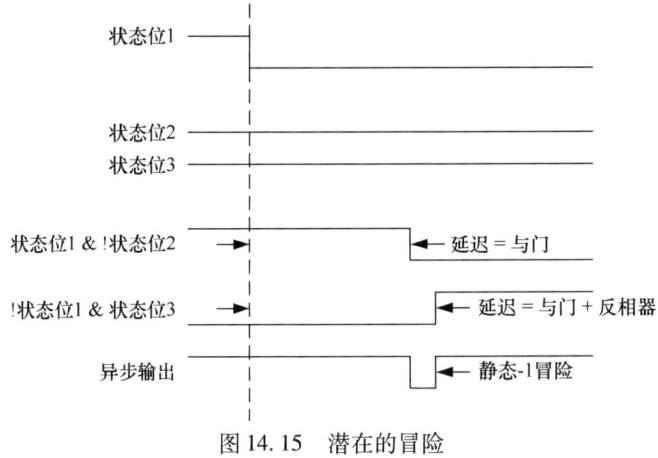

图 14.15　潜在的冒险

解决这个问题的一个方法是使用格雷码。格雷码在任何转换过程中仅有一个比特的变化。在分析编码方案的结构后，很明显格雷码可以安全地驱动异步输出。要构造一个格雷码，应按照下面描述的镜像添加序列。

1) 以垂直列出的一个"0"和一个"1"开始。
2) 以底部数字为界面镜像代码。
3) 在代码的上半部分（在镜像操作中复制的部分）的左边添加"0"。
4) 在代码的下半部分（在镜像操作中创建的部分）的左边添加"1"。

这个序列在图 14.16 中有所展示。

如图 14.16 所示，格雷码在每次状态转换时只会经历一个比特的切换，因此消除了异步逻辑中的竞争条件。

在驱动异步输出时使用格雷码。

除了上述情况外，对于 FPGA 设计通常更倾向于使用独热编码。这是因为 FPGA 中寄存器资源丰富，不需要解码逻辑，并且通常速度更快。因此，出于良好的设计实现和减少总体运行时间的考虑，建议将所有状态机设计为独热结构，除非有充

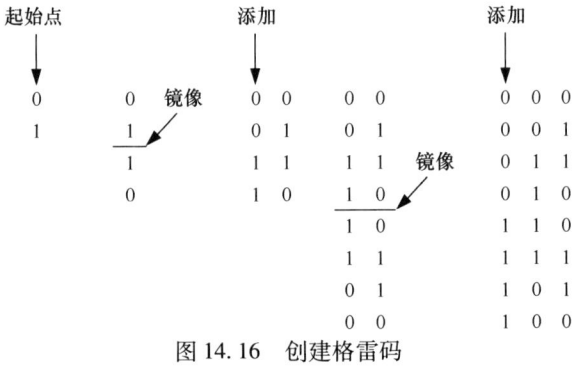

图 14.16　创建格雷码

分的理由采用其他方法。

### 14.4.1 移除不可达状态

大多数状态机编译器会移除未使用的状态，并且可能足够智能以检测并移除不可达状态。对于大多数应用来说，这有助于优化速度并减少面积。主要应用在航空、军事或航天中的高可靠性电路需要保留不可达状态。在极小的几何尺寸下，来自太阳或核事件的辐射粒子可能导致触发器自发地改变状态。如果这种情况发生在对人类生命至关重要的电路中，确保任何寄存器状态的组合都有一个快速的恢复路径就变得非常重要。如果在 FSM 中没有考虑到所有可能的状态，那么这样的事件可能会使电路进入一个无法恢复的状态。因此，综合工具通常有一个"安全模式"，以覆盖所有状态，即使它们在正常操作中是不可达的。

以下模块包含一个简单的 FSM，在复位后连续地通过三个状态进行顺序切换。该模块的输出仅仅是状态本身。

```
module safesm (
 output [1:0] oCtrl,
 input        iClk, iReset);
 reg    [1:0] state;

 // used to alias state to oCtrl
 assign oCtrl = state;

 parameter STATE0 = 0,
           STATE1 = 1,
           STATE2 = 2,
           STATE3 = 3;

 always @(posedge iClk)
   if(!iReset) state <= STATE0;
   else
     case(state)
       STATE0: state <= STATE1;
       STATE1: state <= STATE2;
       STATE2: state <= STATE0;
     endcase
endmodule
```

实现起来非常简单，就是一个如图 14.17 所示的移位寄存器。注意，如果同时错误地设置了第 1 位和第 2 位，这个错误将会继续循环并产生一个错误的输出，直到下一个复位。但是，如果启用了安全模式，如图 14.18 所示，这种情况会立即触发复位。

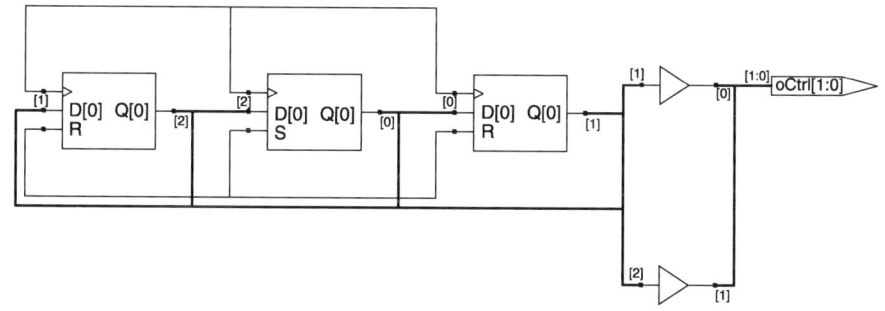

图 14.17 简单的状态机实现

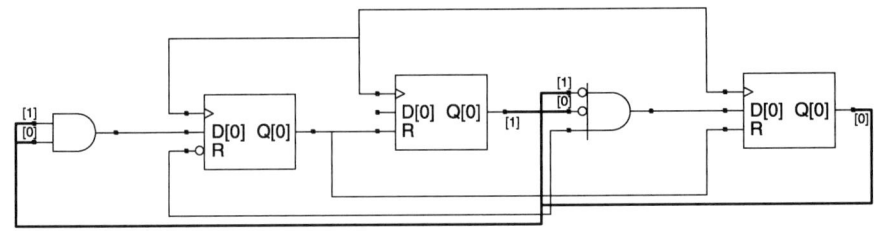

图 14.18 安全模式的状态机实现

通过图 14.18 的实现，附加逻辑将检测到错误状态，并强制状态寄存器重置到复位值。

## 14.5 黑盒

黑盒是在综合流程中代表一个将在实现流程后期加入设计的优化网表或版图的占位符。黑盒的主要问题是它不能被综合优化，综合工具在围绕它进行优化时会遇到困难。如果综合工具中的时序引擎不了解接口的特性或黑盒的输入输出时序，那么它必须假设最坏情况并相应地进行优化。

通常，不建议在综合中生成需要黑盒设置的低层次优化核，因为这会阻止综合工具优化整个设计。如果无法避免，当需要围绕黑盒进行优化时，重要的是由核的生成工具提供时序模型。

如果需要使用黑盒，应包含对 I/O 的时序模型。

考虑以下周期性推送到 FIFO 的计数器的示例：

```verilog
module fifotop(
 output [15:0] oDat,
 output        oEmpty,
input         iClk, iReset,
input         iRead,
input         iPushReq);
reg    [15:0] counter;
wire          wr_en, full;

assign wr_en         = iPushReq & !full;

always @(posedge iClk)
  if(!iReset) counter <= 0;
  else        counter <= counter + 1;

myfifo myfifo (
  .clk  (iClk),
  .din  (counter),
  .rd_en(iRead),
  .rst  (iReset),
  .wr_en(wr_en),
  .dout (oDat),
  .empty(oEmpty),
  .full (full));
endmodule
```

在上述示例中，每当输入推送请求（iPushReq）时，并且仅当 FIFO 未满时，16 位自由运行计数器才会将其当前值推入 FIFO。注意，FIFO（myfifo）是使用 Xilinx Core 生成器工具生成的核的实例化。黑盒实例化仅定义了 I/O 作为占位符，如以下模块定义所示。

```
module myfifo(
  output [15: 0] dout,
  output         empty,
  output         full,
  input          clk,
  input  [15: 0] din,
  input          rd_en,
  input          rst,
  input          wr_en) /* synthesis syn_black_box */;
endmodule
```

上述代码中显示的黑盒综合指令告诉综合工具不要从设计中优化掉这个模块，并且在后端工具中为网表留下占位符。如前所述，缺点是时序和面积利用率是未知的。这阻止了综合工具对黑盒接口或其周围进行任何优化。此外，如果关键路径与黑盒相交，那么感知到的最坏情况时序将是不正确的，这将导致最大速度估计完全不准确。例如，在上述设计中，最坏情况路径被确定为位于黑盒的一个输出和一个输入之间。

由于在图 14.19 中表示的黑盒没有定义建立时间或保持时间，因此被确定为零，因此给出了 248MHz 的最大频率作为估计。要了解这一点的不准确性，考虑修改后的黑盒实例化，该实例化简单地定义了黑盒相对于系统时钟的建立和保持时间。

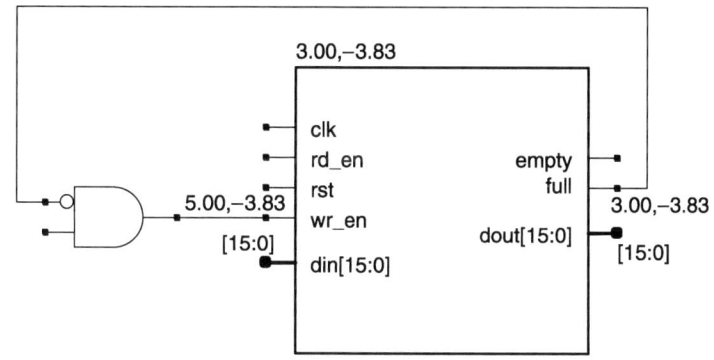

图 14.19 围绕黑盒的关键路径

```
module myfifo(
  output [15: 0] dout,
  output         empty,
  output         full,
  input          clk,
  input  [15: 0] din,
  input          rd_en,
  input          rst,
  input          wr_en) /* synthesis syn_black_box
  syn_tsu1 =     "din[15:0]->clk=4.0"
```

```
    syn_tsu2  =       "rd_en->clk=3.0"
    syn_tsu3  =       "wr_en->clk=3.0"
    syn_tco1  =       "clk->dout=4.0"
    syn_tco2  =       "clk->empty=3.0"
    syn_tco3  =       "clk->full=3.0"
    */;
endmodule
```

在这种情况下，我们将控制信号的建立时间和保持时间定义为 3ns，将 I/O 数据的建立时间和保持时间定义为 4ns。使用这些新信息，综合工具决定相同的路径仍然是关键的，但现在时序可以准确估计为 125MHz，大约是原始估计的一半。

## 14.6 物理综合

物理综合由于供应商的不同呈现出多种形式，但最终它是利用物理版图信息来优化综合过程。换句话说，通过提供关于布局的初步物理估计或执行实际的物理版图，综合工具将拥有更好的负载模型来工作，并且能够使用非常接近最终实现的信息来优化设计。执行初步布局的物理综合工具将版图信息注释给后端布局和布线工具。

在某些方面，物理综合在 ASIC 领域中比在 FPGA 中更为简单。原因是 ASIC 具有灵活的布线资源，基于两端点之间的直线距离，延迟可以基于统计数据进行估算。在 FPGA 中，布线资源是固定的。将会有一定数量的快速布线资源（通常是芯片主要区域之间的长线路）和一定数量的较慢布线资源（开关矩阵）来处理局部布线拥塞。图 14.20 展示了抽象布线矩阵的简化视图。

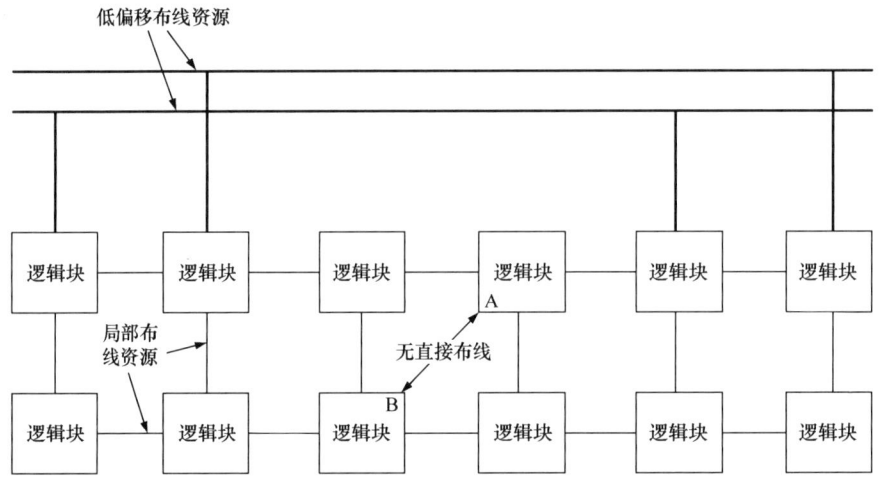

图 14.20  简化的布线矩阵

如图 14.20 所示，呈现了一个布线资源的层次结构。低偏移线路将有能力将信号在 FPGA 周围长距离传输且延迟很小，但在所有逻辑元件之间的范围非常有限。本地布线资源用于连接本地资源，但在任何长距离传输信号的能力上非常低效，并且将非常依赖于相邻元件的拥塞情况。因此，从点 A 到点 B 的布线能力将极大地依赖于逻辑元件附近布线资源的可用性以及这些资源的使用情况。

由于上述原因，对于 FPGA 综合工具来说，估算布线延迟可能非常复杂。这是现代 FPGA 的一个主要问题，因为随着几何尺寸的减小，布线延迟变得越来越占主导地位。因此，对布线延迟的不准确估算可能会阻止综合工具相应地进行优化。物理综合通过在综合过程中生成布局信息提供了解决方案。

### 14.6.1 前向注释与后向注释

后向注释是达到时序收敛的传统路径。综合过程基于最终布局和布线时序信息的统计估计来实现逻辑。布局和布线工具随后采用这个网表来创建逻辑结构的物理版图。然后进行时序分析，任何时序违例都会反馈给布局工具（如后文章节所述，较小的违例通常可以通过更好的布局来修复）或综合工具以处理重大违例。在后一种情况下，设计工程师会手动创建约束，以通知综合工具某个特定路径需要更严格的处理，或者使用更复杂的自动化工具以自动化方式创建约束。

尽管上述方法通常可以使设计达到时序收敛，但主要缺点是总设计时间较长和缺乏自动化来完全收敛整个循环。上述方法迫使设计工程师多次运行工具，并且每次迭代都要将时序信息反馈给综合。图 14.21 展示了传统的时序收敛流程，包括设计约束、综合、布局和布线以及静态时序分析。注意，设计的时序信息被反馈到流程的早期阶段以进行优化。

另一方面，前向注释将设计相关的信息作为一组约束或物理参数传递，这些参数指示或定义了综合过程中所做的假设。通过使用这些信息来驱动后端实现，综合的估计将更加准确，重新运行流程的需求将被最小化。

物理综合在综合和版图之间提供了更紧密的相关性。

在图 14.22 中，即使由于布线不良导致时序失败，也需要将信息反馈给物理综合工具。无论是布局还是基本逻辑结构都需要重新优化。这里的关键是，由于综合和布局紧密耦合，实现时序收敛所需的迭代次数将大大减少。这一过程的自动化程度直接与下一节讨论的物理综合中用于布局估计的算法相关。

### 14.6.2 基于图的物理综合

高性能物理综合的关键之一是创建准确的布线拥塞和延迟估算。Synplicity 开发了一种称为基于图的物理综合的技术用于 FPGA 物理综合。这个想法是将布线资源及相关时序信息抽象成一个布线资源图。物理布局不是基于物理距离进行的，而是基于图的加权计算。图 14.23 展示了基于拥塞的最小物理距离与加权距离之间的差异。

基于图的综合流程考虑了某些标准，这些标准将影响最终版图，包括任意两点之间的布线资源以及现有的利用率。这种工作方法在综合和版图之间建立了更紧密的关联，但没有解决高层次的分区问题或关键路径约束。这将在第 15 章进一步讨论。

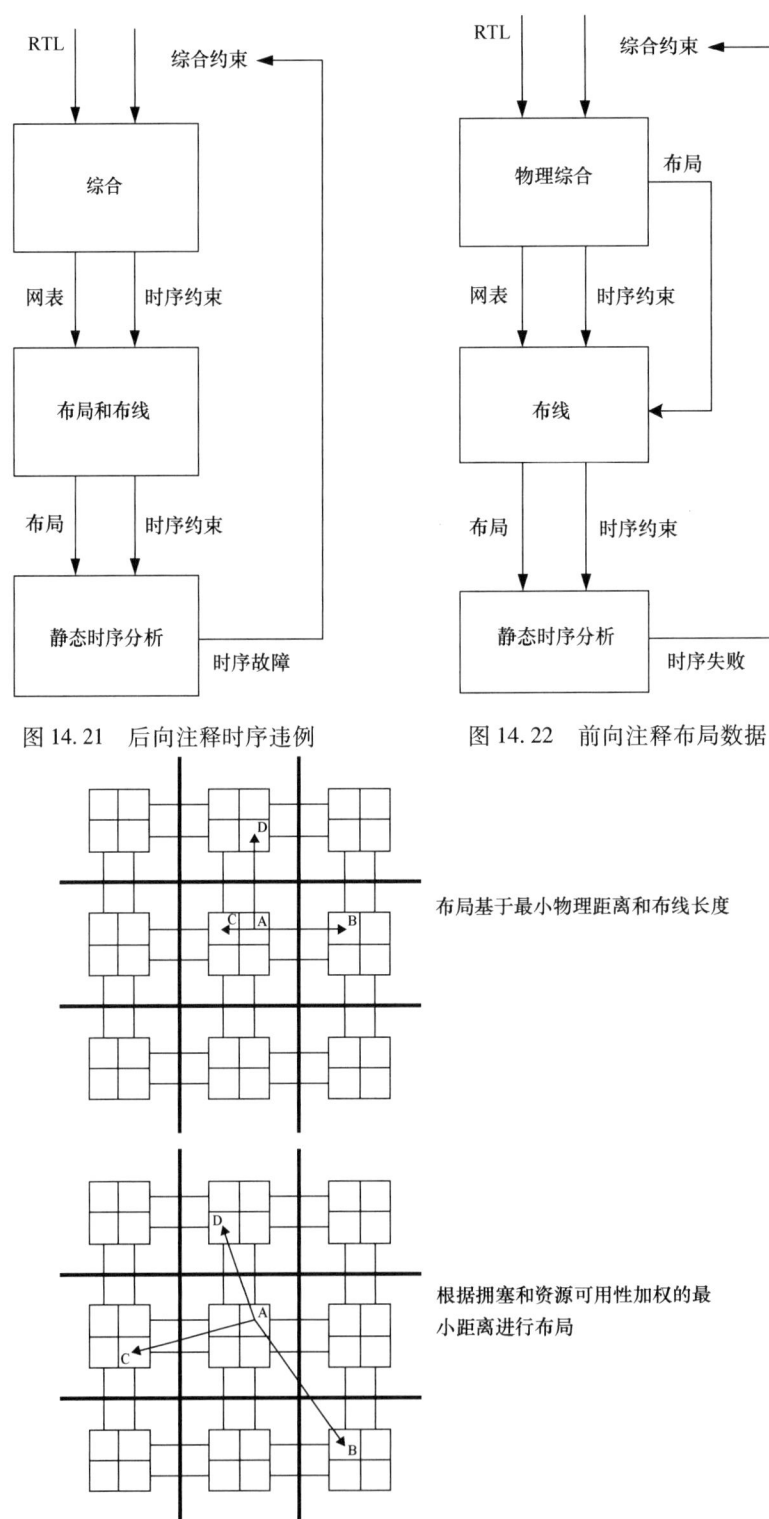

图 14.21 后向注释时序违例　　图 14.22 前向注释布局数据

图 14.23 基于图的物理综合

## 14.7　要点总结

- 随着资源利用率接近 100%，在综合层面上进行速度优化并不总是能产生更快的设计。实际上，面积优化可能会导致更快的设计。
- 如果激活了资源共享，应确保它没有给关键路径增加延迟。
- 不应将寄存器平衡应用于非关键路径。
- 具有不同复位类型的相邻触发器可能会阻止寄存器平衡的发生。
- 限制重新同步寄存器，使它们不受寄存器平衡的影响。
- 使用标准编码风格设计状态机，以便它们可以被综合工具识别并重新优化。
- 在驱动异步输出时使用格雷码。
- 如果需要使用黑盒，应包含对 I/O 的时序模型。
- 物理综合在综合和版图之间提供了更紧密的相关性。

# 第 15 章 布图规划

正如第 14 章所讨论的，在综合工具中可以进行的优化非常多，只有一小部分可以向前注释到后端布局和布线工具，如物理综合流程中所述。所有这些优化都是在低抽象级别上执行的，并对单个逻辑结构进行操作。

到目前为止，还没有讨论过解决可以传递给后端工具以优化布局和布线算法速度和质量的更高级别约束的方法。本章描述了一种称为布图规划的高级方法。

在本章中，我们将讨论以下主题：

- 使用布图规划对设计进行分区。
- 通过约束关键路径来提高性能。
- 布图规划的风险。
- 创建最佳布图规划。
  - 对数据路径进行布图规划。
  - 约束高扇出逻辑。
  - 围绕内置 FPGA 器件运行布图规划。
  - 可重用性。
- 布图规划以降低功耗。

## 15.1 设计分区

随着器件密度和相应的设计规模变得越来越大（数百万门），人们开发了新的方法来协助布局工具从海量的门中布局逻辑元件。为了解决这个问题，布图规划在设计分区领域变得很常见。图 15.1 展示了利用布图规划来划分设计的典型设计流程（包含和不包含物理综合）。

在图 15.1 的两个流程图中，布图规划阶段必须始终在布局操作之前进行。在物理综合流程中，布图规划是在综合之前创建的。在任何情况中，布图规划都是固定的，并用作划分所有逻辑元件物理位置的指南。

高级布图规划（例如用于划分设计的布图规划）不仅会捕获设计中的所有主要模块，还

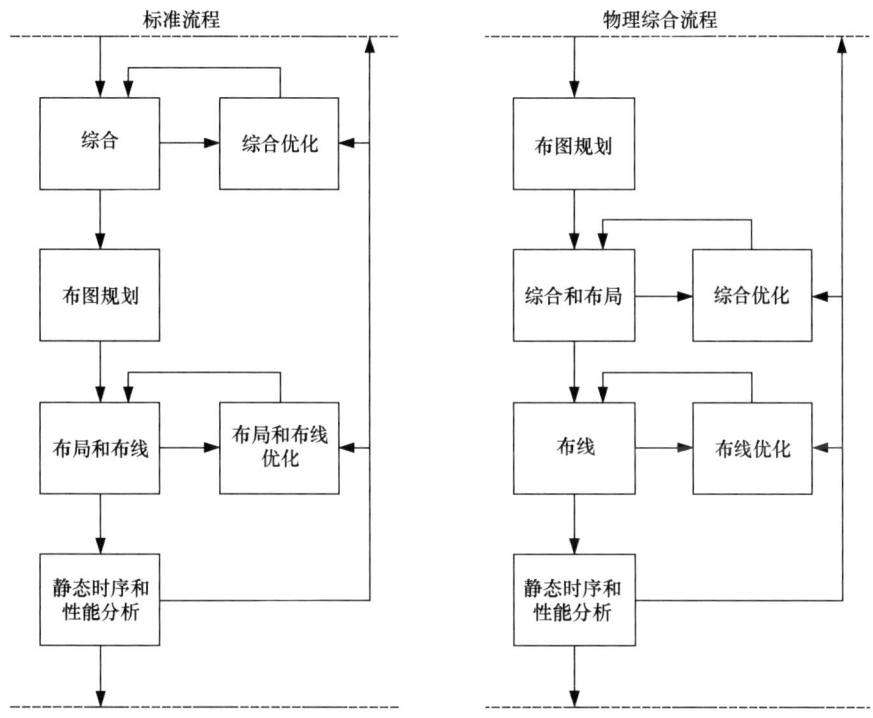

图 15.1 标准流程与物理综合流程

会抽象这些模块,这样各个逻辑结构就无需特定参考信息。这样就可以将非常大的设计划分为大型功能模块,这些设计在其接口处具有精确定义的时序。例如,考虑一个具有三个主要功能模块(分别称为 A、B 和 C)的设计。其流水线定义如图 15.2 所示。

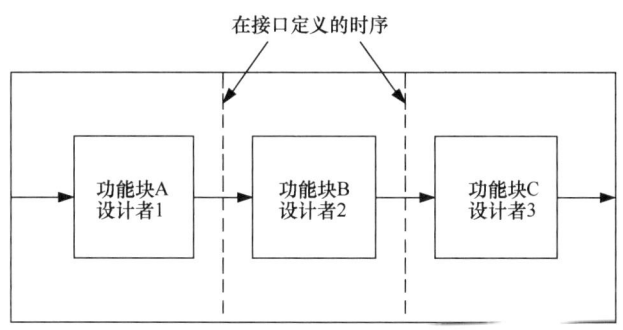

图 15.2 具有明确定义接口的流水线

在图 15.2 的设计分区中,有三个主要功能块,每个功能块都分配给一个单独的设计工程师。这些功能块仅在系统设计工程师预先定义的特定接口上交互,系统设计人员还通过时序预算定义了这些接口的时序。由于接口已清楚定义,并且很可能所有功能块的 I/O 都是寄存的,因此关键路径时序将位于功能块内部。换句话说,有了良好的设计分区,关键路径就不会跨越任何主要功能边界,因此时序一致性可以在功能块到功能块的基础上考虑。这一假设可以大大加快大器件的实现速度,作为大量门电路堆砌的替代方案。

通过在主要功能边界之间分区布图规划,时序一致性可以在功能块到功能块的基础上逐块考虑。

Synplicity 的布图规划器在高抽象层次上提供了对设计分区的出色控制。图 15.3 显示了图 15.2 中 Spartan-35000 设计分区的一种可能布图规划。

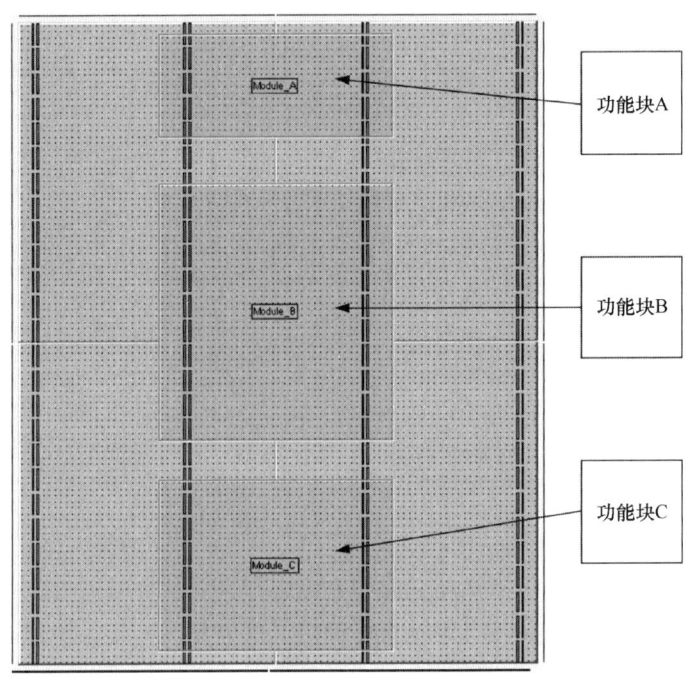

图 15.3　设计分区的布图规划例子

图 15.3 中的区域定义了每个块占用的物理区域。这种规模的 FPGA 器件通常需要花费数小时才能成功用大量门电路完成布局和布线。但是,通过上述分区,此运行时间将大大缩短为三个较小的(更易于管理的)布局和布线操作。假设所有接口都在边界上被寄存,则功能块之间相对较大的间隙不会引起时序问题。除了运行时间之外,这种分区的另一个好处是,一个功能块中的主要结构或版图更改不会影响其他功能块。因此,采用设计分区的方法与增量设计流程紧密配合。

## 15.2　关键路径布图规划

布图规划通常在设计工程师有非常严格的时序约束并且需要尽可能收紧关键路径时使用。在这种情况下,布图规划将在生成最终实现结果并定义关键路径后创建。此信息将被后向注释到布图规划器,设计工程师将手动定义关键逻辑元件的位置约束。然后,这些物理约束将被前向注释到布局和布线工具中以完成一个迭代周期。图 15.4 说明了使用布图规划仅约束关键路径时的设计流程。

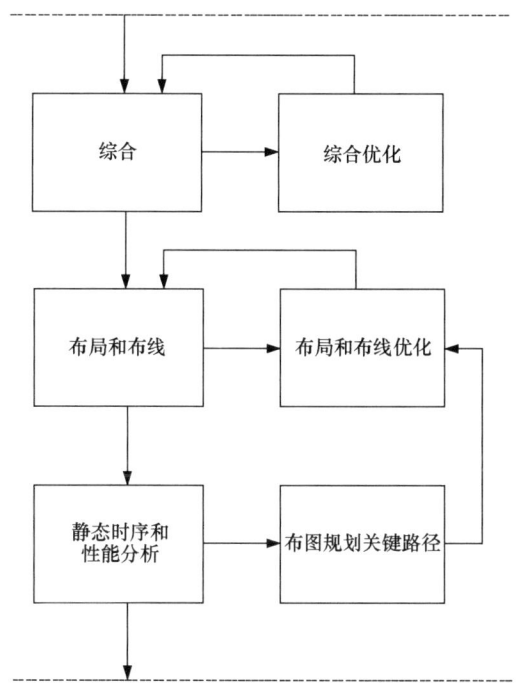

图 15.4 用关键路径布图规划的设计流程

在这种情况下，布图规划步骤不再像设计分区那样是流程中静态且不变的步骤，而是迭代时序收敛闭环中的关键环节。

在对关键路径进行布图规划时，布图规划是迭代时序收敛闭环中的关键环节。

注意，在确定关键路径之前，布局将会一直修改，并且会在时序收敛循环的每次迭代期间进行修改。图 15.5 说明了两种可能的关键路径布图规划约束。

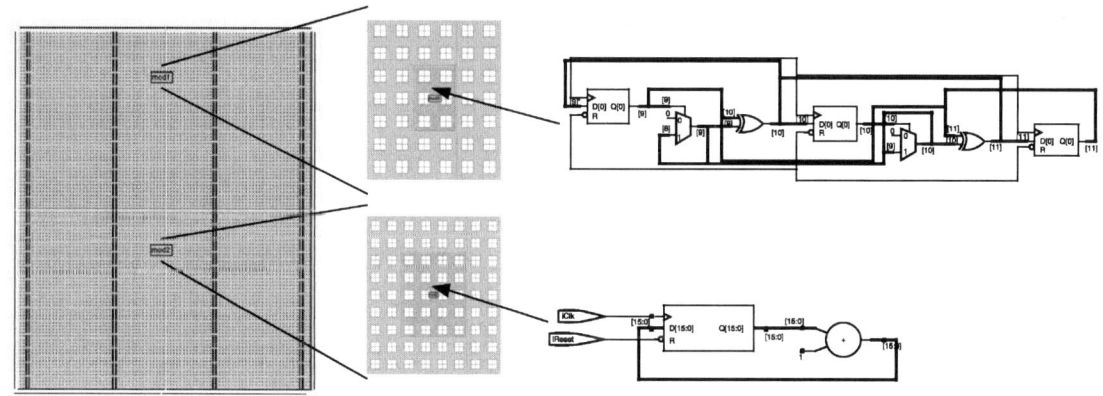

图 15.5 关键路径布图规划约束示例

在此示例中，在布图规划中没有主要的功能分区。相反，布图规划由两个小区域组成，旨在收紧设计中两个不同关键路径的时序。这些区域是根据反馈给布图规划器的时序信息临时创建的，并将在时序收敛循环的每次迭代中更新。

## 15.3 布图规划风险

布图规划的风险在于，如果做得不正确，可能会大大降低实现的性能。这是因为良好的布局直接与性能良好的设计相对应，而糟糕的布局直接与性能不佳的设计相对应。这似乎是一个显而易见的说法，但由此得出的推论是，糟糕的布图规划会导致糟糕的布局，进而导致性能不佳。因此，任何类型的布图规划都不会对性能产生非递减的影响。相反，糟糕的布图规划会让事情变得更糟。

糟糕的布图规划会大大降低设计的性能。

值得注意的是，并非所有设计都适合布图规划。流水线化且数据流非常规律的设计（如流水线微处理器）显然适合进行布图规划。主要实现控制或胶合逻辑的设计或没有任何可定义的主要数据路径的设计，通常不适合进行分区设计的良好布图规划。如果设计确实只是简单的门阵列，那么让综合与布局和布线工具保持其自然形态将是最佳选择。

确定设计是否适合关键路径布图规划的一个通用方法是分析布线与逻辑延迟的关系。如果关键路径中布线延迟所占的百分比占总路径延迟的绝大部分，那么布图规划可能有助于将这些结构拉近，优化整体布线资源并提高时序性能。但是，如果布线延迟没有占据关键路径延迟的大部分，并且没有明确定义的数据路径，那么该设计可能不适合布图规划。

布图规划非常适合高度流水线的设计或受布线延迟影响较大的版图。

对于可能适合良好布图规划的设计，必须考虑许多因素以确保性能确实得到改善。这将在下一节中讨论。

## 15.4 最佳布图规划

最佳布图规划将对彼此紧密相连的逻辑结构进行分组，而不会人为地分离可能位于关键路径中的元件。以下部分介绍了优化布图规划的方法。

### 15.4.1 数据路径

以数据路径为主的设计通常相对容易分区。对于大多数高速应用，被分区的流水线通常适用于数据路径。由于数据路径传输处理后的信息，并且需要以非常高的速度（通常连续运行）进行处理，因此建议首先对其进行布图规划，如图 15.6 所示。

在此场景中，将创建一个布图规划仅来划分数据路径。这包括主要的流水线级和所有相关逻辑。不位于主数据路径上的控制结构和任何胶合逻辑可由后端工具自动放置。

布图规划通常包括数据路径，但不包括相关的控制或胶合逻辑。

### 15.4.2 高扇出

高扇出网络通常是布图规划的良好候选者，因为它们需要在一个特定区域内提供大量的

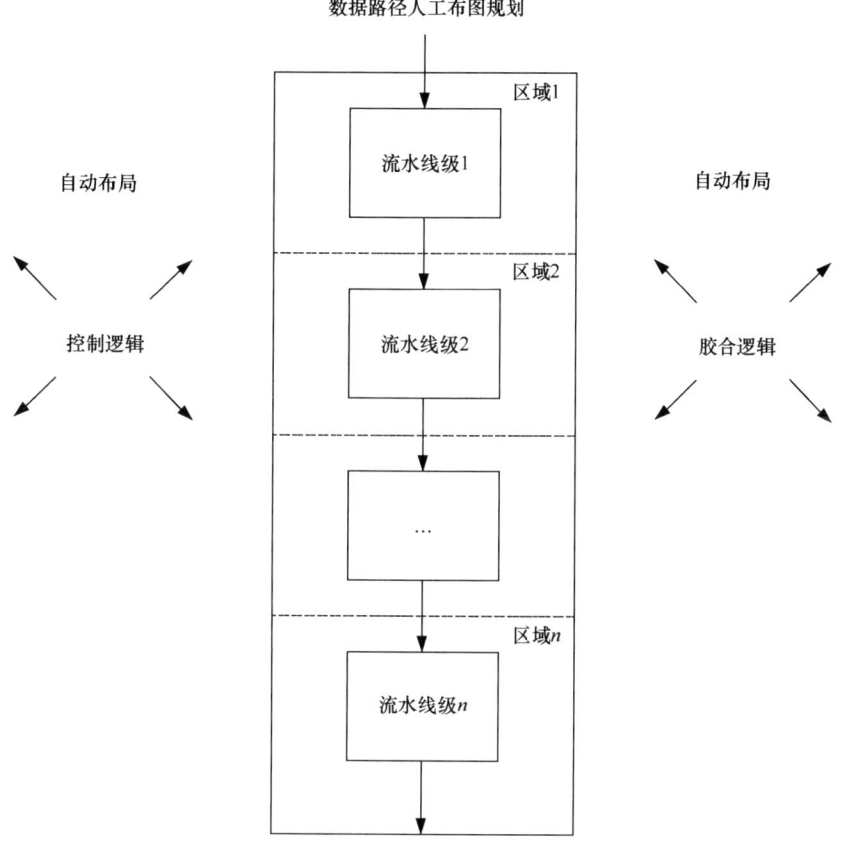

图 15.6　数据路径布图规划

布线资源。这种要求通常如果负载没有放置在靠近驱动器的位置（见图 15.7），就会导致严重的拥塞。

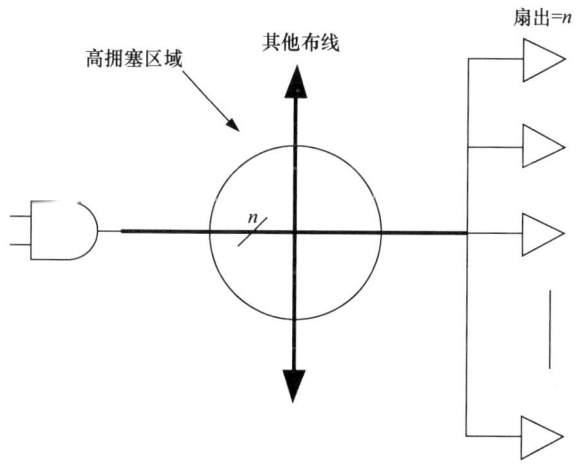

图 15.7　高扇出区域的拥塞

如果负载与驱动器之间的距离相对较远，则互连将占用驱动器输出端大量的布线资源。这将使其他区域布线变得更加困难，并且相应地，其长度会更长，延迟也会更大。图 15.8 说明了将高扇出区域约束到小的区域的好处。

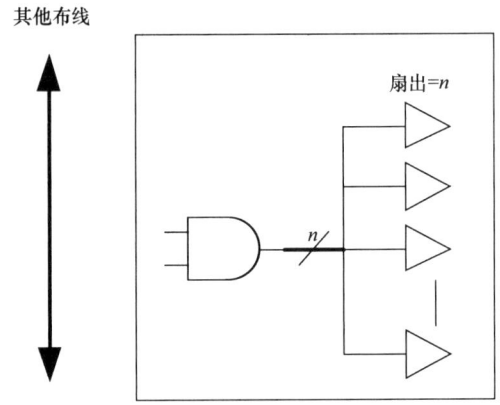

图 15.8　高扇出区域的布图规划

通过将高扇出区域限制在较小且局部的区域内，对其他布线的影响将降至最低。这将缩短布局和布线工具的运行时间，并由于布线延迟最小化而提高实现的性能。

### 15.4.3　器件结构

器件结构在布图规划中至关重要，因为内置结构不能随布图规划或布局工具一起移动。这些内置结构包括存储器、DSP、硬 PCI 接口、硬微处理器、进位链等。因此，不仅要规划设计以使模块相对于彼此处于最佳放置，而且要使内置结构能够得到有效利用，并尽量减少与自定义逻辑的布线，这一点很重要。

布图规划应考虑内置资源，如存储器、进位链、DSP 等。

在图 15.9 中，输入和输出逻辑资源与 RAM 接口绑定。对于相当大的 RAM 模块，通常更希望使用可用的 FPGA 特定区域中的固定 RAM 资源，而不是分布在整个 FPGA 中的较小 RAM 元件的集合。此路径上的布图规划约束将取决于此 RAM 资源的固定位置，如图 15.10 所示。

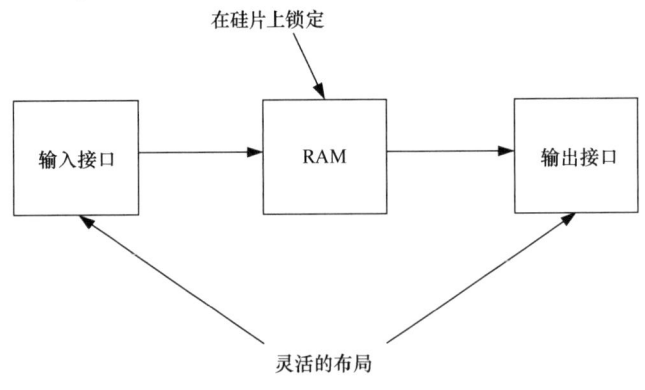

图 15.9　固定的 FPGA 资源

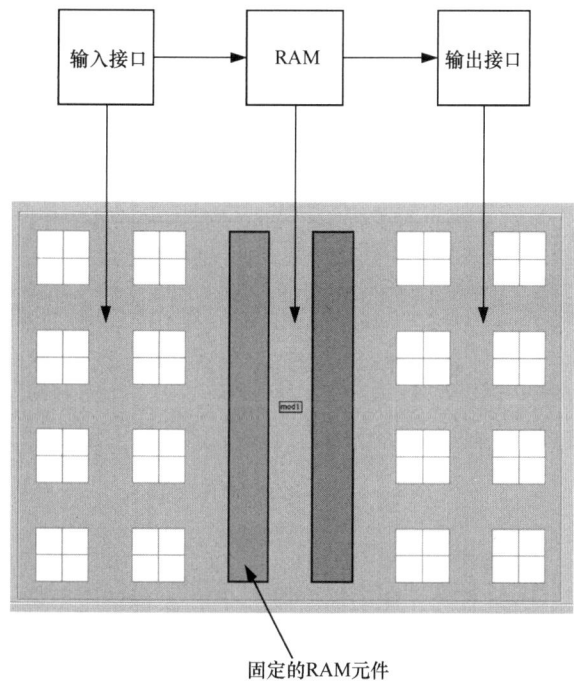

图 15.10 围绕固定 FPGA 资源的布图规划

## 15.4.4 可重用性

良好的布图规划将允许重复使用各种模块和模块组，且不会对这些模块的性能产生重大影响。在门阵列设计中，通常会发现对设计中完全不相关的区域的更改会导致设计其他方面出现时序问题。这是由于无约束布局和布线算法的渐进性。当 FPGA 一侧的微小布局变化会挤占逻辑资源，迫使其他位置逻辑结构让路，依此类推，直到整个芯片被全新的时序取代时，就会产生混乱效应。但对于通过良好的布图规划进行约束的布局，这不是问题，因为关键路径模块的相对时序是固定的，任何更改都必须围绕该布图规划进行。

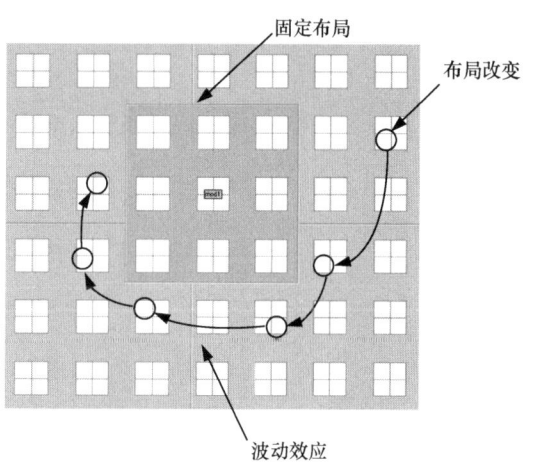

图 15.11 屏蔽版图更改

在图 15.11 中，关键逻辑被限制在布图规划区域内部，并且不会因为周围的位置变化而影响内部。

## 15.5 降低功耗

前面几节从时序性能、组织和实施运行时间角度讨论了布图规划。布图规划还有一个额外的用途，那就是降低动态功耗。图 15.12 显示了从逻辑器件 A 到器件 B 的布线。

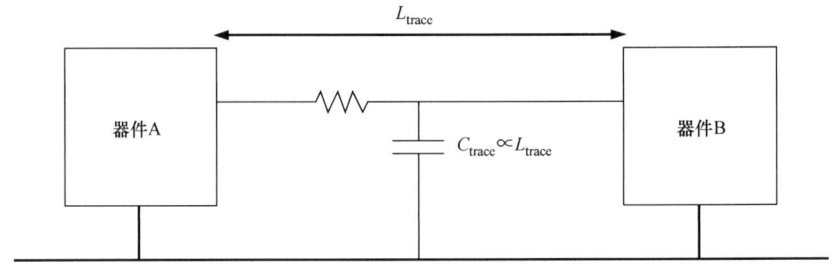

图 15.12　$LC$ 走线寄生参数

由于走线电容（$C_{\text{trace}}$）与走线面积成正比，假设 FPGA 布线资源的走线宽度固定，则电容将与走线长度成正比。换句话说，驱动器必须充电和放电的电容将与驱动器和接收器之间的距离成正比。

在最初关于动态功耗的讨论中，我们确定高活动电路上的功耗与走线电容乘以频率成正比。在本节中，我们将假设功能已锁定，并且无法更改各走线上的活动。因此，为了最大限度地降低功耗，我们必须最大限度地缩短高活动电路的布线长度。

为了优化时序，布局和布线工具会将关键路径组件放置得非常接近，以满足时序要求。然而，关键路径并不表示高活动。事实上，关键路径的切换率可能非常低，而容易满足时序的组件（例如自带时钟的计数器）的切换率可能非常高。考虑关键路径被约束在一小块区域内的情形。

在图 15.13 中，关键路径已被约束，时钟频率已最大化。然而，时序驱动的布局并未将

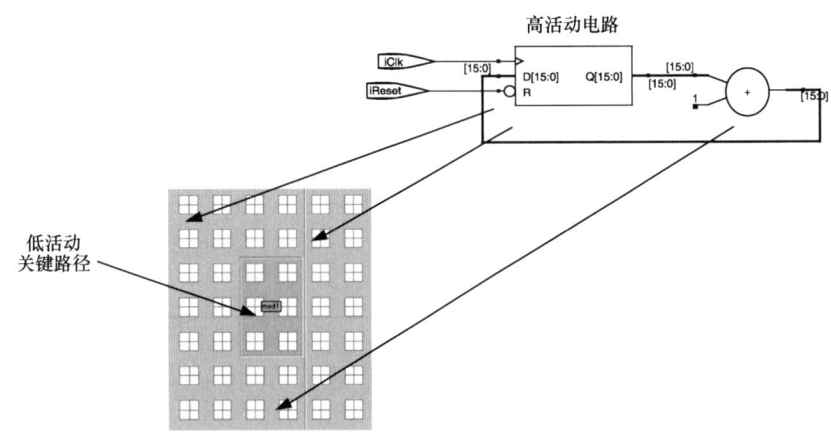

图 15.13　布图规划以最小化高活动网络

高活动电路识别为时序问题，而是按方便的方式将组件分散在关键路径的周围。问题是由于高活动电路上的路线较长，总动态功耗会相对较高。为了降低功耗，可以为高活动电路添加另一个布局区域，以确保互连最小化。如果高活动电路独立于关键路径，则通常可以做到这一点，而对时序性能的影响很小。

以最小化高活动网络的走线长度为目标的布图规划可以有效降低动态功耗。

## 15.6 要点总结

- 通过在主要功能边界之间分区布图规划，时序一致性可以在功能块到功能块的基础上逐块考虑。
- 在对关键路径进行布图规划时，布图规划是迭代时序收敛闭环中的关键环节。
- 糟糕的布图规划会大大降低设计的性能。
- 布图规划非常适合高度流水线的设计或受布线延迟影响较大的版图。
- 布图规划通常包括数据路径，但不包括相关的控制或胶合逻辑。
- 布图规划应考虑内置资源，如存储器、进位链、DSP 等。
- 以最小化高活动网络的走线长度为目标的布图规划可以降低动态功耗。

# 第 16 章 布局和布线优化

大多数 FPGA 版图（通常认为版图有两个主要的阶段：布局和布线）实现工具为设计工程师提供了数十种优化选项。设计工程师在使用这些选项时遇到的问题与他们在综合优化中遇到的问题类似；也就是说，他们通常不完全理解所有这些选项的含义。因此，某些优化经常在不必要的地方使用，而其他优化则在可能对性能产生重大影响的地方却未被采用。

与第 14 章类似，本章介绍了布局和布线优化的最重要方面，并提供给读者可以立即应用的实用启发式方法。在本章中，我们将讨论以下主题：

- 在布局和布线优化之前创建最佳约束。
- 布局和布线的关系。
- 利用逻辑复制减少布线延迟。
- 跨层次优化。
- 将寄存器打包到 I/O 缓冲区中。
- 利用打包因子。
- 何时将逻辑打包到 RAM 中。
- 寄存器排序。
- 布局种子的差异。
- 采用引导式布局和布线提升结果一致性。

## 16.1 最优约束

在开始实际的布局和布线优化之前，需要强调的是定义一套完整的时序约束的重要性。将此主题列在第一位的原因是确保在花费足够的时间创建准确的设计约束之前不会处理本章中包含的优化内容。

在进行任何优化之前，应该创建一套完整的约束。

每个设计都必须包含的约束包括所有时钟定义、I/O 延迟、引脚布局，以及任何放宽的约束（包括多周期和假路径）。尽管特定路径可能不是关键时序路径，但通常通过放宽无关路径的约束条件，可以为更关键的路径释放布局和布线资源。有关这些约束的更多信息，请参阅第 18 章。

FPGA 的典型时序分析通常不涉及的一类约束（第 18 章中未包含）包括电压和温度技术规格。电压/温度规格是设计工程师最常忽略的约束之一，但在许多情况下，它们提供了实现显著时序改进的最简单方法。

大多数设计工程师都知道，所有 FPGA 器件（与大多数半导体器件一样）都指定了器件运行的最坏情况电压和温度。在 FPGA 时序分析中，最坏情况温度是最高温度，最坏情况电压是最低电压，因为这两个约束都会增加传播延迟（我们通常不担心 FPGA 中的保持延迟，因为布线矩阵中内置了最小延迟）。例如，Xilinx FPGA 的商业温度范围的最高值是 85℃，最坏情况电压标称值通常在推荐工作电压的 5%～10% 之间。这对应于 1.2V 电源电压为 1.14V、3.3V 电源电压为 3.0V，等等。

在执行最坏情况时序分析时，默认使用这些最坏情况电压和温度条件。但是，很少有系统会要求 FPGA 在 85℃（FPGA 结温）和电源电压下降 10% 的极端条件下运行。事实上，大多数系统只会遇到远没有这么极端的情况。

如果 FPGA 运行的系统是在确定的温度和电压条件下设计的，那么 FPGA 时序分析就可以而且应该在相同的条件下进行。

考虑到这一点，许多工程师发现他们可以将关键路径缩短整纳秒级时间（当然，这取决于器件的工艺）。如果时序违例低于这一增量改进，工程师会发现他们正在努力解决实际上并不存在的时间违例问题！

以 16 位计数器为例。在默认时序分析条件下，此计数器将在 Virtex II 器件中运行在 276MHz。图 16.1 的菜单中显示了将传递给 Xilinx 时序分析工具的默认工作电压和温度设置。

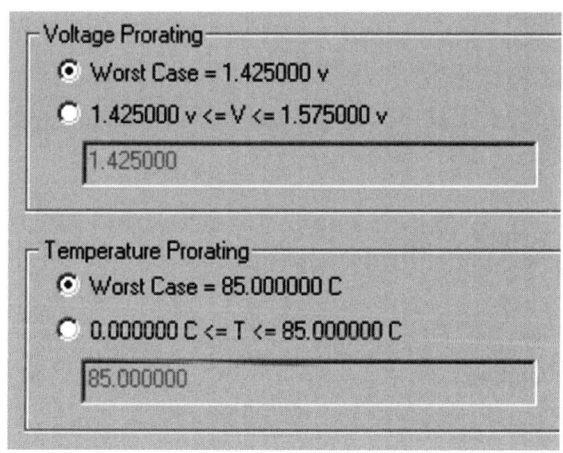

图 16.1 默认工作电压和温度设置

在这种情况下，最坏情况电压设置为指定电源电压的 95%。对于开关电源来说，5% 的电压变化可能是合理的，但如果这是由线性电源运行的，该线性电源可以为核提供足够的电流，则此规格就有些过度了。此外，结温设置为 85℃。最有可能的是，功能设计不会产生这样的温度，因此这个规格可能再次过度。我们可以将这些参数降低到更合理的参数，以适应我们假设的"轻量级"系统，其中电源仅波动2%，温度永远不会超过45℃（见图16.2）。

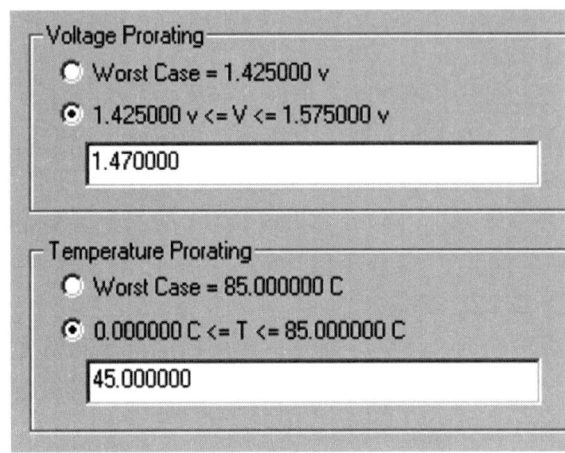

图16.2　实际工作电压和温度设置

结果表明计数器现在运行速度略低于290MHz。这种性能改进不需要对FPGA进行任何实际更改，只是在正确的条件下分析设计的问题即可实现。

调整电压和温度设置不需要对FPGA实现进行任何更改，并且可以提供一种简单的方法来逐步改善最坏情况下的性能。

这种方法的唯一缺点是，设备需要根据温度和电压进行全面的特性分析，然后供应商才允许访问此选项。由于FPGA供应商之间一直在争相生产速度最快的FPGA，因此他们通常会在完成这一特性测试之前发布器件。事实上，如果你使用的是全新的技术，通常可以预计这个选项不可用。在时序分析工具中，这个选项是不可使用的。这是使用成熟度适中的器件的优势之一。

## 16.2　布局和布线之间的关系

大多数现代FPGA布局和布线工具在实现与自动算法的时序兼容性方面做得非常好，因此手动布局和/或布线不再常见。然而，许多FPGA设计工程师已被自动实现工具"宠坏"，以至于除了超高速设计外，版图问题甚至不被考虑。缺乏关注导致了对版图的各种实现选项缺乏理解，因此导致布局的利用效率非常低下。所有这些选项中最重要的是布局和布线与处理器工作量之间的关系，无论目标是面积还是速度。

具体来说，我们指的是后端工具中提供给FPGA设计的钩子，这些钩子允许设计工程师调整处理器工作量以及布局和布线的相应算法复杂度。这些选项几乎总是独立呈现和控制的，这是不幸的，因为它们之间有着牢固的关系。

在基础培训中，工程师被告知他们可以通过增加布局和布线强度以获得更好的结果。我们在实验室实验中练习逐步增加布局和布线强度，并看到了改善。在实践中，我们看到了类似的改善。那么问题是什么呢？问题是，如果在获得最佳布局之前，你付出了比平常强度更多的布线强度，这是在浪费时间。因为事实上大多数项目都有截止日期，大多数 FPGA 设计工程师在实现时序收敛之前都要经过多次迭代，这些当然是值得考虑的问题。

这里需要理解的基本概念是布线非常依赖于布局。对于任何复杂的设计，只有通过良好的布局才能实现良好的布线。大多数 FPGA 设计工程师还没有进行足够的实验来实现这一点，但布局对性能的影响比布线重要得多。对于 FPGA 来说尤其如此，因为布线矩阵具有粗糙的特性（在 ASIC 中，可以更灵活地进行布线）。

如果你采用典型的设计并运行数百种布局和布线强度组合，然后绘制数据图，你可能会看到与图 16.3 非常相似的图形。

从图 16.3 中的曲线可以看出，布局对设计的性能起主导作用（称之为一阶效应），而布线的影响相对较小。

布局强度对性能有主导影响，而布线强度的影响相对较小。

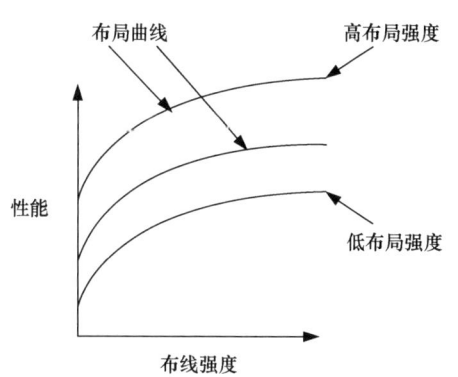

图 16.3　性能与布局和布线强度

为了确定最佳布局和布线强度等级，设计工程师应遵循以下流程：

1）将布局和布线强度设为最小。

2）运行布局和布线，以确定最坏情况下的时序是否实际上是由于次优版图设计造成的，而不是由于逻辑层次过多。

3）提升布局强度，直到时序满足或已达到最大强度等级。

4）如果最大布局强度的时序未得到满足，则开始逐步增加布线强度。

5）如果无法满足时序收敛，应重新审视设计的架构。

6）如果需要高的布线强度才能满足时序要求，那么重新审视设计架构以优化时序可能是个好主意（参见第 1 章）。

## 16.3　逻辑复制

逻辑复制发生在布局过程的早期，用于扇出到其他逻辑元件的结构，这些逻辑元件由于各种原因而无法就近放置。要解决的问题如图 16.4 所示。

在这种情况下，D2 的输出会扇出到两个相对远的结构。无论驱动器放在哪里，到达其中一个驱动元件的最终布线都会很长。为了消除潜在的较长的布线延迟，逻辑复制将复制驱动器，如图 16.5 所示。

逻辑复制应仅在具有无法物理放置的多个负载的关键路径网络上使用。

这种复制的效果是，可以将单个驱动放置在更靠近每个负载的位置，从而最大限度地缩

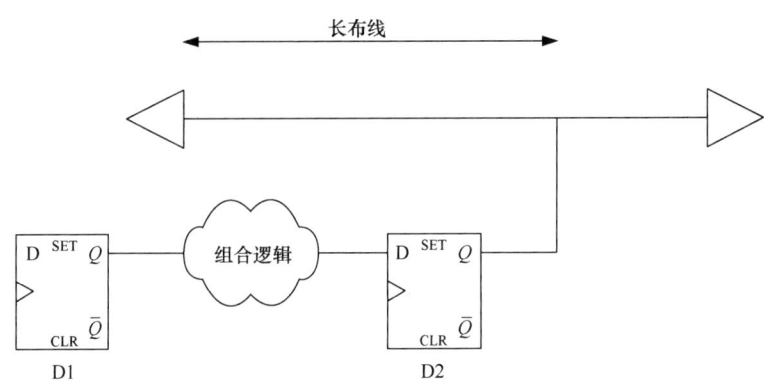

图 16.4　迫使长布线的扇出

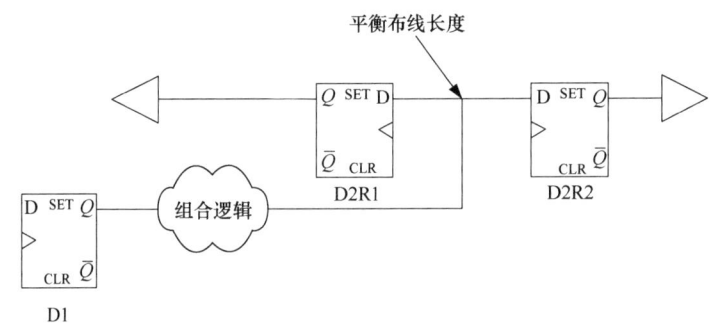

图 16.5　寄存器复制以平衡布线长度

短布线长度和布线延时。显然，这种优化将减少布线延迟，但会增加面积。如果器件利用率已经很高，这种优化可能会导致较差的结果。如果布局工具不够智能，无法仅在关键路径布线上执行此优化，则可能需要禁用此选项，并将复制结构添加到 RTL 中，同时添加相应的"don't touch"（不要触摸）属性，以确保综合不会优化复制的结构。

## 16.4　跨层次优化

跨层次边界的优化将允许任何布局算法在路径跨越模块边界时运行，如图 16.6 所示。

通常，如果需要进行特定优化，将其应用于模块间接口以及模块本身内的路径将大有裨益。通常，模块边界处的逻辑不会完全占据整个 LUT。图 16.7 给出了一个示例。

图 16.7 中，每个模块边界上都使用一个单独的 LUT 来实现与非（NAND）操作。通过启用跨边界优化，可以将这些逻辑操作合并到单个 LUT 中，从而将该操作的面积利用率降低一半。

最不希望出现这种优化的情况是，如果需要在实现后的网表上运行门级仿真。在这种情况下，保持完整的层次结构是门级仿真非常期望的。

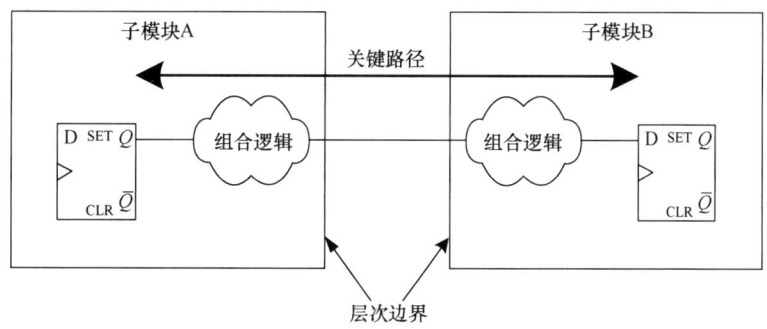

图 16.6 跨层次结构的关键路径

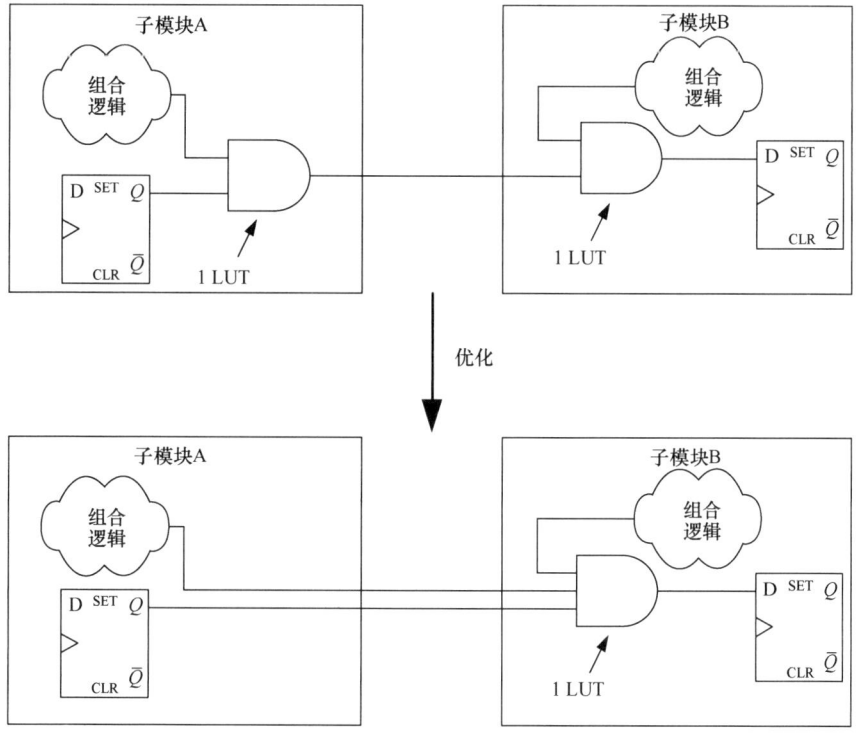

图 16.7 层次优化示例

当需要门级仿真时，跨层次的优化是不可取的。

如果需要在反标的网表上进行调试，保留的层次结构将允许设计工程师不仅方便遍历设计结构，还可以轻松识别可能对调试有用的模块边界上的信号。

## 16.5 I/O 寄存器

许多 FPGA 的输入和输出缓冲器中都内置有触发器，以优化芯片的输入和输出时序。同时这些专门的 I/O 缓冲器本身还会有一种优化方式，即可以选择是否将这些寄存器打包到 I/O 中。

图 16.8 说明了将寄存器打包到 I/O 缓冲器中的概念。

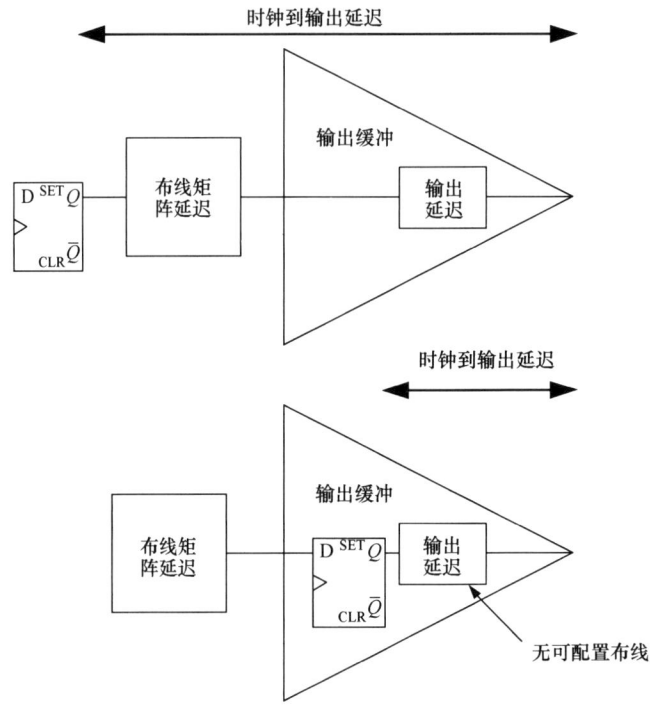

图 16.8　寄存器打包进 I/O 缓冲器

把寄存器放置在 I/O 中有许多优点：
- 在 FPGA 的 I/O 上的延迟是最小的。
- 内部有更多逻辑可用。
- 优良的时钟到输出时序。
- 优良的建立时序。

这种优化的缺点是，放置在 I/O 缓冲器中的寄存器可能无法为内部逻辑提供最优布局，如图 16.9 所示。

对于在 I/O 和内部逻辑上都有严格时序要求的高速设计，如果设计协议允许，在 I/O 上添加另一层流水线寄存器可能会很有利，如图 16.10 所示。

如果有大量的 I/O 寄存器，额外的流水线层可能会在寄存器利用率和潜在的拥塞方面增加显著的开销。

将寄存器打包到 I/O 中时，高速设计可能需要额外的流水线寄存器。

因此，如果没有严格的 I/O 时序要求，并且有相对大量的 I/O 寄存器，则不建议进行这种优化。

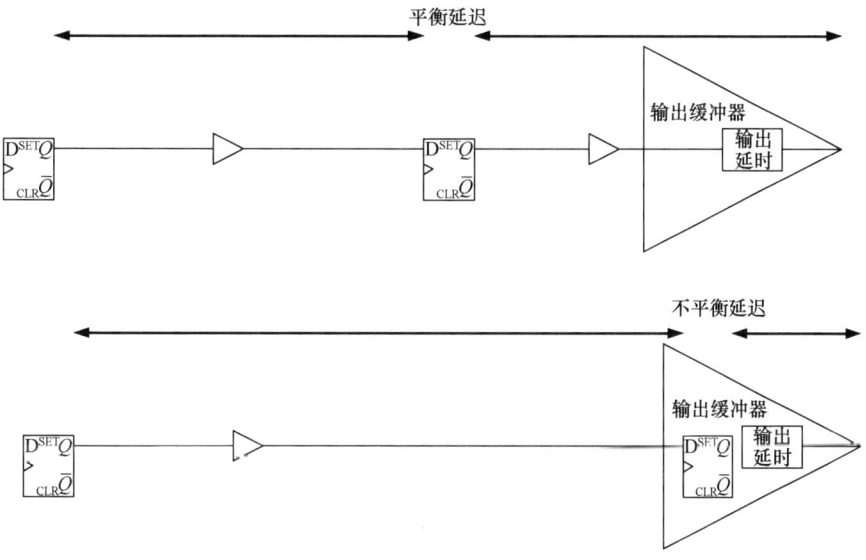

图 16.9 I/O 打包导致的不平衡布线延迟

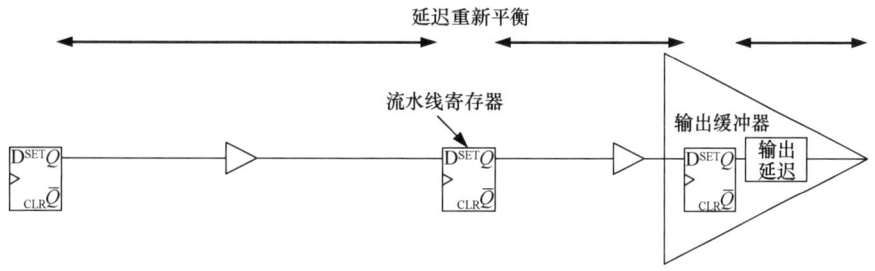

图 16.10 带有 I/O 打包的附加流水线寄存器

## 16.6 打包因子

打包因子定义为百分比,用于人为地限制 FPGA 中逻辑资源的利用率。例如,打包因子为 100%,会告诉布局工具所有逻辑资源都可用于实现,而打包因子为 50%,会告诉工具只有一半的逻辑资源可用。

这种优化的用途有限,但是可以被高级用户使用。例如,为了保留未包含在当前流程中的未来逻辑保留位置,可以根据估计的大小减少打包因子。这种情况下实现的难易程度将与设计工程师在集成新内核时所期望的程度相似。因此,可以更快地发现资源利用率问题。

此外,打包因子还可用于确定设计中的余量,即"真实"利用率。如果存在未使用的逻辑元件,则布局和布线工具在复制逻辑元件以及以更宽松的方式分布这些元件以优化版图方面会更加自由。如果逻辑元件的任何部分用于实现逻辑,则该逻辑元件被定义为已利用,并不需要它完全被利用。因此，利用率百分比通常高于真实利用率。

设置打包因子有助于确定真实的利用率。

换句话说，报告利用率为 60% 的 FPGA 可能拥有远超 40% 的逻辑资源可用（当然，忽略利用率接近 100% 时的可布线性问题）。要估计设计中的真实利用率和余量，可以降低打包因子，直到设计无法正确布线为止。

## 16.7 映射逻辑到 RAM

高端 FPGA 领域的主要参与者都是基于 SRAM 的，这意味着逻辑功能被编码到了 LUT 中。这些 LUT 是分布在 FPGA 上的小型 SRAM 单元，可用于一般逻辑实现。似乎由此的自然延伸是在更大的专用 RAM 块（实际像 RAM 一样使用）中实现逻辑，尤其是在利用率较低时。虽然这在概念上可能有意义，但与此相关的问题是性能。

小型分布式 RAM 单元的延迟非常小，相对于其他逻辑元件，逻辑将非常快速高效地通过这些 LUT。另一方面，较大的 RAM 块将具有与之相关的更大延迟，因此会导致非常慢的实现。一般来说，依赖专用 RAM 块中的逻辑是不明智的。只有在极高密度和低速的设计中作为最后的手段才可能有用。

## 16.8 寄存器排序

寄存器排序是布局工具用来将多位寄存器的相邻位分组到单个逻辑元件中的一种方法。大多数基于单元的逻辑元件都有多个触发器，因此通过将相邻位放在一起可以优化时序，如图 16.11 所示。

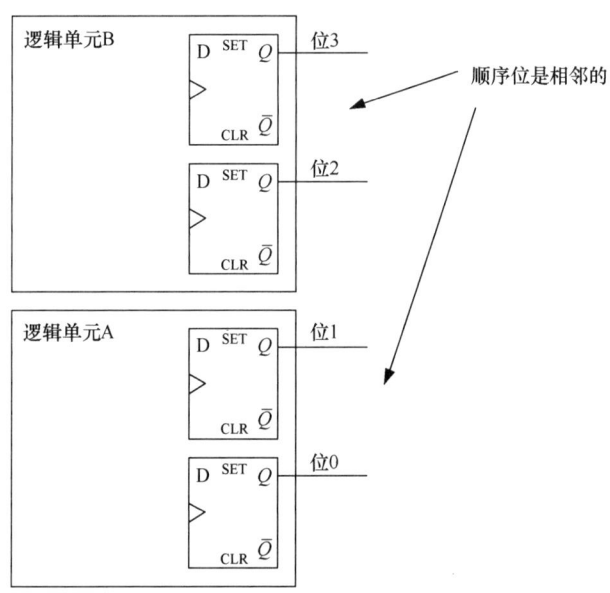

图 16.11　顺序位被排序

寄存器排序产生的问题是，它可能会阻止一组已添加流水线以实现布线平衡的寄存器被分组在一起。这将阻止额外的寄存器按原计划分区布线延迟。在将寄存器打包到 I/O 缓冲器时，应考虑上面使用的延迟平衡寄存器。

从图 16.12 可以看出，由于流水线寄存器被放置在驱动器附近，因此它的优势被完全抵消了。

当添加额外的寄存器来分区布线延迟时，不应使用寄存器排序。

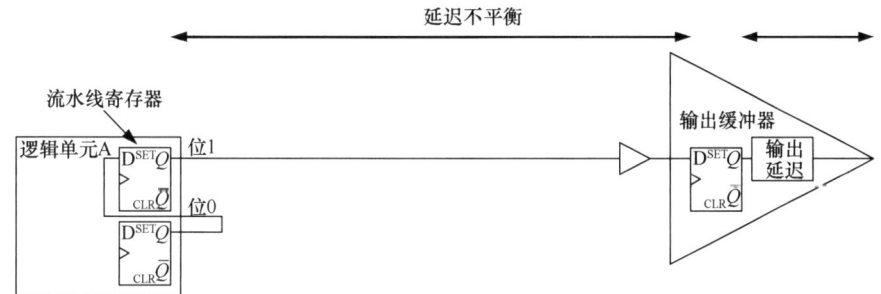

图 16.12　寄存器排序导致的性能降低

## 16.9　布局种子

设计工程师通常不喜欢他们的设计流程或实现工具中可能存在一定程度的随机性。但是，需要注意的是，对于具有一组约束的给定设计，布局并不是完全确定的。换句话说，对于任何给定的设计，没有唯一的最佳布局，至少在布局过程本身之前，没有一个可以通过当今的技术轻松确定的布局。事实上，如图 16.13 所示，即使对于自动布局工具来说，确定布局过程的最佳起点也根本不是一个能清楚确定的问题。

因此，布局工具需要"种子"，类似于随机数生成过程。从设计工程师的角度来看，种子的确切定义有点抽象，但出于有用的目的，不同的种子本质上为布局工具提供了略有不同的起点，布局过程的其余部分由此分支，如图 16.14 所示。

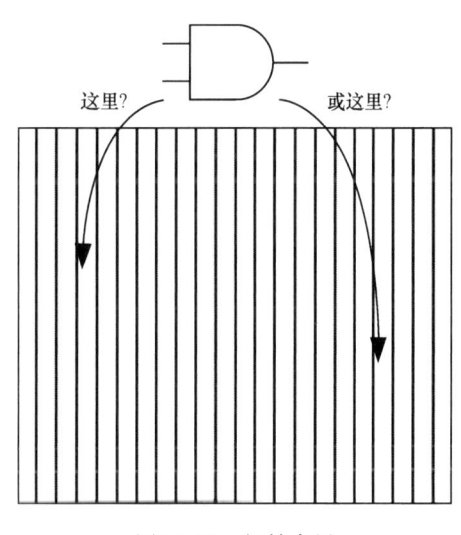

图 16.13　初始布局

一些供应商将其扩展到简单的初始化之外，进一步扩展到布局过程的其他"随机"参数，例如各种约束的相对权重，理想的布局距离以及布线拥塞的估计等。Xilinx 将其称为布局"成本表"，它会影响各种布局参数，但将其抽象为整数（1、2、3 等）。每个整数对应一组不同的初始条件和布局参数，但由于复杂度较低，它被抽象为一个数字，实际功能在参数表中隐藏。

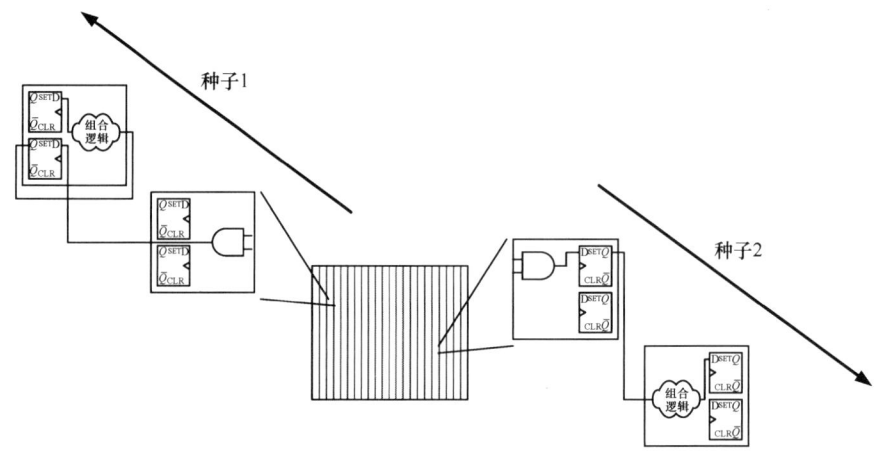

图 16.14　不同的布局的起始条件

调整布局种子的好处是，用户可以"再次尝试"布局以满足时序约束，而无需实际更改设计中的任何内容。这可以通过称为多轮布局和布线的过程自动完成。选择此选项后，布局和布线工具将多次运行实现，并在每次运行时自动改变种子。这当然需要大量时间才能产生有效的结果，因此这通常用于通宵运行，在这种运行中，目标设计尚未以可重复的方式满足时序约束。

这里需要注意的是，布局和布线算法实际上与种子无关，无论种子如何，结果都会非常好。对各种参数的任何更改都只会产生很小的影响。一些新手设计工程师陷入的误区是他们花费大量时间用于这类的优化以满足时序约束，而不是专注于设计中的真正问题。调整布局种子只能作为最后的手段，当所有架构更改都已用尽、所有约束都已添加且时序违例非常小（几百皮秒或更少）时才使用。

多轮布局和布线的种子变化应该作为最后的手段使用。

这种方法也只适用于可重复性不是关键问题的情况。如果时序太过严格，需要调整种子以满足时序要求，那么对 RTL 或约束的任何其他更改很可能会导致设计中出现新的随机行为，并需要多次运行布局工具，并采用新的种子变化。因此，使用这种方法，设计工程师在进行微小更改时，时序收敛将无法实现可重复性。下一节将讨论可重复性问题。

## 16.10　引导式布局和布线

对于设计工程师来说，一种非常常见的情况是花费数天或数周时间调整设计以满足时序要求，甚至可能使用上述自动种子变化，但最终却发现一个微小的变化可能会影响现有布局并完全改变时序特性。此时，设计工程师可能必须重新优化设计，并可能找到一个允许时序收敛的新种子。

为了避免小的变化对逻辑元件的布局产生多米诺骨牌效应，从而改变整体性能特征（更不用说为了小变化而重新运行布局实现的每一件事情所需的运行时间），FPGA 布局和布线工具通常会提供一个引导选项，利用先前实现的布局和布线。

布局引导功能将找到与旧实现相匹配的所有组件，并将相同的元件锁定到相同的位置。这种策略的优点是运行时间大大减少，并且被引导的元件的时序特性保持不变。因此，如上所述的引导模式可以为设计工程师提供一种手段，让他们能够在布局和布线过程中做出相应的小改动。

遵循微小变化的布局和布线过程应该利用引导文件来最大限度地提高一致性，并最大限度地缩短运行时间。

## 16.11 要点总结

- 在进行任何优化之前，应该创建一套完整的约束。
- 调整电压和温度设置不需要对 FPGA 实现进行任何更改，并且可以提供一种简单的方法来逐步改善最坏情况的性能。
- 布局强度对性能有主导影响，而布线强度的影响相对较小。
- 逻辑复制应仅在具有无法物理放置的多个负载的关键路径网络上使用。
- 当需要门级仿真时，跨层次的优化是不可取的。
- 将寄存器打包到 I/O 中时，高速设计可能需要额外的流水线寄存器。
- 设置打包因子有助于确定真实的利用率。
- 当添加额外的寄存器来分区布线延迟时，不应使用寄存器排序。
- 多轮布局和布线的种子变化应该作为最后的手段使用。
- 遵循微小变化的布局和布线过程应该利用引导文件来最大限度地提高一致性，并最大限度地缩短运行时间。

# 第17章 设计示例：微处理器

本章实现的简单 RISC 计算机（SRC）是一种广泛用于学术目的的微处理器模型（SRC 架构的详细描述可以在 Vincent Heuring 和 Harry Jordan 合著的 *Computer Systems Design and Architecture* 一书中找到）。SRC 微处理器具有相当通用的架构，并且没有商业处理器所需的许多优化所造成的复杂性。因此，它非常适合直接的流水线实现，有助于说明一些不同的优化策略。

本章的目的是描述 SRC 微处理器的实现，并使用前几章中描述的各种选项来优化性能特征。

## 17.1 SRC 架构

SRC 是一台 32 位机，带有 32 个通用寄存器（5 位寄存器寻址）、$2^{32}$ 字节的主存储器（可从任何 32 位寄存器寻址）、一个 32 位程序计数器和一个 32 位指令寄存器（见图 17.1）。

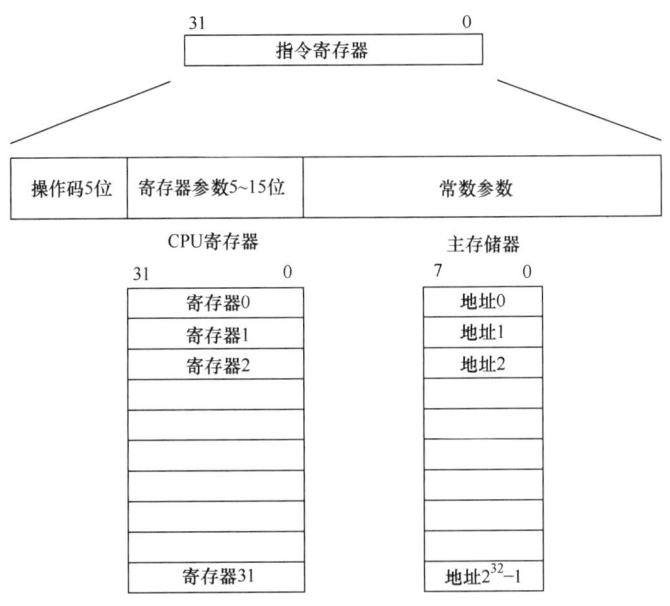

图 17.1　SRC 寄存器和存储器

指令类别定义如下：
- 加载和存储。
- 分支。
- 简单算术：加、减、取反。
- 按位和移位。

SRC 微处理器的流水线实现将主要功能操作划分为不同的阶段。每个阶段由一层寄存器来限制各级之间的时序。流水线如图 17.2 所示。

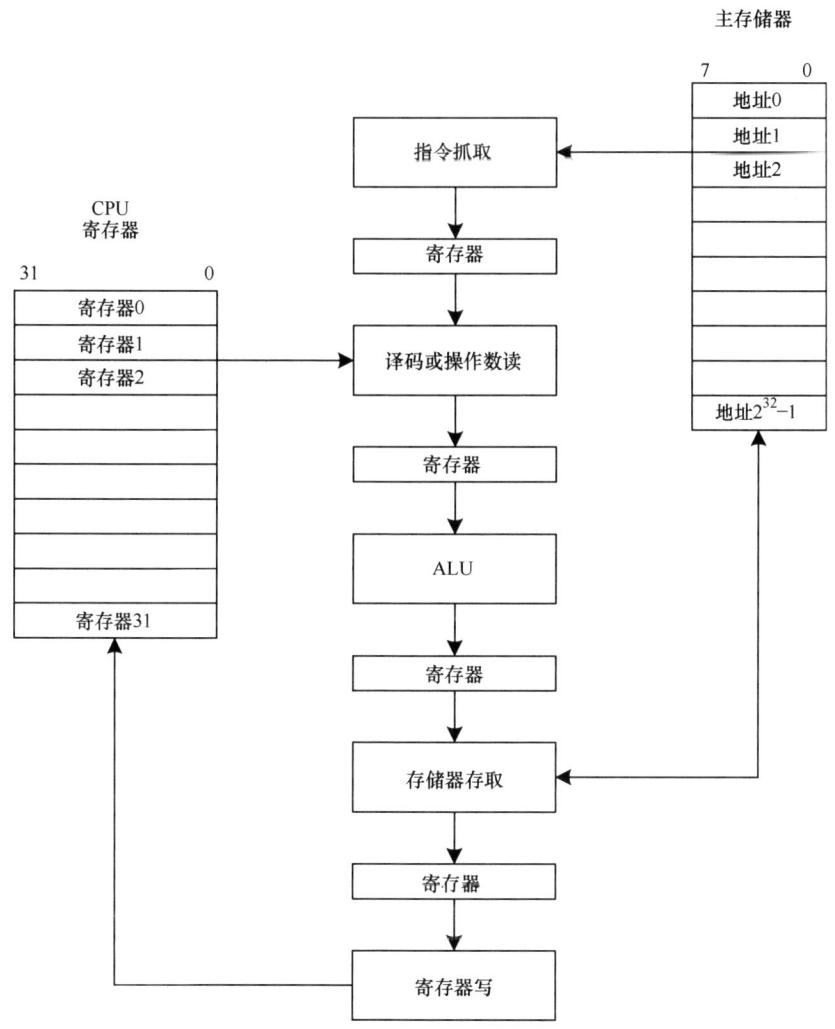

图 17.2 主要的 SRC 流水线

利用图 17.2 所示的拓扑结构，理论上每个时钟周期完成一个操作来执行指令是可能的。注意，由于许多情况会周期性地阻塞流水线，因此每条指令的时钟数将略大于 1，但出于本示例的目的，我们将假设完全流水线的实现每个时钟周期一条指令。

流水线顶层代码如附录 B 所示。为简洁起见，除非示例中明确提及，否则不会列出子模块的代码。关于此实现，有几点值得注意。第一，假设寄存器文件和系统存储器位于 FPGA 外部。如果有可用的块 RAM 资源，则可以在 FPGA 内部实现这些，但如果需要大量系统内存，使用外部存储设备可能更具成本效益。

第二，注意到每级是用一层定义流水线的寄存器分区的。任何由"反馈"元件定义的反馈信号也是寄存器。因此，传递到任何阶段的任何信号都明确定义其所属的阶段，并在设计变得更加复杂时保持时序井然有序。

第三，注意寄存器本身的参数化。传递给 DRegister 模块的第一个参数是宽度，这允许寄存器模块在所有 DRegister 元件之间重复使用。

以此流水线设计为起点，下一节描述了一些关键的优化选项以及如何使用它们来修改设计的性能。

## 17.2 综合优化

本例中，SRC 微处理器在 Xilinx Virtex-2 中实现，因为这是经过充分验证的成熟 FPGA 技术。针对具有 50MHz 时钟的 XC2V250 进行的首次综合为我们提供了表 17.1 所示的性能。

表 17.1 初始的综合

| | | |
|---|---|---|
| 速度 | 63.6MHz | 滞后 4.3ns |
| 查找表（LUT） | 1386 | 45% 利用率 |
| 寄存器 | 353 | 11% 利用率 |

注意，由于相对较慢的时序约束，关键路径中的逻辑以串行紧凑的方式实现，包含 23 级的逻辑如图 17.3 所示。

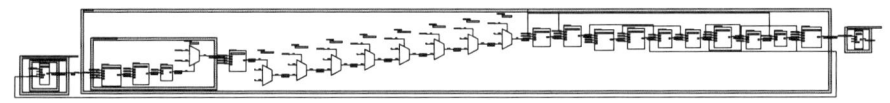

图 17.3 关键路径中的串行逻辑

### 17.2.1 速度与面积

在实现初期，时序要求很容易满足。这意味着在任何路径未被定义关键路径（最坏情况延迟）时由紧凑架构来实现。但这并不意味着，这是可实现的最高频率。如果我们将时序约束定为 100MHz，综合工具将实现并行架构并相应增加面积。

从表 17.2 可以看出，综合工具能够将关键路径扩展到更高速度的实现中，从而将面积增加了 9%，速度提高了 50% 以上。注意，时序约束的增加并不会 1∶1 映射到面积的增加。这是因为时序约束仅限于最坏情况路径。因此，面积增加只是一个指标，表示为实现更快的时序约束而优化的路径数量。例如，之前具有 23 层逻辑的关键路径被重新映射到并行结构，如图 17.4 所示。

假设已经做了大量的架构权衡，有各种综合选项可以利用来改善性能，如以下几节所述。

表 17.2 增加目标频率

| 速度 | 97.6MHz | 滞后 −2.4ns |
|---|---|---|
| 查找表（LUT） | 1538 | 50% 利用率 |
| 寄存器 | 358 | 11% 利用率 |

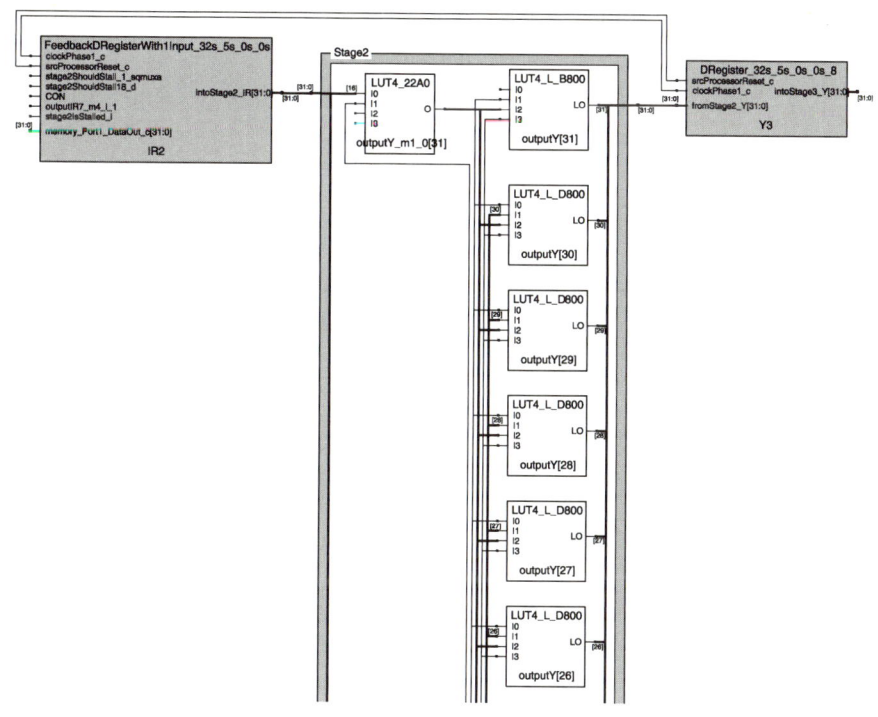

图 17.4 在旧的关键路径中的并行逻辑

## 17.2.2 流水线

如图 17.5 所示，新的关键路径位于从 IR2 开始，经过 Stage2，并在 X3 结束的反馈路径上。

为提高新的关键路径的性能，可使能流水线技术，以重新平衡寄存器层级之间的逻辑。在该示例中，X3 被推入 Stage2 并围绕多路复用逻辑重新平衡。由于寄存器从多路选择输出到多个输入的复制，总寄存器利用率随之加倍，但整个逻辑利用率并没有显著改变。

最终结果是，通过推动寄存器跨越逻辑边界并添加所有输入所需的寄存器，减少关键路径到足以满足 100MHz 的时序，见表 17.3。注意，一旦满足时序约束，综合工具会停止流水线操作，以最大限度地降低整体寄存器利用率。通过将时序约束提高到 110MHz，增加额外

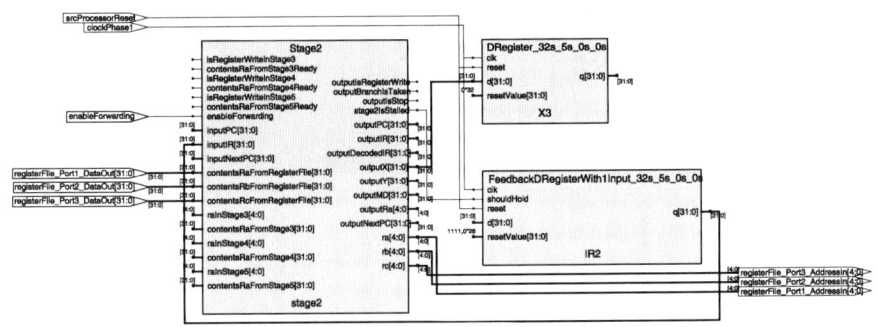

图 17.5　在 Stage2 中的新的关键路径

的寄存器利用率，见表 17.4。

表 17.3　流水线结果

| 速度 | 100.7MHz | 滞后 0.1ns |
|---|---|---|
| 查找表（LUT） | 1554 | 50% 利用率 |
| 寄存器 | 678 | 22% 利用率 |

表 17.4　额外的流水线结果

| 速度 | 111.2MHz | 滞后 0.1ns |
|---|---|---|
| 查找表（LUT） | 1683 | 54% 利用率 |
| 寄存器 | 756 | 24% 利用率 |

### 17.2.3　物理综合

通过进行物理综合，我们现在开始使用物理布局信息来优化设计性能。有了这些布局信息，我们能够以 120MHz 为目标并轻松实现时序收敛。

表 17.5 所示的结果是由综合工具决定的所有不需要人为干预的布局信息得到的。但是，由于该微处理器设计是高度流水线化的，因此可以通过布图规划引导布局来实现更好的时序，这将在下一节讨论。

表 17.5　使用 Synplify 的物理综合结果

| 速度 | 122MHz | 滞后 0.2ns |
|---|---|---|
| 查找表（LUT） | 1632 | 53% 利用率 |
| 寄存器 | 772 | 25% 利用率 |

## 17.3　布图规划优化

由于设计被很好地划分为明确定义的流水线级，因此有机会利用预定义的布图规划拓扑来进一步提高性能。

## 17.3.1 分区式布图规划

最常使用的第一种方法是设计分区，这是流水线结构本身为初始布图规划提供的指导。在图 17.6 中，Stage2～Stage4 以带有中间寄存器层的框图形式显示。

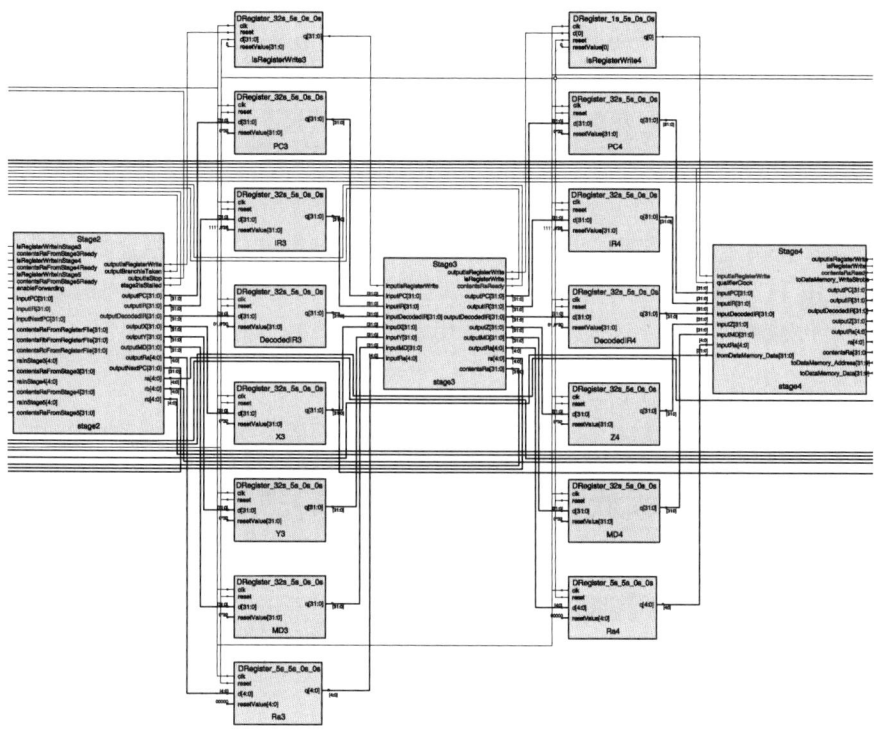

图 17.6　Stage2～Stage4 之间的流水线流程

从具有相似物理结构的版图开始进行布图规划是明智的。如图 17.7 所示的初始布图规划中，各个流水线级被定义为垂直区域，以便于在 FPGA 内部实现进位链结构。

对于此布图规划，需要注意的是，大多数长路径位于 Stage1～Stage3 之间。这三级被赋予单独的区域，如图 17.7 的布图规划所示。数据路径从左向右流动，级之间留有少量空间用于放置寄存器。这些模块之间的关键路径逐步优化，见表 17.6。注意，时序约束已增加到 125MHz。

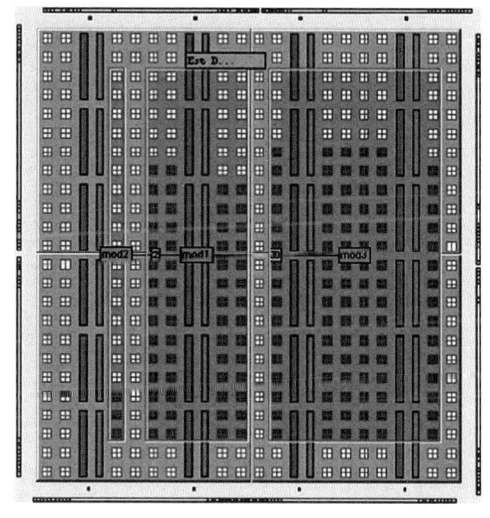

图 17.7　反映流水线流程的布图规划

表 17.6 初始布图规划的结果

| 速度 | 123MHz | 滞后 −0.17ns |
|---|---|---|
| 查找表（LUT） | 1840 | 59% 利用率 |
| 寄存器 | 492 | 16% 利用率 |

我们最初的尝试并没有产生比默认物理综合方法更好的结果。这是因为约束元素组很大，物理区域本身的纵横比很高，而且对那些时序更严格的路径分组给予了很少的重视。为继续优化性能，我们必须同时考虑关键路径的时序和物理组，以最大限度地减少布线延迟。

## 17.3.2 关键路径布图规划：示例 1

迭代过程首先确定关键路径，然后对这些路径进行分组并集中在指定的区域。在该示例中，关键路径位于 Stage2 周边的寄存器之间。图 17.8 所示为通过 Stage2 的最坏情况路径。

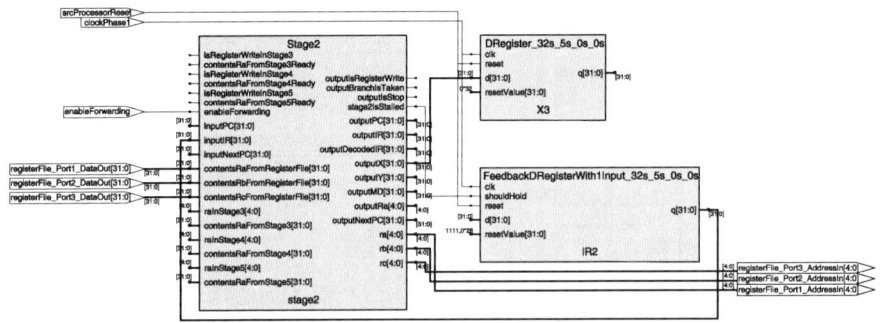

图 17.8 通过 Stage2 的最坏情况路径

使用第一种迭代方法，我们可以尝试约束 Stage2，并根据需要在周边增加寄存器。新的布图规划如图 17.9 所示。

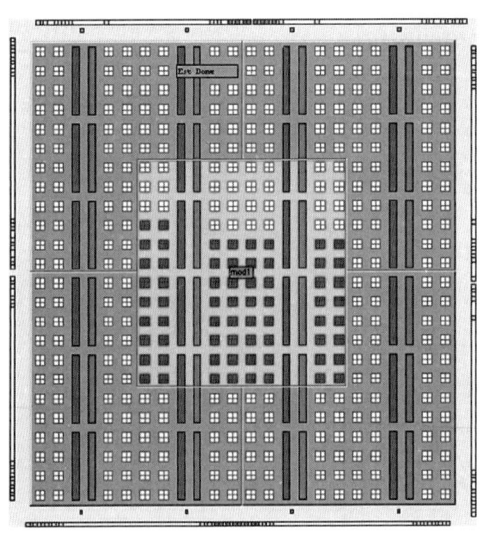

图 17.9 Stage2 的布图规划

图 17.9 的优点在于更密切地关注了面积问题，为便于布线提供了更均匀的纵横比。图 17.9 的布图规划表示了 Stage2，以及源寄存器 IR2、目标寄存器 X3 和 Y3。性能见表 17.7。

从这些结果可以看出，关注布图规划可以获得 125MHz 的时序一致性。

表 17.7 关键路径布图规划的结果

| 速度 | 127.6MHz | 滞后 0.16ns |
|---|---|---|
| 查找表（LUT） | 1804 | 58% 利用率 |
| 寄存器 | 559 | 18% 利用率 |

### 17.3.3 关键路径布图规划：示例 2

优化布图规划最后的方法是关注关键路径自身的逻辑元素。这样做的优势是在不考虑最小约束路径的情况下可紧凑地约束复杂路径。这样通过约束特定区域内的组件就可达到减少全路径延迟。

在默认的实现中，关键路径是位于 Stage2 和反馈寄存器 IR2 之间。该实现报告指出，关键路径的延迟约有 50% 是由路径延迟带来的，这同时也表明关键路径的布图规划还有优化空间。

我们默认运行的前两条关键路径是从 IR2 到 Y3，以及从 IR2 到 X3。这些路径上的元件可以约束在比之前的布图规划更小的区域内。通过只将关键路径约束到较小区域，我们再次提高了性能。见表 17.8，最终目标可达 135MHz。

表 17.8 关键路径布图规划的结果

| 速度 | 135MHz | 滞后 0.0ns |
|---|---|---|
| 查找表（LUT） | 1912 | 62% 利用率 |
| 寄存器 | 686 | 22% 利用率 |

当这些关键路径约束到如图 17.10 所示的区域时，关键路径转为通过 Stage3 的 Y3 到 Z4 之间的路径，如图 17.11 所示。

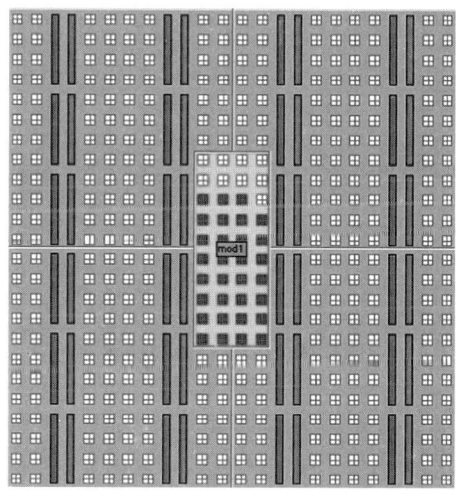

图 17.10 关键路径布图规划

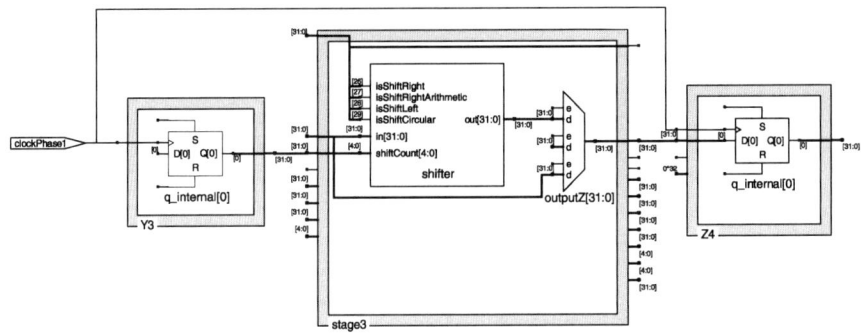

图 17.11　最终的关键路径

布线延迟已减少到 40% 的总延迟（其中 60% 的路径是逻辑延迟），这意味着，虽然可通过进一步布图规划来优化性能，但是相较于付出的努力，回报率是递减的。

# 第 18 章 静态时序分析

本章的主要目的是介绍一般的静态时序分析（STA）知识，以及在复杂电路配置上执行 STA 的方法，这些复杂电路配置在 STA 背景下通常不进行讨论，例如异步电路、锁存器和组合逻辑反馈路径。需要注意的是，通常不建议 FPGA 设计工程师使用后一种结构，这主要是因为正确实现对它们的检查很困难。但是，对于一个高级工程师来说，只要了解了相关的问题（特别是时序分析），是可以在必要时使用这些结构的。

在本章中，我们主要会讨论以下几方面的内容：

- 总结基本的 STA 知识。
- 理解 STA 中的锁存器。
- 使用组合逻辑或事件驱动的时钟处理 STA 中的异步电路。

本章假设读者已经熟悉了一般的 STA 基础知识，但仍将对这方面的基本知识进行简要概述。

## 18.1 标准分析

正如本章所提到的，STA 是对设计中与一组约束相关的所有时序路径的综合分析，以确定设计是否"时序符合"。FPGA 设计工程师经常遇到的基本路径是，输入到触发器、触发器到触发器和触发器到输出，如图 18.1 所示。

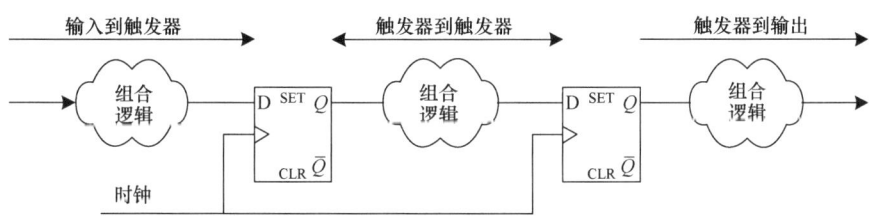

图 18.1 基本的同步时序路径

这里需要关注的有输入延迟、输出延迟、建立时间和保持时间等的要求。建立时间一般针对的是长路径的分析，保持时间一般针对的是短路径的分析。电路的最大频率由设计中最长的路径决定，这个路径一般也称为关键路径。需要注意，路径分析考虑的不仅仅是图 18.2

所示的逻辑延迟。

最大的路径延迟是时钟到 Q 的延迟、逻辑和路径延迟、建立时间和时钟偏移的函数。最大时钟频率（最小时钟周期）将由数据路径延迟之和减去时钟偏移来确定。在第 1 章中，我们根据所有相关延迟定义了最大频率。这里，我们将最小周期定义为该关系的倒数，如式（18.1）所示（最小时钟周期的计算）。注意，这里再次忽略了时钟抖动。

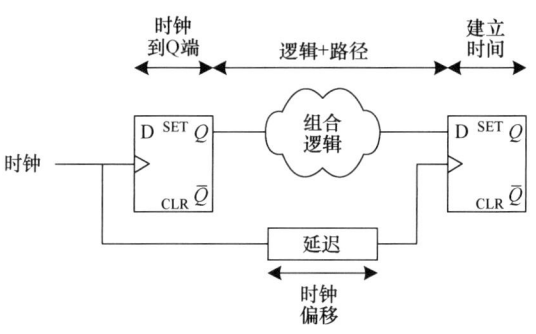

图 18.2　时序分析要素

式（18.1）是最小时钟周期计算公式。

$$T_{\min} = T_{\text{clk}-q} + T_{\text{logic}} + T_{\text{routing}} + T_{\text{setup}} - T_{\text{skew}} \tag{18.1}$$

式中，$T_{\min}$ 是允许的最小时钟周期，$T_{\text{clk}-q}$ 是时钟信号到达触发器直到数据从 Q 端输出的时间，$T_{\text{logic}}$ 是触发器之间通过逻辑的传输延迟，$T_{\text{routing}}$ 是触发器间的布线延迟，$T_{\text{setup}}$ 是数据在下一个时钟上升沿之前必须到达 D 端的最小时间，$T_{\text{skew}}$ 是发射触发器和捕获触发器之间时钟的传输延迟。

如果需要的时钟周期比 $T_{\min}$ 定义的最小时钟周期还要大，则存在如图 18.3 所示的正裕量。

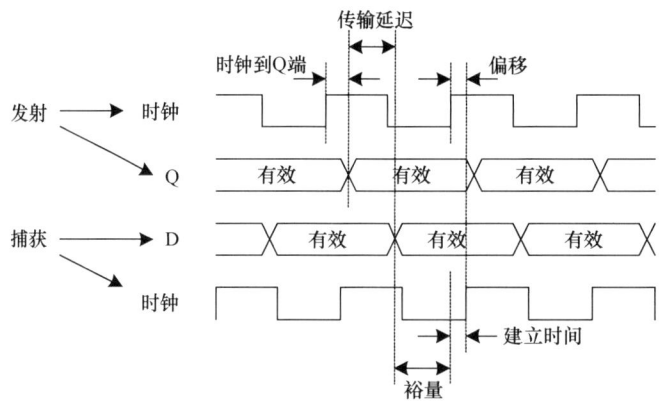

图 18.3　正裕量

从图 18.3 的波形中可以看出，当数据在捕获时钟减去其建立时间之前到达捕获触发器，会出现正裕量。当数据在捕获时钟减去其建立时间之后到达捕获触发器，会出现负裕量且不满足时序要求。建立时间分析也适用于 I/O。对于输入，发射时钟到 Q 端和外部传输时间合并到一起作为单个外部延迟进行分析。类似地，对于输出的建立时间分析，也将假设一个外部的传输延迟，其中包括了建立时间、时钟偏移等。但是，由于这些外部延迟对于 FPGA 时序分析工具来说是未知的，所以它们必须由设计工程师进行定义。

当数据在时钟上升沿后过快到达触发器时，就会发生保持时间违例，通过添加额外的缓冲器可以较容易地修复。由于电路布线存在的内置延迟，保持时间违例在 FPGA 设计中很少出现。如果一旦发生了保持时间违例，则表明可能存在时钟偏移问题。

除了为系统时钟定义准确的约束外，放宽对其他任何路径的约束也是比较重要的，属于这一类的两个最常见的约束是多周期路径和假路径。多周期路径如图 18.4 所示。

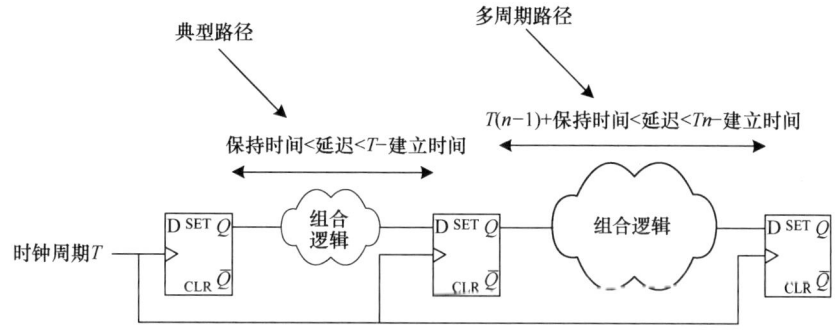

图 18.4 多周期路径

多周期路径允许被约束的信号在时序终点之间传播 $n$ 个周期。注意，即使采用多周期路径，建立时间和保持时间仍然需要满足。这是因为无论数据到达哪个时钟沿，如果它到达的时间离时钟沿太近，仍然可能会出现亚稳态。如果数据不需要在紧接着的下一个时钟周期中使用，那么可以添加多周期路径约束。当连接的设备不需要数据立即到达时，可能就会使用到这种多周期约束。这通常发生在 DSP 应用中，其中有固定的采样率，以及可用的时钟数。

假路径类似于多周期路径，因为它也不需要在单个时钟周期内传播信号。但是它们也有不同之处，按照设计的要求，假路径在逻辑上是不可能的。换句话说，即使时序分析工具通过一系列逻辑门检测到从一个点到另一个点的物理路径，在正常功能操作时，信号在逻辑上也不可能在这两个点之间传播。如图 18.5 所示。

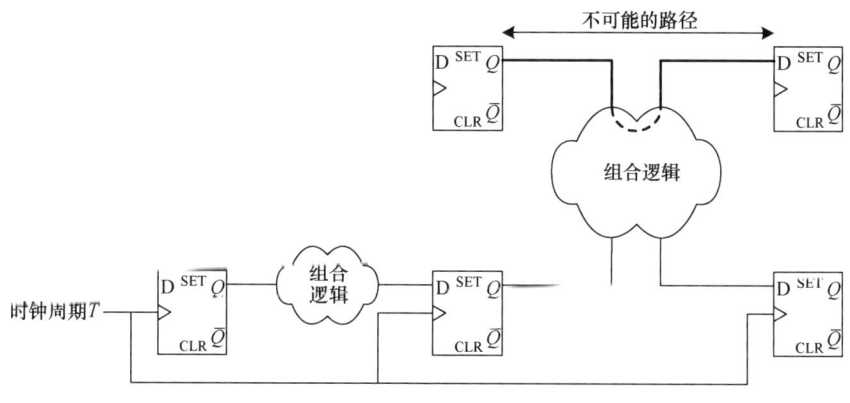

图 18.5 假路径

由于在设计的正常工作时，这些假路径永远不会被遍历，因此 STA 工具会忽略这些点之间的路径，并且在时序优化和关键路径分析时不考虑这些路径。具有多个可用周期的多周期路径与假路径之间的主要区别在于，多周期路径仍然会根据建立时间和保持时间的要求进行检查，并且仍然会在时序分析中进行检查。多周期路径仍然存在时序分析失败的可能，但是假路径永远不会出现任何相关的时序违例。

即使设置尽可能严格的周期约束，但是多周期路径仍然存在时序分析失败的可能，但是假路径不会发生此种情况。

一旦约束设置完成，STA 工具就可以对设计中的每条路径进行全面的分析。如前几章所述，STA 与基于仿真的动态时序分析相比有许多优点：

- 动态时序分析（带有时序信息的仿真）只能发现一部分问题。动态时序分析的效果取决于编写仿真程序的工程师。另一方面，STA 可以在标准时序分析的范围内捕获所有的问题。换句话说，STA 对设计进行了详尽的分析，对设计工程师的唯一要求就是设置必需的条件和约束。
- 很难对诸如抖动这样的特性建模，因为这将创建一个非常复杂的测试平台，并且运行时间将会达到一个不合理的水平。
- 使用 STA，可以通过线性增加运行时间来验证各种条件的组合。但是，通过动态时序分析，各种条件的组合将会使运行时间呈指数级增加。
- STA 不需要任何仿真周期，也没有事件调度带来的开销。
- STA 提供了更大范围的时序违例检查，包括正负建立时间/保持时间、最小和最大传输、时钟偏移、毛刺检测和总线竞争。
- STA 工具具有自动检测和识别关键路径、违例和异步时钟的能力。

当在这种环境中分析不太适合 STA 的结构时，STA 的困难就出现了。也正是因为设置这些约束比较困难，此时，动态时序分析就可以用于分析这些结构。下面几节将更详细地讨论一些更复杂的拓扑结构，并推荐分析这些结构的方法。需要注意的是，其中许多结构并不常见，通常不推荐在 FPGA 设计中使用。这里给出这些结构并不是支持使用它们，但如果 FPGA 设计工程师有充分的理由，那么这些建议可以用来成功地分析这些结构。

## 18.2 锁存器

在设计微处理器等高速芯片或其他高速流水线时，锁存器是一种非常有用的器件。锁存器只能由专业的设计工程师使用，即便如此，这样做也必须要有充分的理由。大多数时候，锁存器是因为较差的编码风格无意中产生的，然后这种无意中产生的锁存器也出现在了 STA 报告中，导致了不必要的混淆。

锁存器通常是由不好的编码风格无意中产生的。

产生锁存器的最常见方式之一如以下代码所示。

```
// 提示：锁存器
module latch (
 output reg oDat,
 input       iClk, iDat);

   always @*
      if (iClk)  oDat <= iDat;
endmodule
```

在上例中，当 iClk 变低时，oDat 的当前值将保持不变，直到 iClk 的下一次触发。这样的锁存器通常是不可取的，但在某些情况下这种情况却是可以存在的。考虑下面的模块，锁存器很可能是无意中产生的。

```verilog
// 不好的编码风格
module latchinduced(
 output reg oData,
 input       iClk, iCtrl,
 input       iData);
 reg        rData;
 reg        wData;

 always @*
   if (iCtrl) wData <= rData;

 always @(posedge iClk) begin
   rData           <= iData;
   oData           <= wData;
 end
endmodule
```

在上面的这段代码中，在两个 D 触发器之间产生了一个锁存器，如图 18.6 所示。

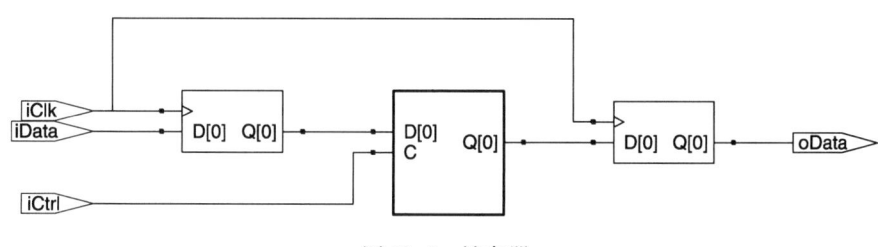

图 18.6　锁存器

在本例中，数据输入和数据输出都使用 D 型上升沿触发器进行缓存，而数据则被锁存在两个触发器之间。虽然这种电路配置可能并不是有意实现的，但是该电路有助于清晰地表明 STA 相关的要点。我们称该锁存器为高电平有效的锁存器，因为当控制输入为高时数据可以通过，而当锁存器的控制为低时，输出则会保持。从时序分析的角度来看，我们不关心锁存器的控制输入为高的情况，因为此时数据只是简单地流过锁存器。同样，我们不关心由于控制信号为低而使输出不变的情况。但是，我们关心的是数据实际锁存的时间点的时序，也就是说，从高到低的转换过程。

当通过锁存器进行时序分析时，STA 工具将主要关注控制信号的边沿，该信号将会使锁存器切换到保持状态。

从某种意义上说，可以将锁存器的控制信号视为 STA 中的时钟，而锁存器则被视为下降沿触发器。图 18.7 所示的波形展示了触发器和锁存器时序的兼容性。

一种利用锁存器的常见拓扑结构是双相锁存。在这种技术中，流水线中的一级用时钟的一个极性锁存，流水线的两级分别用锁存器相反的极性锁存，如图 18.8 所示。

一个双相模块的代码如下所示。

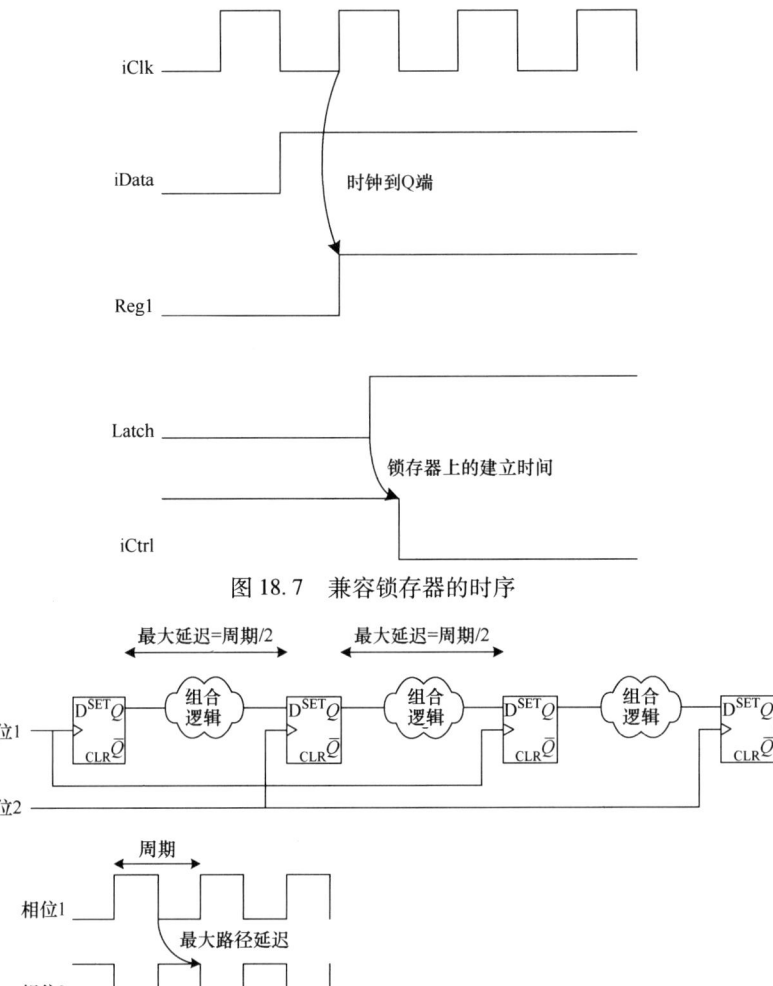

图 18.7 兼容锁存器的时序

图 18.8 双相锁存

```
// 提示: 锁存器
module dualphase(
   output      oData,
   input       iCtrl, iNCtrl,
   input       iData);
   reg [3:0]   wData;

   assign oData              = wData[3];

   always @* begin
     if(iCtrl)  wData[0] <= iData;
     if(iNCtrl) wData[1] <= wData[0];
     if(iCtrl)  wData[2] <= wData[1];
     if(iNCtrl) wData[3] <= wData[2];
   end
endmodule
```

上述代码也可以用单一的时钟实现,如图18.9所示,其中使用了时钟的两个极性。

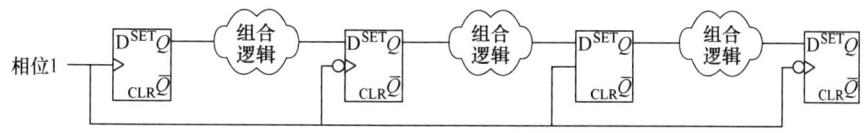

图18.9 交替极性双相锁存

在微处理器等高度流水线化的设计中,双相锁存方法可以提供更小的实现(锁存器比触发器小)和更低功耗的实现(时钟的两个边沿都用于处理数据)。但是,需要注意,这并不一定适用于所有的设计,如果电路没有非常明确的流水线(这种情况比较少),那么即便可以使用双相锁存器,也将非常困难。

对于高度流水线化的设计,双相锁存拓扑结构可以提供一种更小、更快的设计实现。

用于这种实现的 STA 报告将定义单个时钟域;也就是说,此时定义了所有的锁存器的控制信号。在上升沿(低电平有效锁存器)和下降沿(高电平有效锁存器)之间的所有路径都会报告出来。

## 18.3 异步电路

在本书讨论的范围内,异步电路泛指不属于时钟元件间路径分析范畴的各类电路,这类电路无法采用标准时序分析方法。我们将给出一些最常见的电路配置(尽管一般来说都不太常见),并介绍分析相应时序路径的方法。注意,这些方法通常不推荐在 FPGA 设计中使用,因此,所有想要使用这些方法的设计工程师都必须有足够充分的理由。

### 18.3.1 组合逻辑反馈

组合逻辑反馈回路是从一个线网开始,经过组合逻辑门(与门、或门、选择器等),并且不通过任何同步元件,最终再次到达起始线网的路径。通常情况下,组合逻辑反馈回路是设计错误导致的结果,综合工具应该会给出警告信息。另外,组合逻辑反馈回路也给仿真工具带来了一些问题(特别是在没有组合逻辑延迟的情况下)。

组合逻辑反馈回路一般表示一种典型的设计编码错误。

根据设计的具体情况,组合逻辑反馈回路要么表现出振荡行为(例如,由反相器和延迟元件构建的自激振荡器),要么包含具有存储特性的元件(例如,由交叉耦合的与非门构建的基本的锁存器和触发器等)。尽管可以利用组合逻辑反馈构建一定数量的有用电路,但通常这种电路不容易进行时序分析,因为该电路的时序终点不是时序元件。设计工程师需要在约束条件中人为地定义时序终点，而不是衡量从一个触发器到另一个触发器的时序。下面以一个自激振荡器为例。

```verilog
// 不好的编码风格
module freeosc(
 output   oDat,
 input    iOscEn, iOutEn);
 wire     wdat;

 assign wdat = iOscEn ? !wdat: 0;
 assign oDat = iOutEn ? wdat : 0;
endmodule
```

这个示例是用一个组合逻辑回路实现的电路，如图 18.10 所示。这种类型的组合逻辑反馈实际上表示了一种编码错误，但在这里可以说明组合逻辑反馈回路存在的问题。

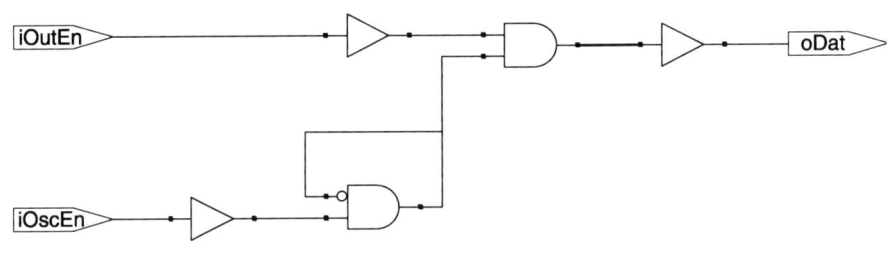

图 18.10　无意中产生的组合逻辑反馈回路

除非明确阻止该工具综合组合逻辑回路，否则该设计将会被综合。在分析过程中，STA 将只包括从输入到输出的路径。事实上，STA 工具甚至可能不会提供必要的数据来衡量回路本身的延迟。为了解决这个问题，至少需要在一个线网上增加时序终点。为此，在这种情况下，我们可以在线网 wdat（反馈的线网）中添加一个时钟终点。在 Xilinx 实现中，在 UCF（用户约束文件）中的约束为

```
NET        "wdat" TPSYNC = "looptime";
TIMESPEC   "ts_looptime" = FROM "looptime" TO "looptime"
                           1 ns;
```

在上述约束中，我们在线网 wdat 上放置一个时序终点，作为时序组 looptime 的一部分。然后，在 looptime 上放置一个时序约束，这样 STA 就有了衡量的基准，STA 现在就会报告约 850ps 的回路延迟。

## 18.4　要点总结

- 即使设置尽可能严格的周期约束，但是多周期路径仍然存在时序分析失败的可能，但是假路径不会发生此种情况。

- 锁存器通常是由不好的编码风格无意中产生的。
- 当通过锁存器进行时序分析时，STA 工具将主要关注控制信号的边沿，该信号将会使锁存器切换到保持状态。
- 对于高度流水线化的设计，双相锁存拓扑结构可以提供一种更小、更快的设计实现。
- 组合逻辑反馈回路一般表示一种典型的设计编码错误。

# 第 19 章　PCB 问题

关于 PCB（印制电路板）设计的相关话题已经在很多其他工程文本资料中有非常详细的讨论。因此，与其重复在其他书中相同内容，倒不如让读者参考其中的一本进行相关的一般性讨论。但是，在基于 FPGA 的系统中还是有很多特定的（非常重要的）PCB 设计问题需要关注。

在本章中，我们将主要讨论以下几方面的话题：
- 正确的 FPGA 电源特性。
- 去耦电容的计算、选择和放置。

## 19.1　电源

关于电源的话题可能看起来微不足道，但对于 FPGA 应用来说，却并非如此。当对 FPGA 使用去耦不当时，会大大降低 FPGA 的可靠性，更糟糕的是，由此出现的大多数问题将无法复现，而且可能在实验室环境中根本不会出现（特别是如果不了解故障的本质）。正如前面章节提到的，最糟糕的故障是不可复现的故障。

### 19.1.1　电源要求

现代制造的 FPGA 通常具有非常小的几何形状，通常具有多个电源电压，并且有复杂的电源要求。关于电源设计的话题已经有很多应用说明文档和白皮书，但是到目前为止，还没有针对每个 FPGA 应用的完美电源和去耦解决方案。问题是 FPGA 本身在功能、I/O 和系统时钟速度等方面具有广泛的可配置性，因此，相应的电源需求也可能会随之变化。因为位于电屏蔽环境中的小型低速器件不会对电源轨产生重大影响，过度的去耦只会增加不必要的成本。另一方面，具有高噪声的应用或者由于高速信号而产生过多瞬态的应用将对电源产生巨大影响，并且对于这些影响的错误计算可能导致器件故障。

FPGA 对于电源的要求可能很复杂，但忽略这些要求可能会导致在实验室中无法复现现场故障。

对 FPGA 电源的总体要求因不同的器件而异，但在这些要求中，有许多要求值得在讨论中引起大家的注意：

- 单调性。
- 软启动。
- 电平斜坡控制：最小和最大斜坡时间。
- 峰间纹波。
- 波动变化率。
- 用于时钟管理的纯净电源。
- 上电顺序和跟踪。

单调性是指上电过程中，电源轨是非递减的。也就是说，电压必须始终具有正斜率（或零斜率），并且不会减小（负斜率）。例如，图 19.1 所示的时域电压曲线就是违反这一规则的一种情况。相比之下，图 19.2 所示的电压上电曲线则显示了斜率始终为正（或者更准确地说，是非递减的）的单调性。

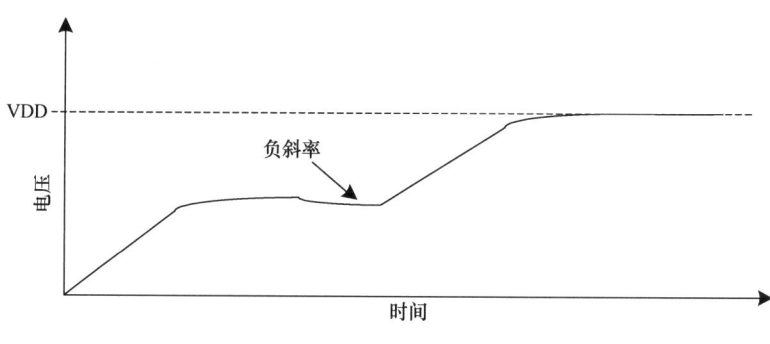

图 19.1　非单调性电压曲线

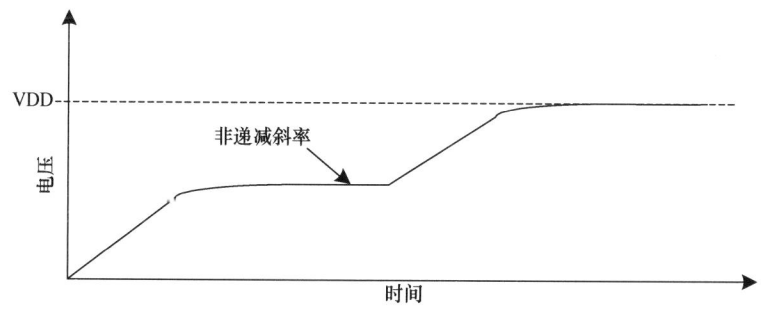

图 19.2　单调性电压曲线

软启动这项要求定义了上电期间可以提供给 FPGA 的浪涌电流量。大多数现成的电源设备中没有内置软启动的功能,因此,通常会在 PCB 上添加外部电路来满足这一要求。

从图 19.3 中的电路可以看出,如果电压爬升过快,传输晶体管上栅极的极性将自动调整,以增加电源的输出阻抗并降低上升速率。而这与最大斜坡时间要求直接相关。

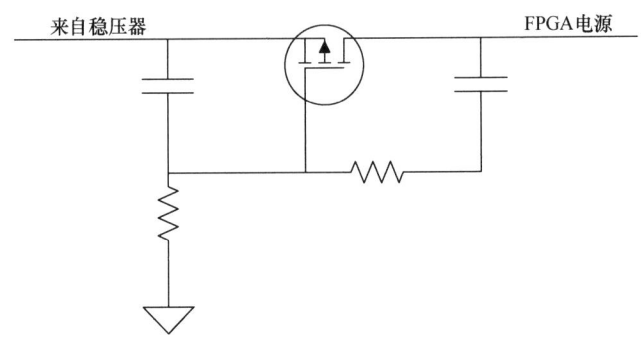

图 19.3 典型软启动电路

最小和最大斜坡时间要求定义了在上电期间电压增加的速率。斜坡越大,将会导致如上所述的浪涌情况的出现,而不必要的缓慢斜坡则将会导致电压停留在阈值电压附近,从而可能无法正确复位,如图 19.4 所示。

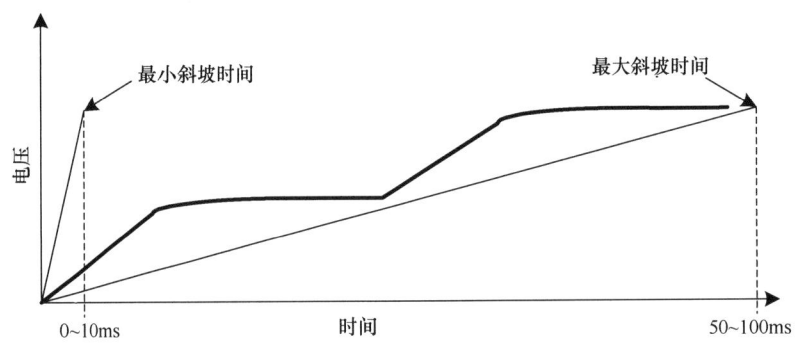

图 19.4 最小和最大斜坡时间

对于灵敏的模拟元件,如时钟控制电路,有时对电源纹波本身的变化率也有要求,如图 19.5 所示。换句话说,必须清除输出电压中超过某一阈值的所有高频成分。

为灵敏模拟电路提供纯净电源通常需要为特定电源轨提供线性电源,以确保大部分频率分量能被有效去除(在线性电源本身的带宽范围内)。

一般来说,如图 19.6 所示,在电源系统设

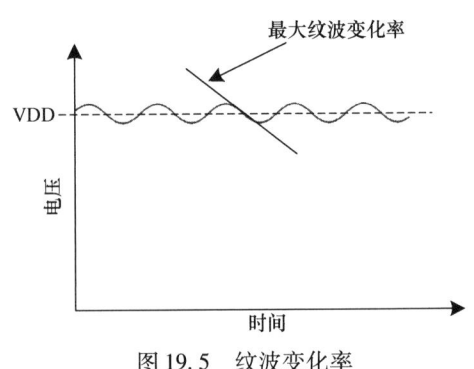

图 19.5 纹波变化率

计中添加电源上电顺序和电源跟踪功能是一种很好的设计实现。这基于一个基本原则，就是在核驱动逻辑状态之前，不应为 I/O 供电。大多数集成电路（包括 FPGA）都内置了电路，以防止因驱动未知逻辑值到输出端而导致的任何灾难性的电路故障，虽然这些问题并不总是能够被成功消除（尽管数据表中有相关说明），但作为良好的设计实现，应在为 I/O 上电之前先为核供电。

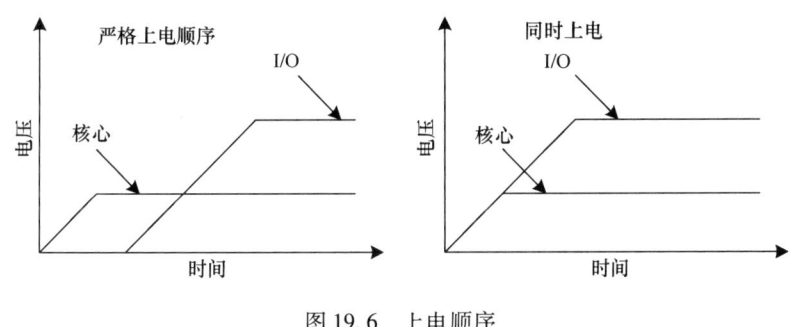

图 19.6　上电顺序

### 19.1.2　稳压器

整个电源中第一个也是最明显的组件是稳压器，其中线性稳压器可以满足对补偿电流变化的需求，如图 19.7 所示。

如果负载产生瞬间波动，通过晶体管的电流将增加，输出的电压将通过晶体管的串联电阻而下降。反馈中的运算放大器感知到这种电压降后会增加栅极电压，从而实现降低串联电阻和增加输出电压以补偿电压降的效果。虽然这种反馈回路对低至亚兆赫兹范围内的相对低频信号工作得很好，但这种回路的带宽不够快，无法补偿高频瞬态。

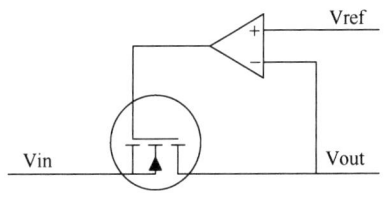

图 19.7　线性稳压器

## 19.2　去耦电容

去耦电容可以在电源轨波动时提供少量的瞬态能量。大多数 PCB 设计工程师都受过培训，知道在电源中添加电容，并且将这些电容放置在 IC 电源引脚附近。问题是，由于许多设计工程师（特别是 FPGA 设计工程师）没有完全理解这一点，所以去耦策略并没有得到正确的执行，电容被浪费掉了，并没有用到它可以带来的好处。例如，许多工程师只需在电源中添加一种电容类型的器件，并为 PCB 上的所有电源引脚都添加。通常在 PCD 周围分布多个 0.1μF 的电容，并在稳压器的输出端设置一个大容量电容。而其他 PCB 设计工程师可能会使用各种大小的电容，并且不理解为什么，因此，他们选择的电容也达不到最佳的去耦比例。

Xilinx 发布了一份关于 XAPP623 中配电系统（PDS）设计的重要应用说明。建议读者阅读这份应用说明并深入讨论此话题。以下部分的目的是描述这些适用于 FPGA 设计工程师的问题。

## 19.2.1 概念

退一步说，重要的是首先要了解真实电容的性质。每一个现实世界中的电容不仅将电容作为主导属性，还包括电感和电阻。例如，图19.8所示的是一个电容的二阶模型，是一个RLC（电阻-电感-电容）电路。

从概念上来说，主导阻抗在低频时由电容控制，而在高频时由电感控制。也正是由于这种行为，真正的电容在非常低和非常高的频率时都具有高阻抗。当然也存在这样的一个频率，在该频率下，电容元件和电感元件有效地相互抵消，这将是作为RLC电路建模的实际电容的最小阻抗点，如图19.9所示。

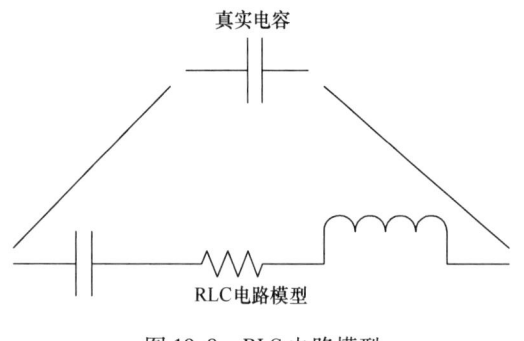

图19.8 RLC电路模型

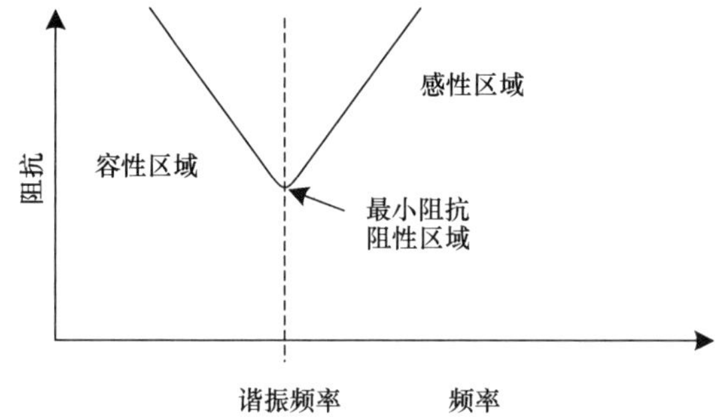

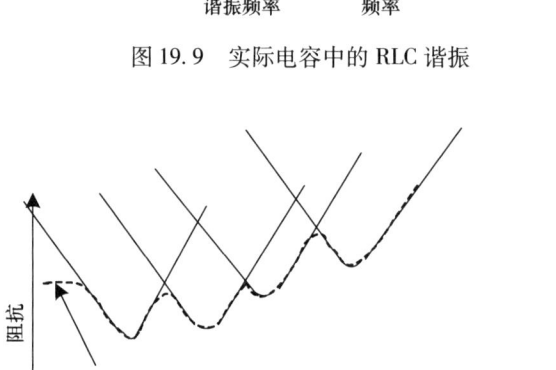

图19.9 实际电容中的RLC谐振

这个最小阻抗点对应的频率也称为谐振频率，它将定义一个频带，在这个频带上去耦电容将为滤除电源中的干扰提供最大的益处。因此，为了实现宽频带的频率衰减，需要同时使用具有相对较宽范围的不同谐振频率的电容，这是有一定道理的。

从图19.10可以看出，通过使用一系列的电容，我们可以在很宽的频率范围内实现衰减。还要注意的是，如果要使用更小的电容（更高的频率）实现显著的衰减，就必须使用更多的电容。由于较小的电容

图19.10 多个电容实现宽频带衰减

容纳较少的电荷，因此，较小的电容将无法像较大的电容那样提供尽可能多的能量来支持电源轨。

为了实现宽频带的频率衰减，需要同时使用具有相对较宽范围的去耦电容。

尽管寄生效应因技术而异，但带来的启发是，等效电容的较小封装往往具有较小的电感。因此，对于给定电容，通常需要选择可用的最小封装，以最小化寄生电感并增加电容的带宽。

## 19.2.2 数值计算

从概念上理解电容谐振是一回事，但计算电容值的正确分布是另一回事。幸运的是，有许多工具可以帮助自动完成这一过程。例如，Xilinx 提供了一个电子表格，允许设计工程师插入一系列电容值，并自动绘制相应的阻抗图。这使得设计工程师可以修改电容值，并根据一组特定的标准直观地调整衰减曲线。根据一般经验，可以使用以下数量级的电容：

- $100 \sim 1000\mu F$。
- $1 \sim 10\mu F$。
- $0.1\mu F$。
- $0.01\mu F$。
- $0.001\mu F$。

另外，电容数量级每减少一次，该范围内电容的数量大约增加一倍。也就是说，如果使用两个 $0.1\mu F$ 的电容，则需要使用四个 $0.01\mu F$ 的电容才能在更高频段达到相同的衰减水平。但是，使用电容的总数将由整体功耗要求和噪声特性共同来决定。

为了使事情变得更加简单，Xilinx 在其 XPower 工具中添加了一项功能，该功能不仅基于 FPGA 器件的静态特性，而且还基于动态功耗来计算推荐使用的去耦电容。对于一个设计示例和提供的对应向量集（此处未显示），XPower 计算出该核的动态功耗为 7mW，并确定给出了以下的去耦策略。

```
Decoupling Network Summary:    Cap Range (μF)        #
-----------------------------------------------------
Capacitor Recommendations:
Total for      Vccint :                              4
                               470.0  - 1000.0 :    1
                               0.0100 - 0.0470 :    1
                               0.0010 - 0.0047 :    2
                                       ---
Total for      Vccaux :                              8
                               470.0  - 1000.0 :    1
                               0.0470 - 0.2200 :    1
                               0.0100 - 0.0470 :    2
                               0.0010 - 0.0047 :    4
                                       ---
Total for      Vcco25 :                              8
                               470.0  - 1000.0 :    1
                               0.0470 - 0.2200 :    1
                               0.0100 - 0.0470 :    2
                               0.0010 - 0.0047 :    4
```

设计工程师需要在每个电源引脚附近放置至少一个电容。并且最重要的是，如果高频电容不能放置在 FPGA 电源引脚附近，那么它们的有效性将大大降低，可能还需要移除，对此，我们将在下一节进行讨论。

### 19.2.3 电容布局

除了实际电容值之外，电容放置不当还会增加寄生电感，并降低去耦电容的作用，如图 19.11 所示。具体来说，长而窄的走线往往具有显著的电感分量，并将增加去耦电容的有效电感。

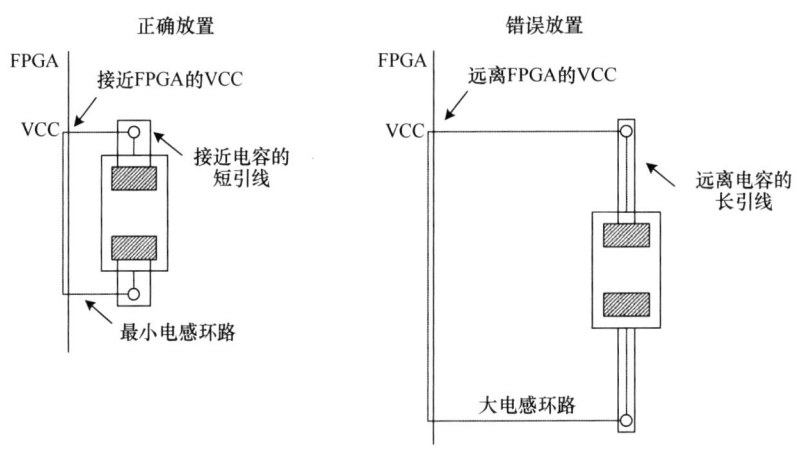

图 19.11 去耦电容放置

这种电感的增加将成为高频 RLC 电路的主要特征，因此，将高频电容放置在非常靠近 FPGA 电源引脚的位置非常重要。

**高频电容放置在靠近 FPGA 电源引脚的位置。**

因为在真正的 PCB 版图上，永远不会有足够的空间将所有的电容放在电源引脚旁边，所以必须做出权衡，使较小的电容比较大的电容放置得更近。而在另一个极端，大电容（100~1000μF）几乎可以放置在 PCB 上的任何地方，这是因为它们只对较慢的瞬态做出响应。

如图 19.12 所示，有时会产生一种共享引线或过孔的误导。如果这样做了，将增加电感并消除额外电容的整体有效性。建议为每个电容的焊盘分配一个通孔，然后通过最短走线连接两者。

**最小化到去耦电容的连线，并为每个电容的焊盘分配一个单独的通孔。**

如果通过本章讨论的任何一种方法向去耦电容添加任何额外的寄生电感，衰减范围将会受到极大的影响。从图 19.13 可以看出，额外添加的电感会降低电容的总带宽，从而减少谐振频率处的衰减量。

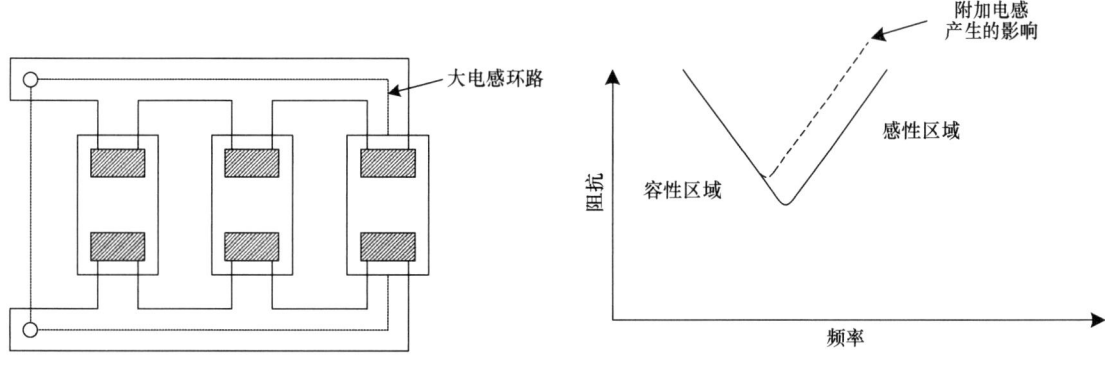

图 19.12　不好的设计实现：共享过孔　　　图 19.13　额外电感减少带宽

有关 PCB 设计方面更详细的内容，请参阅 Howard Johnson 和 Martin Graham 的 *High-Speed Digital Design* 一书。

## 19.3　要点总结

- FPGA 对于电源的要求可能很复杂，但忽略这些要求可能会导致在实验室中无法复现现场故障。
- 为了实现宽频带的频率衰减，需要同时使用具有相对较宽范围的去耦电容。
- 高频电容放置在靠近 FPGA 电源引脚的位置。
- 最小化到去耦电容的连线，并为每个电容的焊盘分配一个单独的通孔。

# 附录

## 附录 A　AES 加密的流水线级

本附录中定义的模块属于第 4 章的 AES 核。

```
// 为AES实现提供必要的参数
// 数据字数量(通常是32×4=128)
`define Nb 4
// 128 位密钥模式
`define Nk4
// 192 位密钥模式
//`define Nk6
// 256 位密钥模式
//`define Nk8
`ifdef Nk4
  `define Nk 4
  `define Nr 10
`endif
`ifdef Nk6
  `define Nk 6
  `define Nr 12
`endif
`ifdef Nk8
  `define Nk 8
  `define Nr 14
`endif
// 执行混合列的列映射操作
module MapColumnEnc(
  output reg [31:0] oColumnOut,
  input             iClk, iReset,

input       [31:0] iColumnIn);
// 中间多项式乘法结果
wire        [7:0]  S0x2, S1x2, S2x2, S3x2;
wire        [7:0]  S0x3, S1x3, S2x3, S3x3;
// 列中的映射单元
wire        [7:0]  S0PostMap, S1PostMap,
                   S2PostMap, S3PostMap;
```

```verilog
    // 在GF(2^8)上执行多项式乘法的模块
    PolyMultx2Enc PolyMultS0x2(.iPolyIn(iColumnIn[31:24]),
                           .oPolyOut(S0x2));

    PolyMultx2Enc PolyMultS1x2(.iPolyIn(iColumnIn[23:16]),
                           .oPolyOut(S1x2));

    PolyMultx2Enc PolyMultS2x2(.iPolyIn(iColumnIn[15:8]),
                           .oPolyOut(S2x2));

    PolyMultx2Enc PolyMultS3x2(.iPolyIn(iColumnIn[7:0]),
                           .oPolyOut(S3x2));

    PolyMultx3Enc PolyMultS0x3(.iPolyIn(iColumnIn[31:24]),
                           .oPolyOut(S0x3));

    PolyMultx3Enc PolyMultS1x3(.iPolyIn(iColumnIn[23:16]),
                           .oPolyOut(S1x3));

    PolyMultx3Enc PolyMultS2x3(.iPolyIn(iColumnIn[15:8]),
                           .oPolyOut(S2x3));

    PolyMultx3Enc PolyMultS3x3(.iPolyIn(iColumnIn[7:0]),
                           .oPolyOut(S3x3));

    // GF(2)上的求和项
    assign S0PostMap = S0x2 ^ S1x3 ^ iColumnIn[15:8] ^
                       iColumnIn[7:0];
    assign S1PostMap = iColumnIn[31:24] ^ S1x2 ^ S2x3 ^
                       iColumnIn[7:0];
    assign S2PostMap = iColumnIn[31:24] ^
                       iColumnIn[23:16] ^ S2x2 ^ S3x3;
    assign S3PostMap = S0x3 ^ iColumnIn[23:16] ^
                       iColumnIn[15:8] ^ S3x2;

  always @(posedge iClk or negedge iReset) begin
    if (!iReset)
      oColumnOut <= 0;
    else // 输出是映射后单元的组合结果
      oColumnOut <= {S0PostMap, S1PostMap, S2PostMap,
                    S3PostMap};
  end
endmodule

module MixColumnsEnc(
  output reg [32 * `Nb - 1:0] oBlockOut,
output reg                  oValid,
input                       iClk, iReset,
input      [32 *`Nb - 1:0] iBlockIn, // 要进行转换的数据输入

input                       iReady,
input      [3:0]            iRound);
reg        [32 *`Nb - 1:0] BlockInHold; // 寄存器输出

wire       [32 *`Nb - 1:0] wPostMap;
```

```verilog
    MapColumnEnc MapColumnEnc0(.iClk(iClk),.iReset(iReset),
                                .iColumnIn({iBlockIn[127:120],
                                            iBlockIn[119:112],
                                            iBlockIn[111:104],
                                            iBlockIn[103:96]}),
                                .oColumnOut
                                           ({wPostMap[127:120],
                                             wPostMap[119:112],
                                             wPostMap[111:104],
                                             wPostMap[103:96]}));

    MapColumnEnc MapColumnEnc1(.iClk(iClk), .iReset(iReset),
                                .iColumnIn({iBlockIn[95:88],
                                            iBlockIn[87:80],
                                            iBlockIn[79:72],
                                            iBlockIn[71:64]}),
                                .oColumnOut({wPostMap[95:88],
                                             wPostMap[87:80],
                                             wPostMap[79:72],
                                             wPostMap[71:64]}));

    MapColumnEnc MapColumnEnc2(.iClk(iClk), .iReset(iReset),
                                .iColumnIn({iBlockIn[63:56],
                                            iBlockIn[55:48],
                                            iBlockIn[47:40],
                                            iBlockIn[39:32]}),
                                .oColumnOut({wPostMap[63:56],
                                             wPostMap[55:48],
                                             wPostMap[47:40],
                                             wPostMap[39:32]}));

    MapColumnEnc MapColumnEnc3(.iClk(iClk), .iReset(iReset),
                                .iColumnIn({iBlockIn[31:24],
                                            iBlockIn[23:16],
                                            iBlockIn[15:8],
                                            iBlockIn[7:0]}),
                                .oColumnOut({wPostMap[31:24],
                                             wPostMap[23:16],
                                             wPostMap[15:8],
                                             wPostMap[7:0]}));
always @*
  if (iRound != `Nr )
    oBlockOut   = wPostMap;
  else
    oBlockOut   = BlockInHold;

always @(posedge iClk or negedge iReset)
  if (!iReset) begin
    oValid      = 0;
    BlockInHold = 0;
  end
  else begin
    BlockInHold = iBlockIn;
    oValid      = iReady;
```

```verilog
    end
endmodule

// 在GF(2^8)上将输入多项式乘以{02}，并对以下多项式求模约简
// m(x) = x^8 + x^4 + x^3 + x + 1
module PolyMultx2Enc(
  output [7:0]   oPolyOut,
  input  [7:0]   iPolyIn);
  wire   [8:0]   PolyPreShift, PolyPostShift, PolyReduced;

  assign PolyPreShift  = {1'b0, iPolyIn};
  assign PolyPostShift = PolyPreShift << 1;
  assign PolyReduced   = PolyPostShift[8]                    ?
                         (PolyPostShift ^ (9'b100011011)):
                         PolyPostShift;
  assign oPolyOut      = PolyReduced[7:0];
endmodule

// PolyMultx2Enc
// 在GF(2^8)上将输入多项式乘以{03}，并对以下多项式求模约简
// m(x) = x^8 + x^4 + x^3 + x + 1
module PolyMultx3Enc(
  output [7:0]   oPolyOut,
  input  [7:0]   iPolyIn);
  wire   [8:0]   PolyPreShift, PolyPostShift, PolyReduced;

 assign PolyPreShift  = {1'b0, iPolyIn};
 assign PolyPostShift = (PolyPreShift << 1) ^ PolyPreShift;
 assign PolyReduced   = PolyPostShift[8]                    ?
                        (PolyPostShift ^  (9'b100011011)):
                        PolyPostShift;
 assign oPolyOut      = PolyReduced[7:0];
endmodule

// PolyMultx3Enc
module ShiftRowsEnc(

output [32 *'Nb - 1:0] oBlockOut,
output                 oValid,
input  [32 *'Nb - 1:0] iBlockIn, // 要进行转换的数据输入

input                  iReady);

assign oValid            = iReady;
assign oBlockOut[7:0]    = iBlockIn[39:32];
assign oBlockOut[15:8]   = iBlockIn[79:72];
assign oBlockOut[23:16]  = iBlockIn[119:112];
assign oBlockOut[31:24]  = iBlockIn[31:24];
assign oBlockOut[39:32]  = iBlockIn[71:64];
assign oBlockOut[47:40]  = iBlockIn[111:104];
assign oBlockOut[55:48]  = iBlockIn[23:16];
assign oBlockOut[63:56]  = iBlockIn[63:56];
assign oBlockOut[71:64]  = iBlockIn[103:96];
assign oBlockOut[79:72]  = iBlockIn[15:8];
```

```verilog
    assign oBlockOut[87:80]    = iBlockIn[55:48];
    assign oBlockOut[95:88]    = iBlockIn[95:88];
    assign oBlockOut[103:96]   = iBlockIn[7:0];
    assign oBlockOut[111:104]  = iBlockIn[47:40];
    assign oBlockOut[119:112]  = iBlockIn[87:80];
    assign oBlockOut[127:120]  = iBlockIn[127:120];
endmodule

// ShiftRowsEnc
// 该模块对iBlockIn数据执行SboxEnc转换，并将结果输出到oBlockOut
module SubBytesEnc(
    output reg [32 *`Nb - 1:0] oBlockOut,
    output reg                  oValid,
    input                       iClk, iReset, iReady,
    input      [32 *`Nb - 1:0] iBlockIn); // 待转换的输入数据

    wire       [32 *`Nb - 1:0] wPostMap;

    SboxEnc SboxEnc1(  .oPostMap(wPostMap[7:0]),
                       .iPreMap(iBlockIn[7:0]));
    SboxEnc SboxEnc2(  .oPostMap(wPostMap[15:8]),
                       .iPreMap(iBlockIn[15:8]));
    SboxEnc SboxEnc3(  .oPostMap(wPostMap[23:16]), .iPreMap(
                       iBlockIn[23:16]));
    SboxEnc SboxEnc4(  .oPostMap(wPostMap[31:24]), .iPreMap(
                       iBlockIn[31:24]));
    SboxEnc SboxEnc5(  .oPostMap(wPostMap[39:32]), .iPreMap(
                       iBlockIn[39:32]));
    SboxEnc SboxEnc6(  .oPostMap(wPostMap[47:40]), .iPreMap(
                       iBlockIn[47:40]));
    SboxEnc SboxEnc7(  .oPostMap(wPostMap[55:48]), .iPreMap(
                       iBlockIn[55:48]));
    SboxEnc SboxEnc8(  .oPostMap(wPostMap[63:56]), .iPreMap(
                       iBlockIn[63:56]));
    SboxEnc SboxEnc9(  .oPostMap(wPostMap[71:64]), .iPreMap(
                       iBlockIn[71:64]));
    SboxEnc SboxEnc10(.oPostMap(wPostMap[79:72]), .iPreMap(
                       iBlockIn[79:72]));
    SboxEnc SboxEnc11(.oPostMap(wPostMap[87:80]), .iPreMap(
                       iBlockIn[87:80]));
    SboxEnc SboxEnc12(.oPostMap(wPostMap[95:88]), .iPreMap(
                       iBlockIn[95:88]));
    SboxEnc SboxEnc13(.oPostMap(wPostMap[103:96]), .iPreMap(
                       iBlockIn[103:96]));
    SboxEnc SboxEnc14(.oPostMap(wPostMap[111:104]), .iPreMap(
                       iBlockIn[111:104]));
    SboxEnc SboxEnc15(.oPostMap(wPostMap[119:112]), .iPreMap(
                       iBlockIn[119:112]));
    SboxEnc SboxEnc16(.oPostMap(wPostMap[127:120]), .iPreMap(
                       iBlockIn[127:120]));
    always @(posedge iClk or negedge iReset)
```

```verilog
      if (!iReset) begin
        oBlockOut <= 0;
        oValid    <= 0;
      end
      else begin
        oBlockOut <= wPostMap;
        oValid    <= iReady;
      end
endmodule

// SubBytesEnc
// 该模块对iBlockIn数据执行AddRoundkey转换，并将结果输出到oBlockOut
module AddRoundKeyEnc(
    output reg [32 *'Nb - 1:0] oBlockOut,
    output reg                 oValid,
    input                      iClk, iReset, iReady,
    // 要进行转换的数据输入
    input      [32 *'Nb - 1:0] iBlockIn, iRoundKey);
    reg        [32 *'Nb - 1:0] BlockOutStaged;
    reg                        ValidStaged;

  always @(posedge iClk or negedge iReset)
      if (!iReset) begin
        oBlockOut      <= 0;
        oValid         <= 0;
        BlockOutStaged <= 0;
        ValidStaged    <= 0;
      end

      else begin
        BlockOutStaged <= iBlockIn ^ iRoundKey;
        ValidStaged    <= iReady;
        oBlockOut      <= BlockOutStaged;
        oValid         <= ValidStaged;
      end
      endmodule

// 寄存所有输入
module InputRegsEnc(
  output reg [32 *'Nk - 1:0] oKey,
  output reg                 oReady, oKeysValid,
  output reg [127:0]         oPlaintext,
  input                      iClk, iReset,
  input      [32 *'Nk - 1:0] iKey,
  input                      iNewKey, iReady,
  input      [127:0]         iPlaintext);
  reg        [32 *'Nk - 1:0] KeyReg;
  reg                        NewKeyReg, ReadyStaged;
  reg        [127:0]         PlaintextStaged;

always @(posedge iClk or negedge iReset)
   if (!iReset) begin
```

```verilog
      oKey              <= 0;
      oReady            <= 0;
      oPlaintext        <= 0;
      NewKeyReg         <= 0;
      KeyReg            <= 0;
      oKeysValid        <= 0;
      ReadyStaged       <= 0;
      PlaintextStaged   <= 0;
   end
   else begin
      NewKeyReg         <= iNewKey;
      KeyReg            <= iKey;

      if (NewKeyReg) begin
         oKeysValid     <= 1;
         oKey           <= KeyReg;
      end
      else
         oKeysValid     <= 0;

      ReadyStaged       <= iReady;
      PlaintextStaged   <= iPlaintext;
      oReady            <= ReadyStaged;
      oPlaintext        <= PlaintextStaged;
   end
endmodule

// RoundsIterEnc.v
// 该模块通过轮函数对中间数据进行迭代处理

module RoundsIterEnc(
   output reg [32*`Nb-1:0] oBlockOut,
   output reg             oValid,
   input                  iClk, iReset,
   input      [32*`Nb-1:0] iBlockIn,
   input                  iReady,
   input      [127:0]     iRoundKey);
   reg        [3:0]       round;
   // 跟踪当前轮
   reg                    ValidReg;
   reg        [127:0]     BlockOutReg;
   wire       [127:0]     wBlockIn, wBlockOut;
   wire                   wReady, wValid;

   assign wBlockIn = iReady ? iBlockIn: wBlockOut;

   // 当有新数据输入, 或者上一轮已完成但整体处理未结束时, ready信号被断言
   assign wReady       = iReady || (wValid && (round != `Nr));

   RoundEnc Riter(.iClk(iClk), .iReset(iReset),
                  .iBlockIn(wBlockIn), .iRoundKey(iRoundKey),
```

```verilog
                    .oBlockOut(wBlockOut), .iReady(wReady),
                    .oValid(wValid), .iRound(round));
always @(posedge iClk or negedge iReset)
    if(!iReset) begin
        round           <= 0;
        oValid          <= 0;
        oBlockOut       <= 0;
        ValidReg        <= 0;
        BlockOutReg     <= 0;
    end
    else begin
        oValid          <= ValidReg;
        oBlockOut       <= BlockOutReg;

        if(iReady) begin
            round       <= 1;
            ValidReg    <= 0;
end
        else if(wValid && (round != 0)) begin
            // 轮仍在继续，数据已完成其他轮处理
            if(round == `Nr) begin
                // 数据已完成上一轮处理
                round           <= 0;

                ValidReg        <= 1;
                BlockOutReg     <= wBlockOut;
            end
            else begin
                // 数据将持续通过多轮处理
                round           <= round + 1;
                ValidReg        <= 0;
            end
        end
            else ValidReg <= 0;
    end
endmodule

// SboxEnc.v
// 从LUT中返回映射值
module SboxEnc(
    output reg [7:0] oPostMap,
    input      [7:0] iPreMap);
    // 定义 Sbox
    always @*
    case(iPreMap[7:0])
        8'h00: oPostMap = 8'h63;
        8'h01: oPostMap = 8'h7c;
        8'h02: oPostMap = 8'h77;
        8'h03: oPostMap = 8'h7b;
        8'h04: oPostMap = 8'hf2;
        8'h05: oPostMap = 8'h6b;
        8'h06: oPostMap = 8'h6f;
        8'h07: oPostMap = 8'hc5;
```

```verilog
8'h08: oPostMap = 8'h30;
8'h09: oPostMap = 8'h01;
8'h0a: oPostMap = 8'h67;
8'h0b: oPostMap = 8'h2b;
8'h0c: oPostMap = 8'hfe;
8'h0d: oPostMap = 8'hd7;
8'h0e: oPostMap = 8'hab;
8'h0f: oPostMap = 8'h76;
8'h10: oPostMap = 8'hca;
8'h11: oPostMap = 8'h82;
8'h12: oPostMap = 8'hc9;
8'h13: oPostMap = 8'h7d;
8'h14: oPostMap = 8'hfa;
8'h15: oPostMap = 8'h59;
8'h16: oPostMap = 8'h47;
8'h17: oPostMap = 8'hf0;
8'h18: oPostMap = 8'had;
8'h19: oPostMap = 8'hd4;
8'h1a: oPostMap = 8'ha2;
8'h1b: oPostMap = 8'haf;
8'h1c: oPostMap = 8'h9c;
8'h1d: oPostMap = 8'ha4;
8'h1e: oPostMap = 8'h72;
8'h1f: oPostMap = 8'hc0;
8'h20: oPostMap = 8'hb7;
8'h21: oPostMap = 8'hfd;
8'h22: oPostMap = 8'h93;
8'h23: oPostMap = 8'h26;
8'h24: oPostMap = 8'h36;
8'h25: oPostMap = 8'h3f;
8'h26: oPostMap = 8'hf7;
8'h27: oPostMap = 8'hcc;
8'h28: oPostMap = 8'h34;
8'h29: oPostMap = 8'ha5;
8'h2a: oPostMap = 8'he5;
8'h2b: oPostMap = 8'hf1;
8'h2c: oPostMap = 8'h71;
8'h2d: oPostMap = 8'hd8;
8'h2e: oPostMap = 8'h31;
8'h2f: oPostMap = 8'h15;
8'h30: oPostMap = 8'h04;
8'h31: oPostMap = 8'hc7;
8'h32: oPostMap = 8'h23;
8'h33: oPostMap = 8'hc3;
8'h34: oPostMap = 8'h18;
8'h35: oPostMap = 8'h96;
8'h36: oPostMap = 8'h05;
8'h37: oPostMap = 8'h9a;
8'h38: oPostMap = 8'h07;
8'h39: oPostMap = 8'h12;
8'h3a: oPostMap = 8'h80;
8'h3b: oPostMap = 8'he2;
8'h3c: oPostMap = 8'heb;
```

```
8'h3d: oPostMap = 8'h27;
8'h3e: oPostMap = 8'hb2;
8'h3f: oPostMap = 8'h75;
8'h40: oPostMap = 8'h09;
8'h41: oPostMap = 8'h83;
8'h42: oPostMap = 8'h2c;
8'h43: oPostMap = 8'h1a;
8'h44: oPostMap = 8'h1b;
8'h45: oPostMap = 8'h6e;
8'h46: oPostMap = 8'h5a;
8'h47: oPostMap = 8'ha0;
8'h48: oPostMap = 8'h52;
8'h49: oPostMap = 8'h3b;
8'h4a: oPostMap = 8'hd6;
8'h4b: oPostMap = 8'hb3;
8'h4c: oPostMap = 8'h29;
8'h4d: oPostMap = 8'he3;
8'h4e: oPostMap = 8'h2f;
8'h4f: oPostMap = 8'h84;
8'h50: oPostMap = 8'h53;
8'h51: oPostMap = 8'hd1;
8'h52: oPostMap = 8'h00;
8'h53: oPostMap = 8'hed;
8'h54: oPostMap = 8'h20;
8'h55: oPostMap = 8'hfc;
8'h56: oPostMap = 8'hb1;
8'h57: oPostMap = 8'h5b;
8'h58: oPostMap = 8'h6a;
8'h59: oPostMap = 8'hcb;
8'h5a: oPostMap = 8'hbe;
8'h5b: oPostMap = 8'h39;
8'h5c: oPostMap = 8'h4a;
8'h5d: oPostMap = 8'h4c;
8'h5e: oPostMap = 8'h58;
8'h5f: oPostMap = 8'hcf;
8'h60: oPostMap = 8'hd0;
8'h61: oPostMap = 8'hef;
8'h62: oPostMap = 8'haa;
8'h63: oPostMap = 8'hfb;
8'h64: oPostMap = 8'h43;
8'h65: oPostMap = 8'h4d;
8'h66: oPostMap = 8'h33;
8'h67: oPostMap = 8'h85;
8'h68: oPostMap = 8'h45;
8'h69: oPostMap = 8'hf9;
8'h6a: oPostMap = 8'h02;
8'h6b: oPostMap = 8'h7f;
8'h6c: oPostMap = 8'h50;
8'h6d: oPostMap = 8'h3c;
8'h6e: oPostMap = 8'h9f;
8'h6f: oPostMap = 8'ha8;
8'h70: oPostMap = 8'h51;
8'h71: oPostMap = 8'ha3;
```

```
8'h72: oPostMap = 8'h40;
8'h73: oPostMap = 8'h8f;
8'h74: oPostMap = 8'h92;
8'h75: oPostMap = 8'h9d;
8'h76: oPostMap = 8'h38;
8'h77: oPostMap = 8'hf5;
8'h78: oPostMap = 8'hbc;
8'h79: oPostMap = 8'hb6;
8'h7a: oPostMap = 8'hda;
8'h7b: oPostMap = 8'h21;
8'h7c: oPostMap = 8'h10;
8'h7d: oPostMap = 8'hff;
8'h7e: oPostMap = 8'hf3;
8'h7f: oPostMap = 8'hd2;
8'h80: oPostMap = 8'hcd;
8'h81: oPostMap = 8'h0c;
8'h82: oPostMap = 8'h13;
8'h83: oPostMap = 8'hec;
8'h84: oPostMap = 8'h5f;
8'h85: oPostMap = 8'h97;
8'h86: oPostMap = 8'h44;
8'h87: oPostMap = 8'h17;
8'h88: oPostMap = 8'hc4;
8'h89: oPostMap = 8'ha7;
8'h8a: oPostMap = 8'h7e;
8'h8b: oPostMap = 8'h3d;
8'h8c: oPostMap = 8'h64;
8'h8d: oPostMap = 8'h5d;
8'h8e: oPostMap = 8'h19;
8'h8f: oPostMap = 8'h73;
8'h90: oPostMap = 8'h60;
8'h91: oPostMap = 8'h81;
8'h92: oPostMap = 8'h4f;
8'h93: oPostMap = 8'hdc;
8'h94: oPostMap = 8'h22;
8'h95: oPostMap = 8'h2a;
8'h96: oPostMap = 8'h90;
8'h97: oPostMap = 8'h88;
8'h98: oPostMap = 8'h46;
8'h99: oPostMap = 8'hee;
8'h9a: oPostMap = 8'hb8;
8'h9b: oPostMap = 8'h14;
8'h9c: oPostMap = 8'hde;
8'h9d: oPostMap = 8'h5e;
8'h9e: oPostMap = 8'h0b;
8'h9f: oPostMap = 8'hdb;
8'ha0: oPostMap = 8'he0;
8'ha1: oPostMap = 8'h32;
8'ha2: oPostMap = 8'h3a;
8'ha3: oPostMap = 8'h0a;
8'ha4: oPostMap = 8'h49;
8'ha5: oPostMap = 8'h06;
8'ha6: oPostMap = 8'h24;
```

```
8'ha7: oPostMap = 8'h5c;
8'ha8: oPostMap = 8'hc2;
8'ha9: oPostMap = 8'hd3;
8'haa: oPostMap = 8'hac;
8'hab: oPostMap = 8'h62;
8'hac: oPostMap = 8'h91;
8'had: oPostMap = 8'h95;
8'hae: oPostMap = 8'he4;
8'haf: oPostMap = 8'h79;
8'hb0: oPostMap = 8'he7;
8'hb1: oPostMap = 8'hc8;
8'hb2: oPostMap = 8'h37;
8'hb3: oPostMap = 8'h6d;
8'hb4: oPostMap = 8'h8d;
8'hb5: oPostMap = 8'hd5;
8'hb6: oPostMap = 8'h4e;
8'hb7: oPostMap = 8'ha9;
8'hb8: oPostMap = 8'h6c;
8'hb9: oPostMap = 8'h56;
8'hba: oPostMap = 8'hf4;
8'hbb: oPostMap = 8'hea;
8'hbc: oPostMap = 8'h65;
8'hbd: oPostMap = 8'h7a;
8'hbe: oPostMap = 8'hae;
8'hbf: oPostMap = 8'h08;
8'hc0: oPostMap = 8'hba;
8'hc1: oPostMap = 8'h78;
8'hc2: oPostMap = 8'h25;
8'hc3: oPostMap = 8'h2e;
8'hc4: oPostMap = 8'h1c;
8'hc5: oPostMap = 8'ha6;
8'hc6: oPostMap = 8'hb4;
8'hc7: oPostMap = 8'hc6;
8'hc8: oPostMap = 8'he8;
8'hc9: oPostMap = 8'hdd;
8'hca: oPostMap = 8'h74;
8'hcb: oPostMap = 8'h1f;
8'hcc: oPostMap = 8'h4b;
8'hcd: oPostMap = 8'hbd;
8'hce: oPostMap = 8'h8b;
8'hcf: oPostMap = 8'h8a;
8'hd0: oPostMap = 8'h70;
8'hd1: oPostMap = 8'h3e;
8'hd2: oPostMap = 8'hb5;
8'hd3: oPostMap = 8'h66;
8'hd4: oPostMap = 8'h48;
8'hd5: oPostMap = 8'h03;
8'hd6: oPostMap = 8'hf6;
8'hd7: oPostMap = 8'h0e;
8'hd8: oPostMap = 8'h61;
8'hd9: oPostMap = 8'h35;
8'hda: oPostMap = 8'h57;
8'hdb: oPostMap = 8'hb9;
```

```verilog
        8'hdc: oPostMap = 8'h86;
        8'hdd: oPostMap = 8'hc1;
        8'hde: oPostMap = 8'h1d;
        8'hdf: oPostMap = 8'h9e;
        8'he0: oPostMap = 8'he1;
        8'he1: oPostMap = 8'hf8;
        8'he2: oPostMap = 8'h98;
        8'he3: oPostMap = 8'h11;
        8'he4: oPostMap = 8'h69;
        8'he5: oPostMap = 8'hd9;
        8'he6: oPostMap = 8'h8e;
        8'he7: oPostMap = 8'h94;
        8'he8: oPostMap = 8'h9b;
        8'he9: oPostMap = 8'h1e;
        8'hea: oPostMap = 8'h87;
        8'heb: oPostMap = 8'he9;
        8'hec: oPostMap = 8'hce;
        8'hed: oPostMap = 8'h55;
        8'hee: oPostMap = 8'h28;
        8'hef: oPostMap = 8'hdf;
        8'hf0: oPostMap = 8'h8c;
        8'hf1: oPostMap = 8'ha1;
        8'hf2: oPostMap = 8'h89;
        8'hf3: oPostMap = 8'h0d;
        8'hf4: oPostMap = 8'hbf;
        8'hf5: oPostMap = 8'he6;
        8'hf6: oPostMap = 8'h42;
        8'hf7: oPostMap = 8'h68;
        8'hf8: oPostMap = 8'h41;
        8'hf9: oPostMap = 8'h99;
        8'hfa: oPostMap = 8'h2d;
        8'hfb: oPostMap = 8'h0f;
        8'hfc: oPostMap = 8'hb0;
        8'hfd: oPostMap = 8'h54;
        8'hfe: oPostMap = 8'hbb;
        8'hff: oPostMap = 8'h16;
    endcase
endmodule
```

## 附录 B  SRC 微处理器的顶层模块

本附录中定义的模块属于第 17 章的 SRC 微处理器示例。

```
module SrcProcessor(
  output           hasExecutedStop,
  output [31:0] memory_Port1_DataIn,
  output [31:0] memory_Port1_AddressIn,
  output           memory_Port1_WriteStrobe,
  output [31:0] memory_Port2_DataIn,
  output [31:0] memory_Port2_AddressIn,
  output           memory_Port2_WriteStrobe,
  output [31:0] registerFile_Port1_DataIn,
  output  [4:0] registerFile_Port1_AddressIn,
  output           registerFile_Port1_WriteStrobe,
  output [31:0] registerFile_Port2_DataIn,
  output  [4:0] registerFile_Port2_AddressIn,
  output           registerFile_Port2_WriteStrobe,
  output [31:0] registerFile_Port3_DataIn,
  output  [4:0] registerFile_Port3_AddressIn,
  output           registerFile_Port3_WriteStrobe,
  output [31:0] registerFile_Port4_DataIn,
  output  [4:0] registerFile_Port4_AddressIn,
  output           registerFile_Port4_WriteStrobe,
  input            clock,
  input            srcProcessorReset,
  input            canRun,
  input  [31:0] memory_Port1_DataOut,
  input  [31:0] memory_Port2_DataOut,
  input  [31:0] registerFile_Port1_DataOut,
  input  [31:0] registerFile_Port2_DataOut,
  input  [31:0] registerFile_Port3_DataOut,
  input  [31:0] registerFile_Port4_DataOut,
  input            enableForwarding,
  input  [31:0] cycleNumber);
  wire             hasDecodedStop;
  wire             hasExecutedStop;
  // Stage1 声明
  wire   [31:0] intoStage1_PC;
  wire   [31:0] intoStage1_IR;
  wire             stage2IsStalled;
  wire             intoStage1_CanRun;
  wire             intoStage1_ShouldStop;
  wire             fromStage2_BranchIsTaken;
  wire   [31:0] fromStage1_PC;
  wire   [31:0] fromStage1_IR;
  wire   [31:0] fromStage1_NextPC;
  wire             stage1IsStalled;
```

```verilog
// Stage2 声明
wire    [31:0] intoStage2_PC;
wire    [31:0] intoStage2_IR;
wire    [31:0] intoStage2_NextPC;
wire    [31:0] fromStage2_PC;
wire    [31:0] fromStage2_IR;
wire    [31:0] fromStage2_DecodedIR;
wire    [31:0] fromStage2_X;
wire    [31:0] fromStage2_Y;
wire    [31:0] fromStage2_MD;
wire           fromStage2_IsRegisterWrite;
wire    [4:0]  fromStage2_Ra;
wire    [31:0] fromStage2_NextPC;
wire           fromStage2_IsStop;
wire    [4:0]  ra;
wire    [31:0] contentsRaFromRegisterFile;
wire    [4:0]  rb;
wire    [31:0] contentsRbFromRegisterFile;
wire    [4:0]  rc;
wire    [31:0] contentsRcFromRegisterFile;
wire           isRegisterWriteInStage3;
wire    [4:0]  raInStage3;
wire    [31:0] contentsRaFromStage3;
wire           contentsRaFromStage3Ready;
wire           isRegisterWriteInStage4;
wire    [4:0]  raInStage4;
wire    [31:0] contentsRaFromStage4;
wire           contentsRaFromStage4Ready;
wire           isRegisterWriteInStage5;
wire    [4:0]  raInStage5;
wire    [31:0] contentsRaFromStage5;
wire           contentsRaFromStage5Ready;
wire           enableForwarding;
// Stage3 声明
wire [31:0] intoStage3_PC;
wire [31:0] intoStage3_IR;
wire [31:0] intoStage3_DecodedIR;
wire [31:0] intoStage3_X;
wire [31:0] intoStage3_Y;
wire [31:0] intoStage3_MD;
wire        intoStage3_IsRegisterWrite;
wire [4:0]  intoStage3_Ra;
wire [31:0] fromStage3_PC;
wire [31:0] fromStage3_IR;
wire [31:0] fromStage3_DecodedIR;
wire [31:0] fromStage3_Z;
wire [31:0] fromStage3_MD;
wire        fromStage3_IsRegisterWrite;
wire [4:0]  fromStage3_Ra;
// Stage4 声明
wire [31:0] intoStage4_PC;
wire [31:0] intoStage4_IR;
```

```
wire [31:0] intoStage4_DecodedIR;
wire [31:0] intoStage4_Z;
wire [31:0] intoStage4_MD;
wire        intoStage4_IsRegisterWrite;
wire [4:0]  intoStage4_Ra;
wire [31:0] fromStage4_PC;
wire [31:0] fromStage4_IR;
wire [31:0] fromStage4_DecodedIR;
wire [31:0] fromStage4_Z;
wire        fromStage4_IsRegisterWrite;
wire [4:0]  fromStage4_Ra;
wire [31:0] toDataMemory_Address;
wire [31:0] toDataMemory_Data;
wire        toDataMemory_WriteStrobe;
wire [31:0] fromDataMemory_Data;

// Stage5 声明
wire [31:0] intoStage5_PC;
wire [31:0] intoStage5_IR;
wire [31:0] intoStage5_DecodedIR;
wire [31:0] intoStage5_Z;
wire        intoStage5_IsRegisterWrite;
wire [4:0]  intoStage5_Ra;
wire        fromStage5_IsStop;
wire [4:0]  toRegisterFile_Address;
wire [31:0] toRegisterFile_Data;
wire        toRegisterFile_WriteStrobe;

// 未使用，但为了完整性包含在这里
wire [31:0]    fromRegisterFile_Data;

// 指令和数据存储器接口的逻辑
assign  intoStage1_IR               = memory_Port1_
                                      DataOut;
assign  memory_Port1_DataIn         = 32'b0;
assign  memory_Port1_AddressIn      = intoStage1_PC;
assign  memory_Port1_WriteStrobe    = 1'b0;

assign  fromDataMemory_Data         = memory_Port2_
                                      DataOut;
assign  memory_Port2_DataIn         = toDataMemory_
                                      Data;
assign  memory_Port2_AddressIn      = toDataMemory_
                                      Address;
assign  memory_Port2_WriteStrobe    = toDataMemory_
                                      WriteStrobe;

// 寄存器文件接口的逻辑
assign  contentsRaFromRegisterFile  = registerFile_
                                      Port1_DataOut;
assign  registerFile_Port1_DataIn       = 32'b0;
assign  registerFile_Port1_AddressIn    = ra;
assign  registerFile_Port1_WriteStrobe  = 1'b0;
```

```verilog
assign   contentsRbFromRegisterFile      = registerFile_
                                           Port2_DataOut;
assign   registerFile_Port2_DataIn       = 32'b0;
assign   registerFile_Port2_AddressIn    = rb;
assign   registerFile_Port2_WriteStrobe  = 1'b0;

assign   contentsRcFromRegisterFile      = registerFile_
                                           Port3_DataOut;
assign   registerFile_Port3_DataIn       = 32'b0;
assign   registerFile_Port3_AddressIn    = rc;
assign   registerFile_Port3_WriteStrobe  = 1'b0;

assign   fromRegisterFile_Data           = registerFile_
                                           Port4_DataOut;
assign   registerFile_Port4_DataIn       = toRegisterFile_
                                           Data;
assign   registerFile_Port4_AddressIn    = toRegisterFile_
                                           Address;
assign   registerFile_Port4_WriteStrobe  = toRegisterFile_
                                           WriteStrobe;
//
// 模块：FeedbackDRegisterWith2Inputs
//
// 描述：
//      PC专用寄存器
//
// 输入：
//    clk                    <-- clock
//    shouldHold             <-- stage1IsStalled
//    d0                     <-- fromStage1_NextPC
//    d1                     <-- fromStage2_NextPC
//    select                 <-- fromStage2_BranchIsTake
//    reset                  <-- srcProcessorReset
//    resetValue
//
// 输出：
//    q                      --> intoStage1_PC
//

FeedbackDRegisterWith2Inputs #(32, 5, 0, 0) PC
                              (clock,
                               stage1IsStalled,
                               fromStage1_NextPC,
                               fromStage2_NextPC,
                               fromStage2_BranchIsTake
                               intoStage1_PC,
                               srcProcessorReset,
                               32'b0);

or IntoStage1_ShouldStop (    intoStage1_ShouldStop,
                              hasDecodedStop,
                              fromStage2_IsStop);
```

```
assign      intoStage1_CanRun   = canRun;

//
// 模块: Stage1
//
// 描述:
//     指令获取
//
// 输入:
//     inputPC                <-- intoStage1_PC
//     inputIR                <-- intoStage1_IR
//     stage2IsStalled        <-- stage2IsStalled
//     canRun                 <-- intoStage1_CanRun
//     shouldStop             <-- intoStage1_ShouldStop
//     branchIsTakenInStage2  <-- fromStage2_BranchIsTaken
//
// 输出:
//     outputPC               --> fromStage1_PC
//     outputIR               --> fromStage1_IR
//     outputNextPC           --> fromStage1_NextPC
//     stage1IsStalled        --> stage1IsStalled
//
Stage1 stage1 (intoStage1_PC,
               intoStage1_IR,
               stage2IsStalled,
               intoStage1_CanRun,
               intoStage1_ShouldStop,
               fromStage2_BranchIsTaken,
               fromStage1_PC,
               fromStage1_IR,
               fromStage1_NextPC,
               stage1IsStalled);
//
// 模块: FeedbackDRegisterWith1Input
//
// 描述:
//     Stage1和Stage2之间的寄存器接口
//
// 输入:
//     clk              <-- clock
//     shouldHold       <-- stage2IsStalled
//     d
//     reset            <-- srcProcessorReset
//     resetValue
//
// 输出:
//     q
//
FeedbackDRegisterWith1Input #(32, 5, 0, 0) IR2
                                    ( clock,
                                      stage2IsStalled,
```

```
                                        fromStage1_IR,
                                        intoStage2_IR,
                                        srcProcessorReset,
                                        32'hF0000000);
FeedbackDRegisterWith1Input #(32, 5, 0, 0) PC2
                                       ( clock,
                                        stage2IsStalled,
                                        fromStage1_PC,
                                        intoStage2_PC,
                                        srcProcessorReset,
                                        32'b0);
FeedbackDRegisterWith1Input #(32, 5, 0, 0) NextPC2
                                       ( clock,
                                        stage2IsStalled,
                                        fromStage1_NextPC,
                                        intoStage2_NextPC,
                                        srcProcessorReset,
                                        32'b0);
//
// 模块：Stage2
//
// 描述：
//      指令解码和操作数读取
//
// 从Stage1到Stage2的输入：
//      inputPC                         <-- intoStage2_PC
//      inputIR                         <-- intoStage2_IR
//      inputNextPC                     <-- intoStage2_NextPC
//
// 从Stage2到Stage3的输出：
//      outputPC                        --> fromStage2_PC
//      outputIR                        --> fromStage2_IR
//      outputDecodedIR                 --> fromStage2_DecodedIR
//      outputX                         --> fromStage2_X
//      outputY                         --> fromStage2_Y
//      outputMD                        --> fromStage2_MD
//      outputIsRegisterWrite           --> fromStage2_
//                                          IsRegisterWrite
//      outputRa                        --> fromStage2_Ra
//
// 从Stage2到Stage1的输出和PC寄存器：
//      outputBranchIsTaken             --> fromStage2_
//                                          BranchIsTaken
//      outputNextPC                    --> fromStage2_NextPC
//
// 输出指示Stage2当前解析到了停止指令
//      outputIsStop                    --> fromStage2_IsStop
//
// 寄存器文件的接口：
//      ra                              --> ra
```

```
//          contentsRaFromRegisterFile  <-- contentsRaFrom
//                                          RegisterFile
//          rb                          --> rb
//          contentsRbFromRegisterFile  <-- contentsRbFrom
//                                          RegisterFile
//          rc                          --> rc
//          contentsRcFromRegisterFile  <-- contentsRcFrom
//                                          RegisterFile
//
// 与Stage3接口进行转发：
//          isRegisterWriteInStage3     <-- isRegisterWrite
//                                          InStage3
//          raInStage3                  <-- raInStage3
//          contentsRaFromStage3        <-- contentsRaFromStage3
//          contentsRaFromStage3Ready   <-- contentsRaFromStage3
//                                          Ready
//
// 与Stage4接口进行转发：
//          isRegisterWriteInStage4     <-- isRegisterWrite
//                                          InStage4
//          raInStage4                  <-- raInStage4
//          contentsRaFromStage4        <-- contentsRaFromStage4
//          contentsRaFromStage4Ready   <-- contentsRaFromStage
//                                          4Ready
//
// 与Stage5接口进行转发：
//          isRegisterWriteInStage5     <-- isRegisterWrite
//                                          InStage5
//          raInStage5                  <-- raInStage5
//          contentsRaFromStage5        <-- contentsRaFromStage5
//          contentsRaFromStage5Ready   <-- contentsRaFromStage
//                                          5Ready
//
// 输出到Stage1来指示停滞情况：
//          stage2IsStalled             --> stage2IsStalled
//
// 有选择性地使能转发以进行测试：
//          enableForwarding            <-- enableForwarding
//
Stage2 stage2 (intoStage2_PC,
               intoStage2_IR,
               intoStage2_NextPC,
               fromStage2_PC,
               fromStage2_IR,
               fromStage2_DecodedIR,
               fromStage2_X,
               fromStage2_Y,
               fromStage2_MD,
               fromStage2_IsRegisterWrite,
               fromStage2_Ra,
               fromStage2_BranchIsTaken,
               fromStage2_NextPC,
               fromStage2_IsStop,
```

```
                                    ra,
                                    contentsRaFromRegisterFile,
                                    rb,
                                    contentsRbFromRegisterFile,
                                    rc,
                                    contentsRcFromRegisterFile,
                                    isRegisterWriteInStage3,
                                    raInStage3,
                                    contentsRaFromStage3,
                                    contentsRaFromStage3Ready,
                                    isRegisterWriteInStage4,
                                    raInStage4,
                                    contentsRaFromStage4,
                                    contentsRaFromStage4Ready,
                                    isRegisterWriteInStage5,
                                    raInStage5,
                                    contentsRaFromStage5,
                                    contentsRaFromStage5Ready,
                                    stage2IsStalled,
                                    enableForwarding);
//
// 模块：DRegister
//
// 描述：
//     Stage2和Stage3之间的寄存器接口
//
// 输入：
//     clk              <-- clock
//     d
//     reset            <-- srcProcessorReset
//     resetValue
//
// 输出：
//     q
//
DRegister #(32, 5, 0, 0) PC3 ( clock,
                               fromStage2_PC,
                               intoStage3_PC,
                               srcProcessorReset,
                               32'b0);

DRegister #(32, 5, 0, 0) IR3 ( clock,
                               fromStage2_IR,
                               intoStage3_IR,
                               srcProcessorReset,
                               32'hF0000000);

DRegister #(32, 5, 0, 0) DecodedIR3
                             ( clock,
                               fromStage2_DecodedIR,
                               intoStage3_DecodedIR,
                               srcProcessorReset,
                               32'h40000000);
```

```verilog
    DRegister #(32, 5, 0, 0) X3    ( clock,
                                    fromStage2_X,
                                    intoStage3_X,
                                    srcProcessorReset,
                                    32'b0);
    DRegister #(32, 5, 0, 0) Y3    ( clock,
                                    fromStage2_Y,
                                    intoStage3_Y,
                                    srcProcessorReset,
                                    32'b0);
    DRegister #(32, 5, 0, 0) MD3   ( clock,
                                    fromStage2_MD,
                                    intoStage3_MD,
                                    srcProcessorReset,
                                    32'b0);
    DRegister #(1, 5, 0, 0) IsRegisterWrite3
                                   ( clock,
                                    fromStage2_IsRegisterWrite,
                                    intoStage3_IsRegisterWrite,
                                    srcProcessorReset,
                                    1'b0);
    DRegister #(5, 5, 0, 0) Ra3    ( clock,
                                    fromStage2_Ra,
                                    intoStage3_Ra,
                                    srcProcessorReset,
                                    5'b0);
//
// 模块：FeedbackDRegisterWith1Input
//
// 描述：
//     Stage1和Stage2之间的寄存器接口
//
// 输入：
//     clk                <-- clock
//     shouldHold         <-- hasDecodedStop
//     d                  <-- fromStage2_IsStop
//     reset              <-- srcProcessorReset
//     resetValue
//
// 输出：
//     q                  --> hasDecodedStop
//

FeedbackDRegisterWith1Input #(1, 5, 0, 0) HasDecodedStop
                                   ( clock,
                                    hasDecodedStop,
                                    fromStage2_IsStop,
                                    hasDecodedStop,
                                    srcProcessorReset,
                                    1'b0);
```

```
//
// 模块：Stage3
//
// 描述：
//     ALU 操作
//
// 来自Stage2的输入：
//     inputPC                  <-- intoStage3_PC
//     inputIR                  <-- intoStage3_IR
//     inputDecodedIR           <-- intoStage3_DecodedIR
//     inputX                   <-- intoStage3_X
//     inputY                   <-- intoStage3_Y
//     inputMD                  <-- intoStage3_MD
//     inputIsRegisterWrite     <-- intoStage3_IsRegister
//                                  Write
//     inputRa                  <-- intoStage3_Ra
//
// 输出到Stage3：
//     outputPC                 --> fromStage3_PC
//     outputIR                 --> fromStage3_IR
//     outputDecodedIR          --> fromStage3_DecodedIR
//     outputZ                  --> fromStage3_Z
//     outputMD                 --> fromStage3_MD
//     outputIsRegisterWrite    --> fromStage3_IsRegister
//                                  Write
//     outputRa                 --> fromStage3_Ra
//
// 与Stage2接口进行转发：
//     isRegisterWrite          --> isRegisterWriteInStage3
//     ra                       --> raInStage3
//     contentsRa               --> contentsRaFromStage3
//     contentsRaReady          --> contentsRaFromStage3Ready
//

Stage3 stage3 (intoStage3_PC,
               intoStage3_IR,
               intoStage3_DecodedIR,
               intoStage3_X,
               intoStage3_Y,
               intoStage3_MD,
               intoStage3_IsRegisterWrite,
               intoStage3_Ra,
               fromStage3_PC,
               fromStage3_IR,
               fromStage3_DecodedIR,
               fromStage3_Z,
               fromStage3_MD,
               fromStage3_IsRegisterWrite,
               fromStage3_Ra,
               isRegisterWriteInStage3,
               raInStage3,
               contentsRaFromStage3,
```

```
                        contentsRaFromStage3Ready);
//
// 模块: DRegister
//
// 描述:
//     Stage3和Stage4之间的寄存器接口
//
// 输入:
//     clk                  <-- clock
//     d
//     reset                <-- srcProcessorReset
//     resetValue
//
// 输出:
//     q
//

DRegister #(32, 5, 0, 0) PC4 ( clock,
                               fromStage3_PC,
                               intoStage4_PC,
                               srcProcessorReset,
                               32'b0);

DRegister #(32, 5, 0, 0) IR4 ( clock,
                               fromStage3_IR,
                               intoStage4_IR,
                               srcProcessorReset,
                               32'hF0000000);

DRegister #(32, 5, 0, 0) DecodedIR4
                             ( clock,
                               fromStage3_DecodedIR,
                               intoStage4_DecodedIR,
                               srcProcessorReset,
                               32'h40000000);

DRegister #(32, 5, 0, 0) Z4  ( clock,
                               fromStage3_Z,
                               intoStage4_Z,
                               srcProcessorReset,
                               32'b0);

DRegister #(32, 5, 0, 0) MD4 ( clock,
                               fromStage3_MD,
                               intoStage4_MD,
                               srcProcessorReset,
                               32'b0);

DRegister #(1, 5, 0, 0) IsRegisterWrite4
                             ( clock,
```

```
                                        fromStage3_IsRegisterWrite,
                                        intoStage4_IsRegisterWrite,
                                        srcProcessorReset,
                                        1'b0);

    DRegister #(5, 5, 0, 0) Ra4   ( clock,
                                    fromStage3_Ra,
                                    intoStage4_Ra,
                                    srcProcessorReset,
                                    5'b0);


//
// 模块：Stage4
//
// 描述：
// 存储器访问
//
// 来自Stage3的输入：
//      inputPC                 <-- intoStage4_PC
//      inputIR                 <-- intoStage4_IR
//      inputDecodedIR          <-- intoStage4_DecodedIR
//      inputZ                  <-- intoStage4_Z
//      inputMD                 <-- intoStage4_MD
//      inputIsRegisterWrite    <-- intoStage4_IsRegisterWrite
//      inputRa                 <-- intoStage4_Ra
//
// 用于写使能的时钟：
//      qualifierClock          <-- clock
//
// 输出到Stage5：
//      outputPC                --> fromStage4_PC
//      outputIR                --> fromStage4_IR
//      outputDecodedIR         --> fromStage4_DecodedIR
//      outputZ                 --> fromStage4_Z
//      outputIsRegisterWrite   --> fromStage4_
//                                  IsRegisterWrite
//      outputRa                --> fromStage4_Ra
//
// 与Stage2接口进行转发：
//      isRegisterWrite         --> isRegisterWriteInStage4
//      ra                      --> raInStage4
//      contentsRa              --> contentsRaFromStage4
//      contentsRaReady         --> contentsRaFromStage4Ready
//
// 与数据存储器接口：
//      toDataMemory_Address    --> toDataMemory_Address
//      toDataMemory_Data       --> toDataMemory_Data
//      toDataMemory_WriteStrobe --> toDataMemory_Write
//                                   Strobe
//      fromDataMemory_Data     <-- fromDataMemory_Data
//

Stage4 stage4 (intoStage4_PC,
```

```
                        intoStage4_IR,
                        intoStage4_DecodedIR,
                        intoStage4_Z,
                        intoStage4_MD,
                        intoStage4_IsRegisterWrite,
                        intoStage4_Ra,
                        clock,
                        fromStage4_PC,
                        fromStage4_IR,
                        fromStage4_DecodedIR,
                        fromStage4_Z,
                        fromStage4_IsRegisterWrite,
                        fromStage4_Ra,
                        isRegisterWriteInStage4,
                        raInStage4,
                        contentsRaFromStage4,
                        contentsRaFromStage4Ready,
                        toDataMemory_Address,
                        toDataMemory_Data,
                        toDataMemory_WriteStrobe,
                        fromDataMemory_Data);
//
// 模块: DRegister
//
// 描述:
//     Stage4和Stage5之间的寄存器接口
//
// 输入:
//    clk            <-- clock
//    d
//    reset          <-- srcProcessorReset
//    resetValue
//
// 输出:
//    q
//
DRegister #(32, 5, 0, 0) IR5 ( clock,
                               fromStage4_IR,
                               intoStage5_IR,
                               srcProcessorReset,
                               32'hF0000000);
DRegister #(32, 5, 0, 0) PC5 ( clock,
                               fromStage4_PC,
                               intoStage5_PC,
                               srcProcessorReset,
                               32'b0);


DRegister #(32, 5, 0, 0) DecodedIR5
                             ( clock,
                               fromStage4_DecodedIR,
```

```
                                    intoStage5_DecodedIR,
                                    srcProcessorReset,
                                    32'h40000000);

    DRegister #(32, 5, 0, 0) Z5    ( clock,
                                    fromStage4_Z,
                                    intoStage5_Z,
                                    srcProcessorReset,
                                    32'b0);

    DRegister #(1, 5, 0, 0) IsRegisterWrite5
                                   ( clock,
                                    fromStage4_IsRegisterWrite,
                                    intoStage5_IsRegisterWrite,
                                    srcProcessorReset,
                                    1'b0);

    DRegister #(5, 5, 0, 0) Ra5    ( clock,
                                    fromStage4_Ra,
                                    intoStage5_Ra,
                                    srcProcessorReset,
                                    5'b0);

//
// 模块: Stage5
//
// 描述:
//     寄存器写入
//
// 来自Stage4的输入:
//     inputPC               <-- intoStage5_PC
//     inputIR               <-- intoStage5_IR
//     inputDecodedIR        <-- intoStage5_DecodedIR
//     inputZ                <-- intoStage5_Z
//     inputIsRegisterWrite  <-- intoStage5_IsRegisterWrite
//     inputRa               <-- intoStage5_Ra
//
// 用于写使能的时钟:
//     qualifierClock        <-- clock
//
// 来自Stage5的输出:
//     outputIsStop          --> fromStage5_IsStop
//
// 与Stage2接口进行转发:
//     isRegisterWrite       --> isRegisterWriteInStage5
//     ra                    --> raInStage5
//     contentsRa            --> contentsRaFromStage5
//     contentsRaReady       --> contentsRaFromStage5Ready
//
// 与数据存储器的接口:
//     toRegisterFile_Address    --> toRegisterFile_
```

```
//                                         Address
//      toRegisterFile_Data         --> toRegisterFile_Data
//      toRegisterFile_WriteStrobe  --> toRegisterFile_
                                         WriteStrobe
//

Stage5 stage5 ( intoStage5_PC,
                intoStage5_IR,
                intoStage5_DecodedIR,
                intoStage5_Z,
                intoStage5_IsRegisterWrite,
                intoStage5_Ra,
                clock,
                fromStage5_IsStop,
                isRegisterWriteInStage5,
                raInStage5,
                contentsRaFromStage5,
                contentsRaFromStage5Ready,
                toRegisterFile_Address,
                toRegisterFile_Data,
                toRegisterFile_WriteStrobe);

FeedbackDRegisterWith1Input #(1, 5, 0, 0) HasExecuteStop(
                clock,
                hasExecutedStop,
                fromStage5_IsStop,
                hasExecutedStop,
                srcProcessorReset,
                1'b0);
endmodule
```

# 参 考 文 献

MARK ALEXANDER. Power distribution system (PDS) design: using bypass/decoupling capacitors. Xilinx XAPP623, San Jose, CA 95124 February 2005.

PETER ALFKE AND CLIFFORD E. CUMMINGS. Simulation and synthesis techniques for asynchronous FIFO design with asynchronous pointer comparisons. SNUG 2002 (Synopsys Users Group), San Jose, CA April 2002.

KEN CHAPMAN. Get smart about reset (think local, not global). Xilinx TechXClusives, San Jose, CA 95124 October 2001.

KEN COFFMAN. *Real World FPGA Design with Verilog.* Prentice Hall, Upper Saddle River, NJ, 2000.

CLIFFORD E. CUMMINGS. Full case parallel case, the evil twins of verilog synthesis. SNUG 1999 (Synopsys Users Group) Boston MA.

CLIFFORD E. CUMMINGS. Synthesis and scripting techniques for designing multi-asynchronous clock designs. SNUG 2001 San Jose, CA (Synopsys Users Group), March 2001.

CLIFFORD E. CUMMINGS. New Verilog-2001 techniques for creating parameterized models (or down with `define and death of a defparam!). HDLCON 2002, San Jose, CA May 2002.

CLIFFORD E. CUMMINGS, STEVE GOLSON, AND DON MILLS. Asynchronous & synchronous reset design techniques — part deux. SNUG 2003 (Synopsys Users Group), Boston, MA September 2003.

WILLIAM J. DALLY AND JOHN W. POULTON. *Digital Systems Engineering.* Cambridge University Press, Cambridge, UK, 1998.

VINCENT P. HEURING AND HARRY F. JORDAN. *Computer Systems Design and Architecture.* Addison Wesley Longmann, Menlo Park, CA, 1997.

PHILIPPE GARRAULT AND BRIAN PHILOFSKY. HDL coding practices to accelerate design performance. Xilinx White Paper WP231, San Jose, CA 95124 January 2006.

HOWARD W. JOHNSON AND MARTIN GRAHAM. *High-Speed Digital Design: A Handbook of Black Magic.* Prentice Hall, Upper Saddle River, NJ, 1992.

The Institute of Electrical and Electronics Engineers (IEEE). IEEE Standard for Binary Floating-Point Arithmetic. IEEE Standards Board, New York, NY March 1985.

National Institute of Standards and Technology (NIST). Advanced Encryption Standard (AES). Federal Information Processing Standards Publication 197, Gaithersburg, MD 20899 November 2001.

National Institute of Standards and Technology (NIST). Secure Hash Standard (SHA). Federal Information Processing Standards Publication 180-2, Gaithersburg, MD 20899 2001

SAMIR PALNITKAR. *Verilog HDL, A Guide to Digital Design and Synthesis.* Prentice Hall, Upper Saddle River, NJ, 1996.

BOAZ PORAT. *A Course in Digital Signal Processing.* John Wiley & Sons, New York, 1997.

Synplicity Inc. Fast timing closure on FPGA designs using graph-based physical synthesis. Synplicity White papers, Sunnyvale, CA 94086 September 2005.